SPÉCIAL
ÉLECTRICITÉ

Réalisation de la version française : Christian PESSEY / LES COURS - Caen

Mise en pages : Les PAOistes

Marabout/Hachette-Livre, 43, quai de Grenelle - 75015 PARIS

Imprimé en Espagne par Estella Graficas

Codif 4099529 - Édition 01

Dépôt légal : 75505 - Septembre 2006
ISBN : 2501050185

MINI-ENCYCLOPÉDIE DU BRICOLAGE

SPÉCIAL
ÉLECTRICITÉ

MARABOUT

Réduisez votre facture

De toutes parts on vous presse de faire des économies d'énergie – notamment de combustibles fossiles comme le pétrole, le gaz et le charbon, largement utilisés pour la production d'électricité –, mais ce n'est pas la seule raison qui peut vous conduire à réduire votre consommation électrique. Le coût de la note d'électricité, même si elle est mensualisée, est une raison sufffisante pour consommer moins ou plus efficacement. Il y a de nombreuses façons de réduire la facture : abonnement en rapport avec vos besoins, mais surtout utilisation rationnelle des matériels et appareils évitant le gaspillage.

Le bon abonnement

En France, EDF a le monopole de la distribution d'électricité (ce qui est battu en brèche par les dispositions européeennes). Entreprise nationale, EDF s'est longtemps bornée à facturer le « courant » en fonction d'un coût de production et de distribution, sans autre considération commerciale. Depuis le début des années 1970, EDF pratique une véritable stratégie commerciale tenant compte de la politique énergétique de l'État, mais aussi de la concurrence avec d'autres sources d'énergie telles que le gaz, le fioule et les énergies douces ou recyclables. D'où une évolution des tarifs des abonnements et du consommable qui justifie une attention toute particulière de l'usager.

Réduire les dépenses de chauffage

Si l'éclairage électrique est relativement bon marché, il n'en est pas de même du chauffage électrique, notamment quand il est mal conçu, mal utilisé ou mal géré. Si votre chauffage est électrique, vous pouvez réaliser de substantielles économies rien qu'en adoptant une régulation en rapport avec vos besoins, sans rien sacrifier au confort intérieur.

Thermostats

La plupart des appareils de chauffage actuels bénéficient d'un thermostat individuel. On en trouve sur tous les convecteurs (mobiles ou fixes) comme sur les appareils radiants à infrarouge.

La commande du thermostat (molette graduée ou bouton rotatif à repères) est trop souvent confondue avec un dispositif de réglage de la puissance de l'appareil, ce qui n'est pas le cas. Les graduations (par exemple de 1 à 5) correspondent à des températures ambiantes, à partir desquelles le thermostat déclenche un interrupteur qui coupe purement et simplement l'alimentation de l'appareil. Lorsque la température de la pièce (à proximité de l'appareil), descend en dessous de cette température, le thermostat remet l'appareil en fonction, lequel débite à nouveau de la chaleur.

Électricité de France

En France, EDF possède le monopole de distribution de l'électricité. C'est donc avec cet organisme que vous contractez et c'est lui qui facture l'abonnement comme la consommation.

Le bon abonnement

Le prix du kW/h varie très sensiblement en fonction de l'abonnement souscrit, lequel devrait être en rapport étroit avec vos besoins. C'est malheureusement rarement le cas. N'hésitez pas à demander la visite d'un ingénieur commercial.

Isolation

Tout ce que vous pourrez faire pour économiser l'énergie est peine perdue si la maison est mal isolée. Avant toute chose, penchez-vous sur l'isolation du chauffe-eau, des canalisations, et aussi sur celle des ouvertures du sol et du toit. Il s'agit de travaux que vous pouvez facilement réaliser vous-même.

VOIR AUSSI Circuit cuisine **70-71**

À supposer que l'indice 5 corresponde à 30 °C, il ne sert à rien de régler le thermostat à ce niveau si, en tout état de cause, une telle température ne peut être atteinte dans la pièce concernée : l'appareil ne chauffera pas plus mais il fonctionnera en permanence.
La bonne méthode de réglage consiste à choisir d'abord une température, par exemple 18 °C. On règle alors le thermostat à fond (par exemple sur 5). Quand le thermomètre affiche 18 °C, on réduit le thermostat jusqu'à ce que l'appareil s'arrête. Il se remettra en marche dès que la température descendra en dessous du niveau fixé.
Pour un meilleur confort, le mieux est d'adopter un thermostat d'ambiance, séparé des appareils de chauffage qu'il commande en fonction de la température générale de la pièce et non pas seulement en fonction de celle qui environne l'appareil de chauffage.

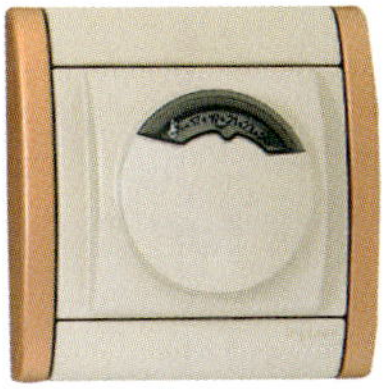

Un thermostat d'ambiance
Il permet une bonne régulation de différents appareils de chauffage.

Programmateur
Même contrôlé par un bon système thermostatique, un chauffage électrique consomme trop s'il fonctionne continuellement. Vous réduirez considérablement la facture en adoptant un système de programmation dont le plus simple coupe le chauffage lorsque vous n'êtes pas chez vous et le relance un certain temps avant votre retour, et dont le plus sophistiqué affine la température et le fonctionnement du chauffage suivant l'utilisation que vous en faites.

L'option tempo

Au fil des époques, EDF a proposé différentes options tarifaires permettant d'optimiser le rapport dépense/consommation. Des systèmes plus où moins complexes ont été proposés à la clientèle, dont le plus simple fut sans doute le double tarif dégressif entre le jour (heures pleines) et la nuit (heures creuses), le fonctionnement des appareils gros consommateurs d'énergie, capables d'accumuler la chaleur (chauffage, chauffe-eau), étant déclenché la nuit et bénéficiant d'un prix du kW/h moins élevé que le jour. Un interrupteur à horloge était chargé de gérer le fonctionnement de ces appareils.
On a connu ensuite le tarif EJP (effacement jours de pointe) faisant bénéficier l'utilisateur d'une harmonisation tarifaire gommant l'effet des pointes de consommation de l'installation.
L'offre d'EDF actuelle (apparemment stabilisée) est l'option « Tempo ». Elle consiste à proposer six prix de l'énergie suivant le jour et les heures de l'année. Ce tarif est destiné aux consommateurs soucieux de maîtriser leur consommation d'énergie tout en préservant leur confort. Le système comprend 300 jours « bleus » (tarif le plus économique), 43 jours « blancs » (tarif normal) et 22 jours « rouges » (tarif fort) avec le distingo classique « heures creuses-heures pleines ». Il n'existe pas de calendrier fixe ou prévisionnel de la répartition des jours et heures bleus-blancs-rouges, mais une information fournie la veille seulement, à partir de 16 h 30, communiquée par Minitel ou Internet.
Le système comprend un compteur électronique et un boîtier signal de veille permettant de connaître à tout moment la plage dans laquelle on se trouve. L'installation peut être complétée par un gestionnaire d'énergie.

Lire le compteur
La lecture du compteur est aujourd'hui élémentaire : elle se résume à une série de chiffres.

VOIR AUSSI L'eau chaude sanitaire **74-75**

Calculez votre consommation

Votre note d'électricité comprend l'abonnement (qui est fonction de la puissance nécessaire aux différents appareils utilisables simultanément) et la consommation des appareils électriques que vous utilisez. Une bonne gestion de votre installation suppose de connaître la consommation des principaux appareils ménagers.

Utilisation classique

Ce tableau donne une idée de la quantité d'électricité que consomment les appareils d'utilisation courante et dont les puissances sont très variées. Il prend en compte leur durée d'utilisation.

CONSOMMATION DES PRINCIPAUX APPAREILS MÉNAGERS

Appareils		Utilisation classique	kWh
	Cuisinière	Cuisson pour les repas quotidiens de 4 pers.	2,5
	Micro-ondes	Cuisson de 2 portions	1
	Mijoteur	Cuisson pendant 8 h	1
	Chauffage à accumulation (2 kW)	Production de chaleur pour 1 journée	11
	Radiateur soufflant ou infrarouge (2 kW)	Production de chaleur pendant 1 h	2
	Chauffe-eau à accumulation	Production d'eau chaude pendant 14 h pour 4 pers.	9
	Chauffe-eau instantané	Production d'eau chaude pour 2 à 3 vaisselles	1
	Chauffe-eau instantané pour douche	Production d'eau chaude pour 1 à 2 douches	1
	Lave-vaisselle	Un cycle complet	2
	Lave-linge avec prélavage	Un cycle complet	2,5
	Sèche-linge	Séchage d'une lessive	2,5
	Réfrigérateur	Utilisation pendant 1 semaine	7
	Congélateur	Utilisation pendant 1 semaine	9
	Sèche-serviettes	Utilisation en continu pendant 4 h	1
	Bouilloire	Production de 40 tasses d'eau bouillante	1

VOIR AUSSI Alimentation de chauffage d'appoint **64-65**, Équipement de la cuisine **66-67**, Cuisinières et fours **68-69**

CONSOMMATION DES PRINCIPAUX APPAREILS MÉNAGERS			
Appareils		Utilisation classique	kWh
	Fer à repasser	Utilisation pendant 2 h	1
	Aspirateur	Utilisation pendant 1-1h 30	1
	Hotte de cuisine	Utilisation pendant 24 h en continu	2
	Aérateur	Utilisation pendant 24 h en continu	1
	Sèche-cheveux	Utilisation pendant 2 h	1
	Rasoir électrique	Pour 1 800 utilisations	1
	Couverture électrique supérieure	Chauffage d'un lit pendant 1 semaine	2
	Couverture électrique inférieure	Chauffage d'un lit pendant 1 semaine	1
	Perceuse	Utilisation pendant 4 h	1
	Taille-haie	Utilisation pendant 2 h 30	1
	Tondeuse hélicoïdale	Tonte du gazon pendant 3 h	1
	Tondeuse sur coussin d'air	Tonte du gazon pendant 1 h	1
	Chaîne stéréo	Utilisation pendant 8 h	1
	Téléviseur	Utilisation pendant 6 h	1
	Magnétoscope	Enregistrement pendant 10 h	1
	Ampoule de 100 W	Fonctionnement pendant 10 h	1
	Tube fluorescent	Fonctionnement pendant 20 h	1

Appareils neufs
Les appareils électriques que vous achetez doivent être accompagnés d'une note d'information indiquant clairement leur puissance et leur consommation en électricité.

VOIR AUSSI Circuit cuisine **70-71**, L'eau chaude sanitaire **74-75**, Éclairage **88-109**

Informations de base

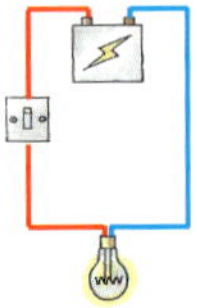

Un circuit de base
L'électricté arrive sous la forme d'une phase (rouge), passe par un interrupteur, alimente une ampoule raccordée à l'autre conducteur du circuit (neutre). L'interrupteur ferme (allumage) ou ouvre (extinction) le circuit.

Code des couleurs
La gaine isolante des conducteurs doit être bleue pour le neutre, vert/jaune ou jaune/vert pour la terre, rouge ou tout autre couleur pour la phase.

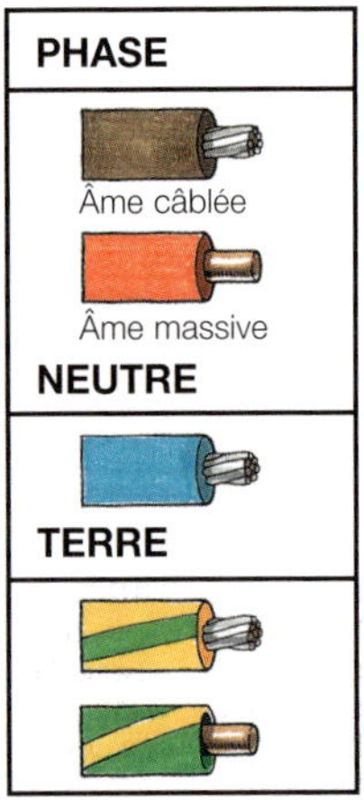

On s'imagine souvent qu'il est difficile, voire dangereux, de travailler sur une installation électrique. Ce n'est pas vrai si l'on maîtrise un certain nombre de principes de base.

L'électricité est un domaine spécifique qui fait appel à un vocabulaire précis. Il n'est donc pas inutile de rappeler ici le sens et l'emploi d'un certain nombre de termes sans lesquels il est difficile de comprendre les principes de fonctionnement des installations électriques, même les plus simples.

- Le courant : il s'agit d'un déplacement d'électrons le long de conducteurs métalliques. Comme un courant hydraulique, le courant électrique a un sens : il part d'un point (neutre ou négatif) pour se diriger vers un autre (phase ou positif).
- Phase, neutre, terre :

– la phase correspond à l'ancien pôle + des installations en courant continu ;
– le neutre correspond à l'ancien pôle – ; il équivaut à la sortie du courant de l'installation ;
– la terre désigne en fait le conducteur dit de protection. Il tire son nom du fait qu'il est destiné à faire retourner vers la terre tout courant qui « s'échapperait » des conducteurs de phase ou de neutre.

- Les conducteurs : on désigne sous cette appellation générique les fils et câbles qui servent à acheminer le courant.
- Les unités de mesure : les critères de mesure d'un courant électrique sont finalement assez proches de ceux d'un courant hydraulique. On distingue ainsi sa pression, ou tension, mesurable en volts, son débit, ou intensité, calculé en ampères et sa puissance exprimée en watts. Ces différentes unités sont interdépendantes, comme le montre la formule :

n W (watt) = n A (ampère) x n V (volt)

Enfin, la nature du métal constituant le conducteur et la forme (longueur et section) de celui-ci engendre une certaine résistance à la progression du courant ; elle est mesurée en ohms (Ω).

- Le court-circuit : comme son nom l'indique, cet incident résulte du raccourcissement d'un circuit, avant son passage dans l'appareil qu'il est censé alimenter. Il provient, en pratique, du contact accidentel de deux conducteurs qui ne sont plus isolés. L'absence totale de résistance en ce point de rencontre entraîne un brusque échauffement qui se traduit par une étincelle, voire une flamme.
- Le disjoncteur : il joue le rôle d'interrupteur général de l'installation et se déclenche automatiquement pour couper l'alimentation de l'installation lorsque se produit une anomalie soit sur le réseau d'alimentation (hausse de tension), soit sur l'installation elle-même (court-circuit).
- Les coupe-circuits : ils sont associés à chaque circuit qu'ils ont pour rôle de protéger en cas d'anomalie (court-circuit ou demande d'intensité trop forte du fait du branchement d'un appareil trop puissant pour le circuit).

VOIR AUSSI Câble souple **20-21**, La ligne de terre **28-29**, Les coupe-circuits **32-33**

On distingue deux types de coupe-circuits.

- Les fusibles, qui, comme leur nom l'indique, doivent fondre lorsque la température du conducteur s'élève au-delà d'une certaine limite (ce qui peut arriver à la suite d'un court-circuit ou d'une demande trop forte) ;
- les disjoncteurs divisionnaires qui fonctionnent comme le disjoncteur principal mais miniaturisés pour protéger chacun un conducteur ou un circuit.

- Les circuits : l'alimentation d'un appareil se fait par plusieurs fils ; deux dans le cas le plus simple. Chaque ensemble de conducteurs alimentant un certain nombre de prises et d'appareils constitue un circuit.
- Monophasé et triphasé : le courant est mis à disposition, à la sortie du disjoncteur, sous la forme de deux fils (phase et neutre) ; il s'agit d'une alimentation monophasée (une seule phase). La nécessité de fournir à certains appareils une forte puissance conduit à les alimenter à l'aide de plusieurs phases, en l'occurrence trois +, un neutre ; d'où l'appellation de triphasé (trois phases), mis à disposition sous la forme de quatre fils.

Sécurité

Beaucoup de bricoleurs hésitent à intervenir sur l'installation électrique de leur maison, considérant que c'est trop dangereux. Pourtant, avec un minimum de précautions, on peut travailler sans risque dans ce domaine.

L'électricité peut être responsable d'un certain nombre d'accident dont le plus grave est l'électrocution. Souvent simplement désagréable, le contact avec l'électricité se solde parfois par des brûlures, voire par une lésion d'organes internes. Dans le pire des cas, lorsque le cœur est sur le passage du courant, il peut entraîner la mort. Il faut donc être prudent.

Coupez le courant !

La plus élémentaire des précautions consiste à couper le courant au disjoncteur principal quand on travaille sur l'installation. Il faut de plus prendre la précaution de placer sur la commande du disjoncteur un petit panneau indiquant de ne pas rebrancher le courant, faute de quoi quelqu'un pourrait le faire alors que vous êtes « les mains dans les fils ». Il ne suffit pas, par ailleurs, de débrancher le fusible ou de couper le disjoncteur divisionnaire d'un circuit, car la protection ne porte parfois que sur l'un des deux fils, laissant l'autre sous tension. Mais parfois, pour tester certains appareils (disjoncteur, interrupteur, prise, etc.), vous n'aurez d'autre solution que de travailler sous tension. Vous devrez alors prendre un maximum de précautions, la première étant de ne jamais travailler seul.

Respectez la norme !

L'électricité reste l'un des rares domaines qui ne fait pas encore l'objet d'une unification de normes au niveau européen. On peut s'en étonner et le regretter ne serait-ce qu'en raison des difficultés rencontrées par l'utilisateur lorsqu'il franchit une frontière, pour raccorder ses appareils électriques au réseau d'alimentation. En France, la norme actuelle, édictée par l'UTAC, est la norme NF-C 15 100 de 1991. Ses principes visent à la sécurité autant qu'au confort des utilisateurs. L'objectif de chacun devrait être de la respecter et de procéder à une révision régulière de l'installation.
Le temps viendra peut-être où, comme dans certains pays proches, des contrôleurs pourront inspecter les installations domestiques. Pour l'heure, seul le distributeur a le pouvoir coercitif de suspendre la fourniture (c'est-à-dire le courant) s'il juge que l'installation est par trop hors norme et donc dangereuse.

Double isolation
Un carré imbriqué dans un autre est le symbole signalant un appareil bénéficiant d'une double isolation.

VOIR AUSSI Répartition et constitution des circuits **36-37**, Conduits en plastique **39**, Routage des circuits **40-41**

Sécurité avant tout

Tout au long de ce chapitre, il sera fait référence à la sécurité : on ne saurait trop insister, cependant, sur la nécessité de n'utiliser (en France) que des matériels de qualité, labellisés NF-USE, seule garantie de la conformité avec les normes françaises. C'est pour vous le meilleur gage de sécurité, avant même toute considération sur les conditions d'installation et d'utilisation des matériels.

- Ne travaillez jamais sur une installation sans avoir au préalable coupé le courant au disjoncteur principal et pris la précaution supplémentaire d'enlever le fusible du circuit concerné.
- Ne travaillez jamais sur un appareil électrique sans l'avoir au préalable débranché.
- Procédez toujours à un double contrôle, surtout des connexions, du circuit sur lequel vous avez travaillé avant de réenclencher le disjoncteur.
- N'utilisez que des outils de qualité, aux manches et poignées isolés.
- Ne remplacez jamais un fusible par un autre d'intensité supérieure. Ne le remplacez jamais, par exemple, par un fil de fer ou un trombonne !
- Portez de préférence des chaussures à semelles crêpe lorsque vous travaillez sur l'installation électrique.

Faites appel à un professionnel

Si l'intervention risque de dépasser vos compétences, ou si vous avez le moindre doute sur un câblage ou l'utilisation d'un appareil plutôt qu'un autre, n'hésitez pas à faire appel à un professionnel. Demandez un diagnostic et éventuellement un bilan de rénovation de votre installation électrique si celle-ci vous paraît ancienne. Adressez-vous pour cela (en France) à PROMOTELEC, qui vous guidera et vous conseillera sur toutes les démarches à entreprendre. Sachez que les travaux peuvent être financés grâce à des prêts à 0 %, sans apport personnel, la mise en conformité de votre installation donnant même la possibilité d'obtenir des déductions fiscales non-négligeables.

Et votre responsabilité ?

Bien qu'il n'existe pas en France (pour l'instant...) de réglementation coercitive sur la mise aux normes des installations électriques dans l'habitat ancien, sachez qu'en n'entreprenant pas les travaux nécessaires sur une installation vétuste, vous engagez votre responsabilité à l'égard des tiers qui pourraient en subir les conséquences. C'est le cas, en particulier si un feu électrique gagne le voisinage, ou si quelqu'un est

Quand les fusibles sautent-ils ?

- Quand trop d'appareils sont branchés sur le même circuit, entraînant un « appel » de courant supérieur à ce que peut supporter le circuit.
- Quand un appareil de trop forte puissance est raccordé au circuit.
- Quand un court-circuit se produit sur le circuit ou à l'intérieur d'un appareil alimenté par celui-ci.

ATTENTION ! : DANS TOUS LES CAS, IL FAUT RÉSOUDRE LE PROBLÈME AVANT DE REMPLACER LE FUSIBLE ET DE « REMETTRE LE COURANT ». IL NE FAUT SURTOUT PAS REMPLACER LE FUSIBLE PAR UN AUTRE PLUS « FORT ».

$$\frac{\text{watts}}{\text{volts}} = \text{ampères}$$

Utilisez cette formule pour déterminer l'ampérage du fusible ou du coupe-circuit devant protéger le circuit, en fonction de la puissance du ou des appareils.

VOIR AUSSI Le tableau électrique principal 26-27

victime d'un accident électrique chez vous. Notez aussi que votre assurance peut décliner toute responsabilité si, après un sinistre, une expertise met en évidence la vétustée de l'installation.

Testez le circuit

Bien qu'il soit toujours conseillé de couper le courant au disjoncteur principal avant d'intervenir sur l'installation électrique, il peut s'avérer nécessaire de contrôler certains appareils (notamment les interrupteurs) sous tension. Vous devez alors prendre un maximum de précautions lorsque la façade de l'appareil est désolidarisée de son socle et, bien sûr, veiller à ne pas toucher les conducteurs alimentés. Il existe aujourd'hui des testeurs de tension très commodes (certains dispensant même de tout démontage de l'appareil) réagissant au contact de deux stylets métalliques à base isolée avec les bornes ou le métal des conducteurs. Un voyant lumineux et/ou un bruiteur signalent la tension.

Utilisation d'un testeur de tension
Touchez d'un côté la phase et de l'autre le neutre : si le circuit est sous tension, une diode s'allume, souvent accompagnée d'un signal sonore.

Fusibles et coupe-circuits

Si un conducteur est traversé par un courant d'une intensité supérieure à celle qu'il doit supporter, il s'échauffe. C'est ce qui se passe lorqu'on branche un appareil de trop forte puissance sur une prise ordinaire. À l'extrême, le conducteur porté à haute température peut faire fondre l'isolant qui le protège et entrer en contact avec le second conducteur du circuit ou avec la carcasse éventuellement métallique de l'appareil qu'il alimente. Les risques de court-circuit, ou d'électrocution pour l'utilisateur, sont alors importants. Le coupe-circuit est là pour prévenir ce risque.

La protection la plus classique contre ce genre de risque est le fusible. Il s'agissait autrefois d'un simple fil de plomb placé entre les branches métalliques d'une broches à isolant en porcelaine. Ce système peu précis (et donc peu sûr) est aujourd'hui remplacé (au minimum) par des cartouches à filament interne, fondant sous l'effet de la chaleur provoquée par passage d'un courant d'intensité supérieure à celle du calibrage de la cartouche (et donc admissible par les conducteurs du circuit).
L'idéal est de remplacer tous les fusibles (quel que soit leur type) par des disjoncteurs divisionnaires si possible différentiels qui garantissent une bien meilleure protection (et permettent aussi une moins grande tolérance…), et n'imposant plus le remplacement du fusible (il suffit de les réenclencher). Ils garantissent aussi contre tour retour à la terre accidentel.

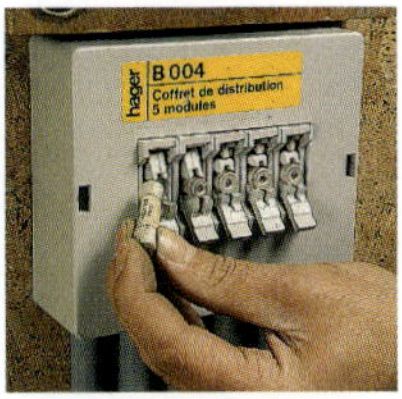

Les cartouches fusibles à voyants présentent l'avantage d'éviter la fastidieuse recherche du circuit incriminé en cas de court-circuit ou de surcharge. Une capsule rouge se détache de la cartouche lorque le fusible a sauté.

VOIR AUSSI Les coupe-circuits **32-33**, Remplacer un fusible **34-35**

La sécurité dans la salle de bains

Conducteur de protection
Le raccordement à la terre est toujours assuré par un conducteur vert/jaune.

L'eau étant très conductrice d'électricité, l'une et l'autre ne font pas bon ménage dans une installation. La salle de bains, et toute salle d'eau en général, sont donc le lieu de tous les dangers en matière d'électricité. D'où une règlementation très précise et très contraignante dans ce genre de pièce.

Règles principales

Le milieu humide qu'est celui de la salle de bains impose, en matière d'installation électrique, des règles de sécurité extrêmement strictes qu'il ne faut en aucun cas transgresser, sous peine de mettre gravement en danger votre sécurité.

ATTENTION ! LE RACCORDEMENT À LA TERRE D'UNE INSTALLATION DOIT ÊTRE RÉALISÉ DANS LES NORMES. IL NE SUFFIT PAS D'AVOIR UNE BORNE DE RACCORDEMENT AU TABLEAU POUR QUE LA LIAISON À LA TERRE SOIT SATISFAISANTE. FAITES LA TESTER SI NÉCESSAIRE PAR UN PROFESSIONNEL.

Si la normalisation – très précise – concernant la salle de bains est parfaitement appliquée dans les constructions neuves, elle est trop souvent ignorée dans le cadre de l'aménagement de l'habitat ancien.
On a trop souvent tendance, en effet, à créer une salle de bains et une cabine de douche dans une pièce dont l'installation électrique n'était à l'origine pas prévue pour cette fonction. Ce genre d'aménagement doit obligatoirement passer par une refonte totale de l'installation électrique de cette pièce, dans les normes en vigueur.

• Les conditions d'installation
Les canalisations métalliques sont bien évidemment prohibées. Les baguettes en bois n'offrent aucune étanchéité ; elles sont donc proscrites de la salle de bains (comme désormais dans le reste de l'installation). Les baguettes et profilés en matière plastique, bien plus sûrs, n'offrent pas une garantie totale. Ils sont tolérés dans la salle de bains, mais doivent dans tous les cas être écartés des volumes sensibles (1 et 2).
Seules les installations sous conduit apparent étanche et, bien sûr, les installations encastrées garantissent une sécurité absolue. Soyez très attentif au choix des appareils électrodomestiques qui doivent offrir toutes les garanties de sécurité propres au milieu humide.

• Transformateurs de sécurité et de séparation
Si leur fonction est, à l'un comme à l'autre, d'assurer la sécurité électrique dans la salle de bains, ils sont en fait très différents. Le premier abaisse la tension pour la faire passer de 220 V à 12 ou 24 V, ce qui limite ensuite considérablement les risques d'électrocution. Le second crée, comme son nom l'indique, une séparation qui suspend l'alimentation du circuit

VOIR AUSSI La ligne de terre **28-29**, Conduits en plastique **39**, Routage des circuits **40-41**

lorsqu'aucun appareil n'y est raccordé ou lorsque survient une anomalie de fonctionnement. La tension d'alimentation reste inchangée.
Ce sont des éléments majeurs de sécurité.

• La liaison équipotentielle

Toutes les parties métalliques des appareils, des canalisations, des huisseries et des radiateurs de chauffage accessibles dans une salle de bains doivent être raccordées à la terre via le conducteur principal de protection. L'ensemble de ces raccordements constitue ce qu'il est convenu d'appeler la « liaison équipotentielle ». Obligatoire dans la salle de bains ou de douches, elle gagnera à être réalisée dans la cuisine (qui, curieusement, ne fait l'objet d'aucune véritable règlementation), comme dans toute autre pièce où l'eau est largement utilisée (comme dans une laverie) et où, donc, les risques sont tout aussi importants.

Raccordement sur l'alimentation en eau

Un raccordement sur la canalisation d'alimentation en eau **(1)** ne peut se faire que si l'installation de plomberie a été conçue en conséquence (notamment en immeuble collectif), c'est-à-dire en intégrant un manchon isolant avec le réseau général.

Raccordement à un appareil

Tout raccordement à un appareil métallique **(2)** doit se faire de façon solide et efficace, par l'intermédiaire d'une patte, d'un boulon et d'un écrou (ou d'une vis) avec interposition d'une rondelle assurant une répartition du serrage. Le conducteur de protection doit être convenablement dénudé.

Connexion avec un appareil électrique

Les appareils électriques à caracasse métallique possèdent une borne de raccordement à la terre.

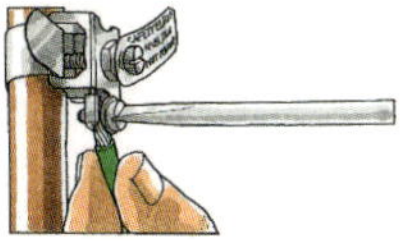

1 Raccordement sur une canalisation d'eau

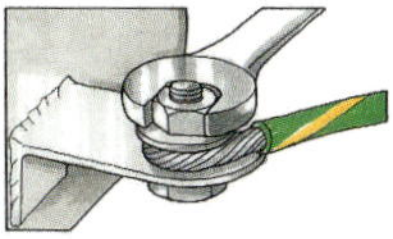

2 Connexion avec un appareil métallique

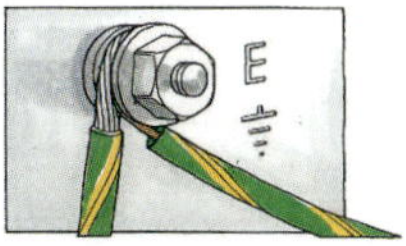

3 Borne de terre commune
Plusieurs appareils peuvent avoir une borne de raccordement à la terre commune.

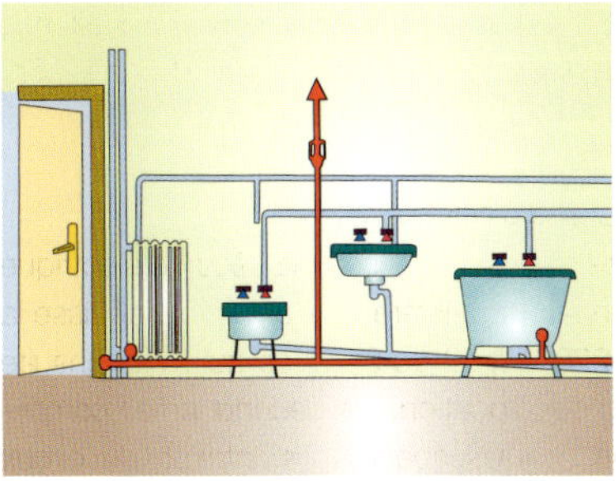

Pour une bonne protection, toutes les parties métalliques accessibles doivent être raccordées à la terre.

VOIR AUSSI Chauffage infrarouge en salle de bains **64**, Implantation des lampes **92-93**, Interrupteurs et variateurs **96-97**

Volumes de la salle de bains

IP 3
Pictogramme identifiant les appareils protégés contre les chutes verticales d'eau. Double, il signale les appareils protégés contre les projections d'eau.

La norme NF C15-100 définit de façon précise ce que l'on peut faire et ce que l'on ne doit ne pas faire, en matière d'électricité, dans une salle de bains, ainsi que les appareils tolérés ou interdits selon leur proximité de la baignoire. Elle définit en particulier un certain nombre de volumes (quatre avec celui de la baignoire ou du bac à douche) strictement délimités dans lesquels les conditions d'installation et d'utilisation des appareils sont fixées.

Les quatre volumes

Toute salle de bains ou de douches est divisée en quatre volumes, définis par rapport à la baignoire ou au bac à douche (bidet et lavabo ne sont pas concernés).

- **Volume 0 :** c'est le volume intérieur de la baignoire ou du bac à douche.
- **Volume 1 :** c'est le volume déterminé par les plans verticaux tangents aux bords extérieurs de la baignoire, sur une hauteur de 2,25 m.
- **Volume 2 :** c'est le volume situé à 0,60 m du volume 1.
- **Volume 3 :** c'est le volume situé à 2,40 m du volume 2.

Tout ce qui est au-dessus de 2,25 m est considéré comme le volume 3.

VOLUMES	LOCALISATION	AUTORISÉS SEULEMENT
Volume 0	Intérieur de la baignoire ou du bac à douches.	Appareils protégés contre les effets de l'immersion (IPx7), appareils d'éclairage pour la baignoire, au plus 12V, alimentés par un transformateur de sécurité.
Volume 1	Volume délimité par les plans verticaux tangents aux bords extérieurs de la baignoire et le sol sur une hauteur de 2,25 m.	Appareils protégés contre les projection d'eau (IPx4 ou △ △), chauffe-eau instantané alimenté par une canalisation d'eau froide rigide, relié à la liaison équipotentielle si de classe I, chauffe-eau à accumulation raccordé à la terre.
Volume 2	Volume délimité d'une part par la surface verticale extérieure du volume 1 et une surface parallèle située à 0,60 m de la première, d'autre part par le sol et le plan horizontal situé à 2,25 m au-dessus du sol.	Appareils protégés contre l'eau en pluie (IPx3 ou △, de classe II ⧈) et raccordés à une canalisation électrique fixe, sans socle de prise de courant. S'ils ne sont pas de classe II, les appareils doivent être alimentés par un transformateur de séparation (un par appareil). Les appareils d'éclairage à vasque de protection isolante dont le démontage coupe le courant sont aussi autorisés. Les armoires de toilette à prise de courant alimentée par un transformateur de sécurité intégré (prise rasoir).

VOIR AUSSI Alimentation de chauffage d'appoint **64-65**

Volume 3	Volume délimité d'une part par la surface verticale extérieure du volume 2 et une surface parallèle située à 2,40 m de la première, d'autre part par le sol et le plan horizontal situé à 2,25 m au dessus du sol.	Les appareils protégés contre les chutes verticales d'eau (IPx1 ou △), protégés par un dispositif de protection différentiel haute sensibilité (30 mA), ou alimentés individuellement par un transformateur de séparation 230V/230V.

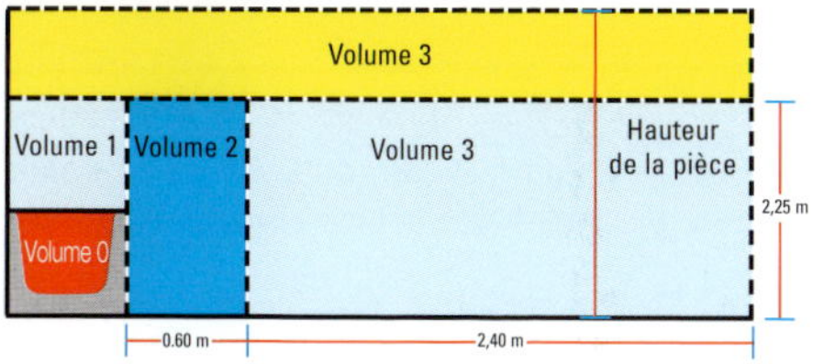

Volumes de la salle de bains (ou de douches)

Matériels dans les volumes

Les matériels électriques (appareils d'utilisation : chauffe-eau, luminaires, etc., appareillages : interrupteurs, prises, etc. et canalisations électriques) font l'objet d'une réglementation précise autorisant ou interdisant leur utilisation dans les différents volumes.

Canalisations

- **Les canalisations ne doivent pas comporter d'éléments métalliques** (armure ou gaine même inaccessible). On utilisera donc des conducteurs isolés dans un conduit isolant ou des câbles multiconducteurs avec gaine isolante : A05VV-F, FRN05VV-U et R, U1000R2V...
- **Les canalisations aboutissant dans le volume 2** peuvent ne pas comporter de conducteur de protection si elles alimentent des appareils de classe II ou si elles sont alimentées par un transformateur de séparation.

Éclairages

- **Les lampes supendues** à bout de fil ainsi que les douilles métalliques sont interdites.
- **Une vasque isolante** entourant à la fois les lampes et leurs accessoires ne permet d'installer l'appareil dans le volume 2 que si l'enlèvement de la vasque isolante provoque la coupure de tous les conducteurs actifs et si aucune partie métallique ne devient accessible.
- **Les parties métalliques** des appareils d'éclairage non de classe II, en dehors du volume 2, doivent être reliées au conducteur de protection.

Matériels électriques en dehors des volumes

On appliquera les règles générales suivantes :

- **Prises 2P + T** à éclipses sur circuit protégé par DRHS (disjoncteur haute sensibilité) ou transformateur de séparation.
- **Conducteur de protection** (terre) sur tous les circuits.

D'une façon générale, la prudence voudra que l'on applique de façon stricte et extensive les dispositions décrites ci-dessus. Cela veut dire que l'on aura toujours intérêt à appliquer dans le volume 3 les règles du volume 2 et celle du volume 3 en dehors de celui-ci. De cette façon on sera sûr de bénéficier au maximum des règles de sécurité appliquées par les professionnels.

VOIR AUSSI Ajouter commutateurs et circuits **100-101**

Il n'est pas nécessaire de connaître l'installation électrique de votre habitation pour effectuer nombre de petites réparations et remplacer certains éléments défectueux. La majorité des appareils électriques sont alimentés par un cordon souple muni d'une prise. Vous pouvez intervenir facilement sur ce cordon, à condition bien entendu d'avoir débranché la prise.

Câble souple

Les câbles souples à deux ou trois conducteurs sont très utilisés, puisqu'ils servent au raccordement des appareils électroménagers portatifs, aux éclairages mobiles (lampes de chevet, de bureau, lampadaires) et même aux gros appareils comme les réfrigérateurs ou les machines à laver.

La gaine (blanche, grise ou noire) qui accroît l'isolation électrique ainsi que la tenue mécanique est moulée sur les conducteurs, dont l'âme en fils de cuivre torsadés est enrobée dans un isolant teinté selon le code international (brun ou noir = phase ; bleu = neutre ; vert et jaune = terre). Pour certaines applications, l'isolant est traité afin de résister à des températures plus élevées, pour l'alimentation d'équipements à résistance chauffante. Dans tous les cas, l'isolant ne doit pas transmettre la flamme.

Types de câbles souples

Paire parallèle

Les deux conducteurs, isolés par un enrobage de PVC, sont soudés parallèlement. Ces câbles servent pour les liaisons téléphoniques et les appareils audio, afin d'éviter l'induction de parasites par l'impédance que crée une paire torsadée. Mais il ne faut jamais employer cette paire pour remplacer un conducteur de plus forte section.

Paire sous gaine plate

Les deux conducteurs, aux couleurs neutre et phase, sont moulés sous une gaine plate monobloc. Ce câble sert à alimenter les lampes mobiles et les petits appareils électroménagers.

VOIR AUSSI Code des couleurs **10**

Paire sous gaine ronde

Les conducteurs aux couleurs phase et neutre sont surmoulés dans une gaine ronde qui les protège mieux contre l'écrasement et le cisaillement, pour les alimentations qui traînent au sol.

Trifilaire sous gaine ronde

Constitué comme la paire sous gaine ronde, le trifilaire contient en plus un conducteur de terre (vert-jaune) de même section que les deux autres. Quand les conducteurs ont une section de plus de 2,5 mm^2, ils sont enrobés dans une première gaine, elle-même surmoulée dans une gaine en PVC.

Invrillable gainé sous tissu

Ce câble, employé pour l'alimentation des bouilloires et fers à repasser (jusqu'à 900 W), comporte toujours trois conducteurs, placés sous une gaine souple avec des fils en textile qui les empêchent de se vriller. Le tout est surmoulé dans une gaine en élastomère entourée d'une ganse en textile qui la protège de l'usure lors des multiples enroulages et déroulages, ainsi qu'au cours des manipulations de l'appareil.

Flexible spiralé

La gaine de ce câble bifilaire est moulée en spirale pour permettre de grandes variations de longueur sans avoir à laisser traîner un grand bout de câble.

Paire torsadée

Semblable à la paire parallèle (voir page ci-contre), mais le torsadage des conducteurs donne une plus grande résistance mécanique au câble. Pour cette raison, on l'utilise encore parfois pour porter une lampe suspendue. Les paires torsadées à isolant en coton qui peuvent encore se trouver dans de vieilles suspensions doivent impérativement être remplacées.

ATTENTION ! N'INTERVENEZ JAMAIS SUR UN APPAREIL SOUS TENSION, MÊME POUR EXAMINER L'ÉTAT DE SON CÂBLE. DÉBRANCHEZ-LE D'ABORD OU COUPEZ LE COURANT AU TABLEAU D'ABONNÉ.

VOIR AUSSI Disjoncteur principal **26**

Raccorder un câble souple

Pince à usages multiples
Cet outil permet de couper et de dénuder les fils.

Pour une bonne connexion, le conducteur ne doit être dénudé que sur le strict nécessaire et parfaitement bloqué dans la borne.

Dénuder le câble

Coupez le câble à longueur **(1)**. Fendez l'isolant avec un couteau **(2)**, en tournant le tranchant à l'opposé des conducteurs pour ne pas endommager leur isolant. Pelez la gaine et rabattez-la vers le tranchant du couteau placé à plat sur la gaine, pour la sectionner **(3)**.
Séparez les conducteurs, sectionnez chacun d'eux, et supprimez l'isolant à leur extrémité sur environ 12 mm au moyen d'une pince à dénuder **(4)**.
Dégagez les conducteurs d'une paire parallèle en les tirant de part et d'autre pour les séparer.

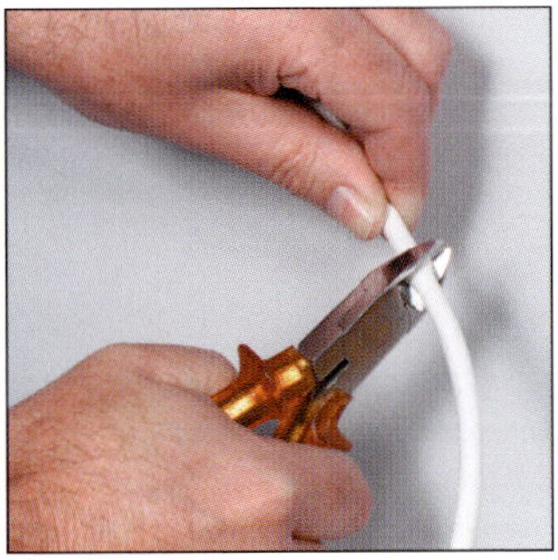

1 Sectionnez le câble nettement.

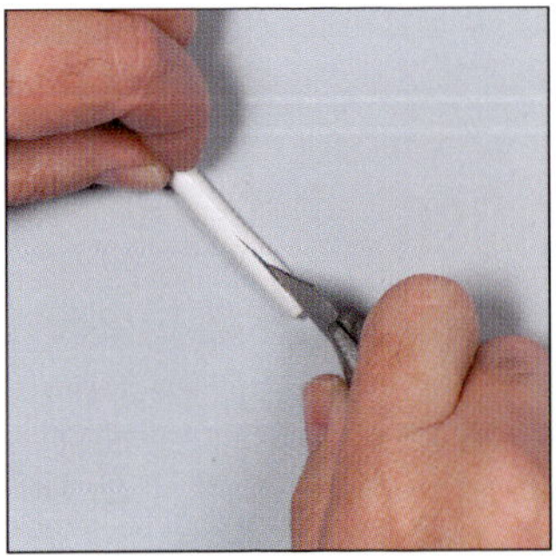

2 Fendez l'isolant dans la longueur.

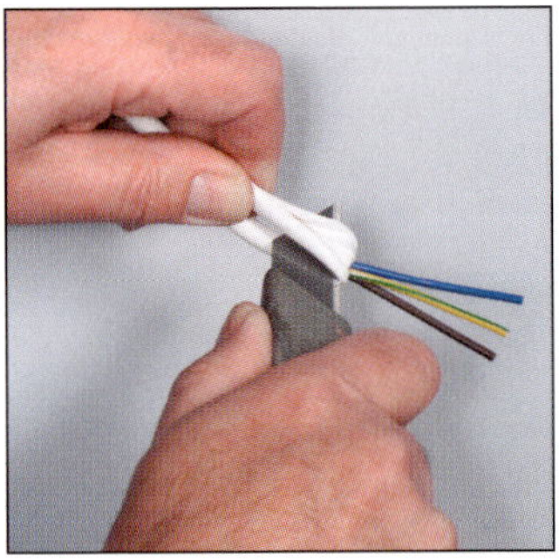

3 Coupez la partie de gaine rabattue.

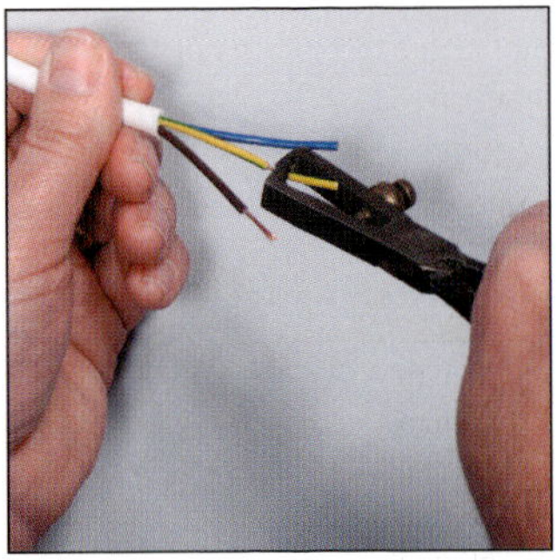

4 Dénudez l'extrémité des conducteurs.

Raccorder les conducteurs

Resserrez l'extrémité dénudée des conducteurs en la tordant dans le sens de torsion de ses brins.

Pour l'insérer dans une borne percée, repliez l'extrémité sur elle-même **(1)** et poussez le conducteur jusqu'à ce que son isolant bute contre la borne ; veillez à ce qu'aucun brin ne s'échappe du trou de la borne. Bloquez la vis et tirez doucement sur le conducteur pour vous assurer qu'il est fermement bloqué.

Pour un raccordement sur une borne à visser, enroulez l'extrémité dénudée autour du pied de la tige filetée **(2)**, puis vissez la tête de la borne. Assurez-vous que le conducteur est fermement bloqué sous la tête.

1 Borne percée

2 Borne à visser

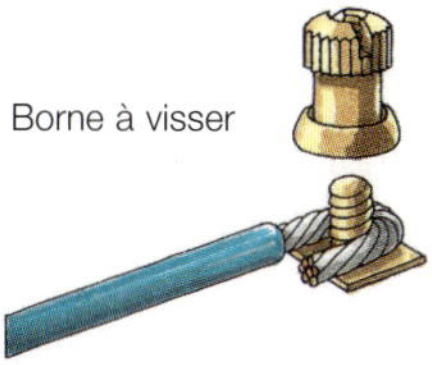

Câble souple pour résistances immergées

Les résistances immergées qui provoquent un échauffement important sont câblées avec des conducteurs de 2,5 mm² sous gaine renforcée (voir « câblage d'une résistance immergée »).

Choix d'un flexible

Ne vous fiez pas à la grosseur extérieure du câble. Guidez-vous sur la section des conducteurs qu'il contient, en fonction de l'ampérage maximum réclamé par l'appareil à alimenter.

Pour les applications domestiques courantes, les plus petits conducteurs ont une section de 0,5 mm² qui limite leur utilisation à l'alimentation de lampes de chevet ou de bureau.

Pour éviter tout risque de surchauffe résultant d'une surcharge accidentelle ou de la réduction localisée de la section d'un conducteur par une striction accidentelle, mieux vaut toujours alimenter un appareil par un calibre supérieur de 50 % à celui qui suffirait. Ainsi, il est recommandé de ne pas utiliser de conducteurs de moins de 1 mm² de section, même pour un simple lampadaire.

CONDUCTEUR	CALIBRAGE	UTILISATION
0,75 mm²	5 A	Éclairage et électroménager jusqu'à 900 W
1,00 mm²	8 A	Électroménager jusqu'à 1 300 W
1,25 mm²	10 A	Électroménager jusqu'à 1 500 W
1,50 mm²	12 A	Électroménager jusqu'à 1 700 W
2,50 mm²	15 A	Électroménager jusqu'à 2 800 W
4,00 mm²	25 A	Électroménager jusqu'à 4 400 W

Rallonger un câble souple

Il est toujours préférable d'ajouter des socles de prise dans une pièce – sous réserve de les regrouper en circuits ne dépassant pas chacun un calibre de 10 A – que d'accumuler les rallonges et d'alimenter plusieurs appareils sur une même prise.
Au minimum, mieux vaut rallonger le cordon d'alimentation d'un appareil mobile plutôt que de le tendre au risque de provoquer la striction des conducteurs ou l'arrachement d'une liaison sur une borne de raccordement ; mais ce raccord doit assurer une liaison homogène, qui ne risque pas de s'échauffer ou de se rompre.

Boîtiers de raccordement

Chaque fois que possible, remplacez le câble existant par un plus long. Cette opération nécessitant souvent d'ouvrir l'appareil, vous pouvez avec raison hésiter à faire une telle intervention et préférer rallonger le câble au moyen d'un boîtier de raccordement à deux ou trois bornes, selon le nombre de conducteurs du câble d'alimentation.
Dénudez les bouts des conducteurs du nouveau câble sur une longueur juste suffisante pour les insérer dans les bornes. Démontez la fiche du câble existant. Si elle est moulée, sectionnez le câble et câblez une fiche neuve ; sinon, recoupez proprement des extrémités des conducteurs qui étaient raccordés dans les bornes de la fiche.
Respectez scrupuleusement la continuité des couleurs des conducteurs entre le câble existant et la rallonge. Veillez à ce que les gaines des deux câbles soient bien prises dans les étriers placés aux entrées du boîtier.

Interrupteur en ligne

Vous pouvez profiter de cette opération pour raccorder les deux câbles au moyen d'un interrupteur en ligne, ce qui est parfois plus pratique pour une personne à mobilité réduite que d'atteindre l'interrupteur de l'appareil.

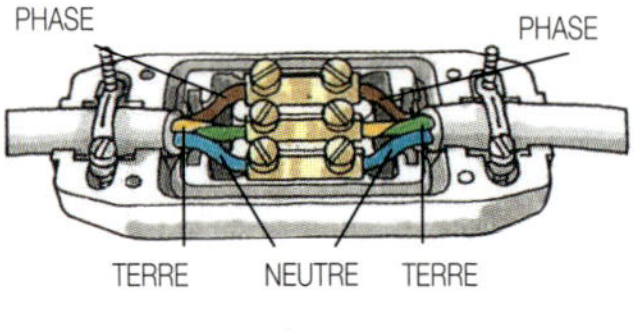

Câblage d'un boîtier de raccordement.

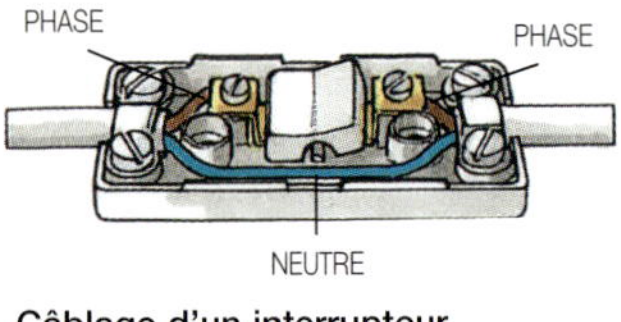

Câblage d'un interrupteur en ligne à neutre continu.

VOIR AUSSI Câble souple **20-21**

Rallonges

Plus le câble souple d'alimentation d'un outil électroportatif est long, plus vous risquez de le plier, de marcher dessus, voire de le sectionner accidentellement, provoquant un court-circuit. Mieux vaut dans ce cas utiliser une rallonge que de rallonger le câble d'alimentation livré avec la machine.

La meilleure solution consiste à employer une rallonge sur enrouleur. Les plus courantes ont une longueur de 25 à 50 m et peuvent accepter une puissance de 2 200 W (3 x 1 mm^2) à 3 680 W (3 x 2,5 mm^2) en alimentation monophasée, et jusqu'à 9 500 W (4 x 2,5 mm^2) sous 380 V triphasé.

Déroulez complètement la rallonge pour réduire son échauffement par effet Joule, car ce dernier peut augmenter de 30 % la consommation de l'appareil, surtout si vous y raccordez un appareil tirant la puissance maximum autorisée et utilisé en continu pendant de longs moments.

Si vous réalisez une rallonge, utilisez un câble très robuste et raccordez ses extrémités sur des fiches d'un calibrage approprié : 10 / 16 A avec des conducteurs de 1 mm^2, 20 A avec des conducteurs de 1,5 mm^2 et 32 A avec des conducteurs de 2,5 mm^2. Utilisez des fiches à corps moulé très résistant.

Les rallonges avec un socle à plusieurs prises femelles permettent d'alimenter plusieurs appareils sur une même prise murale. Mais il ne faut jamais dépasser la puissance totale autorisée. Certaines de ces prises comportent une protection contre les surintensités, d'autres sont protégées contre les parasites ou la foudre.

Déroulez la rallonge
N'utilisez pas une rallonge enroulée, car elle s'échauffe assez rapidement.

Types de rallonges

Voici les principaux modèles de rallonges et de fiches couramment employés pour les usages domestiques.

Rallonge sur enrouleur

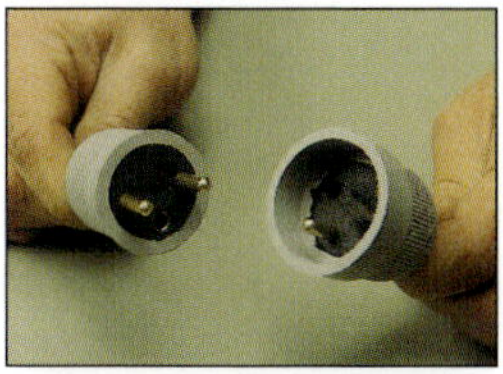

Fiches mâle et femelle pour rallonge 10 / 16 A

Socle de rallonge à prises multiples

Fiches de rallonge plates
Les broches mâles doivent toujours être placées du côté à insérer dans la fiche d'alimentation, de manière à ne jamais se trouver exposées au contact quand elles sont sous tension.

VOIR AUSSI Implantation des prises **50-51**

Prises à trois broches

Câbler un socle 10 / 16 A

Dévissez la vis centrale et retirez le couvercle. Présentez l'extrémité du câble pour repérer la longueur maximum d'isolant à retirer, qui laisse encore suffisamment de longueur à prendre sous le serre-câble. Dénudez les conducteurs, resserrez les brins de l'âme à nu et insérez ces extrémités dans les bornes. Serrez les bornes, puis le serre-câble. Replacez le socle et revissez sa fixation centrale.

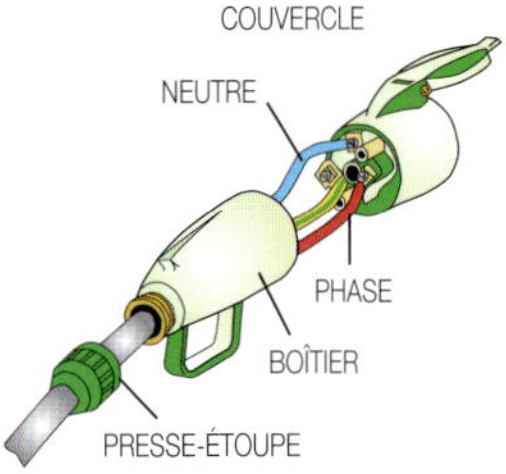

Fiche femelle étanche pour rallonge d'extérieur

Les prises « 2P + T » comportent deux broches pour la phase et le neutre et une autre pour la terre ; cette dernière est femelle sur la fiche et mâle sur le socle. Elles servent systématiquement pour tous les appareils appelant une intensité supérieure à 6 A. Certains socles de sécurité sont munis d'éclipses qui ferment l'ouverture des broches femelles pour empêcher les enfants d'y mettre les doigts.

Câblage d'une prise à bornes autodénudeuses

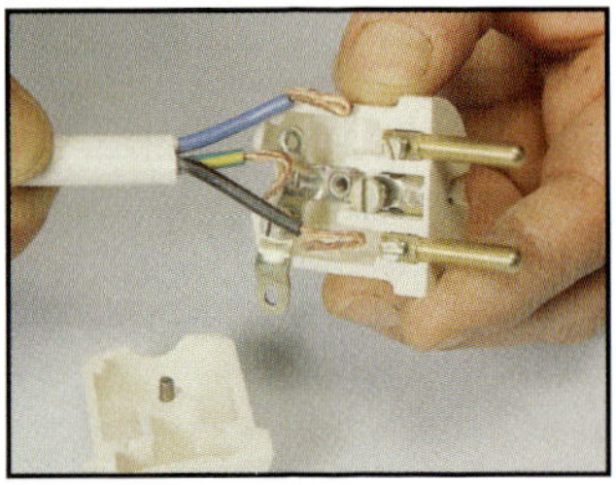

Raccordement d'une fiche 10 / 16 A

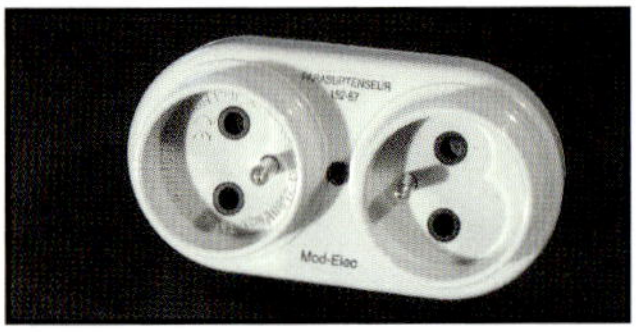

Boîtier à deux socles 2 P + T, avec protection contre les surtensions du réseau

Raccordements rapides

Les techniques de raccordement qui réduisent les coûts de main-d'œuvre dans la construction professionnelle intéressent aussi l'amateur car elles lui font gagner un temps précieux, surtout quand elles éliminent certaines opérations nécessitant un tour de main.

On trouve ainsi des appareils équipés de bornes à enfichage où il suffit d'insérer l'extrémité du fil dénudée sur 13 mm ; un poussoir permet de déconnecter le fil. Les appareils à bornes autodénudeuses éliminent même la nécessité de mettre à nu l'extrémité des conducteurs. Enfin, certains appareils sont livrés avec trois fils de sortie terminés par des connecteurs automatiques Scotch Lock, qu'il suffit de pincer sur les conducteurs du conduit d'alimentation.

Prises étanches

Les appareils étanches sont conçus pour les installations situées à l'extérieur ou les zones très humides. Lors du câblage, il convient de respecter avec soin le montage des barrières d'étanchéité (joints et presse-étoupes).

VOIR AUSSI Câble souple **20-21**, Raccorder un câble souple **22-23**

Remplacer la douille d'une suspension

Les douilles des suspensions sont généralement situées hors de portée. Aussi ne se rend-on compte d'une avarie que lorsque l'éclairage s'éteint et que le remplacement de l'ampoule n'y change rien. Il est donc judicieux de vérifier périodiquement l'état des raccordements de la douille, par exemple chaque fois que vous nettoyez l'abat-jour, après avoir évidemment coupé le courant.

Les avaries du culot d'une lampe pendant du plafond résultent toujours de l'échauffement. Aussi est-il recommandé de limiter la puissance de l'ampoule à la moitié de la puissance maximum indiquée sur le socle de la douille, ou de monter une ampoule basse consommation.

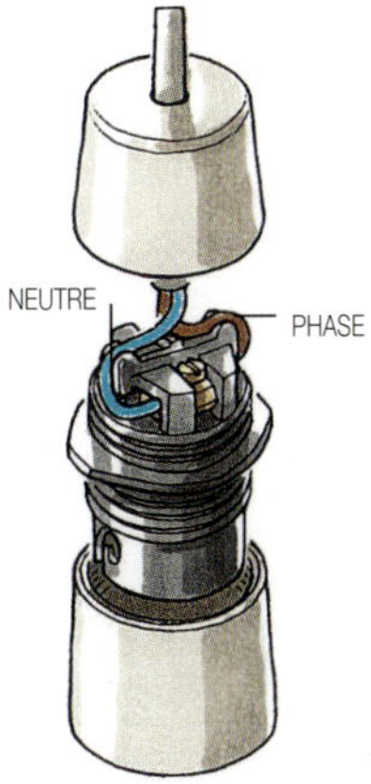

Câblage d'une douille plastique à vis

Types de douilles

Les douilles en plastique ne doivent être utilisées que pour des puissances réduites, compte tenu de la surchauffe créée par l'air chaud montant depuis l'ampoule, qui s'ajoute à l'ambiance de la pièce. Il existe toutefois des douilles en plastique spécial qui acceptent une température plus élevée. En général, les douilles à corps plastique ne comportent que deux bornes, car leur haute isolation les dispense d'un raccordement à la terre.

Les douilles à corps métallique, en revanche, sont systématiquement équipées d'une liaison à la terre, et doivent donc impérativement être reliées à un cordon d'alimentation à trois fils.

Les douilles se différencient par le type du culot d'ampoule : culots à vis de petit diamètre (E14) ou de gros diamètre (E27), ou culot à baïonnette (B22). Pour les fortes puissances, n'utilisez que des culots E27 dans des douilles à corps en céramique ou en plastique chargé de fibre de verre.

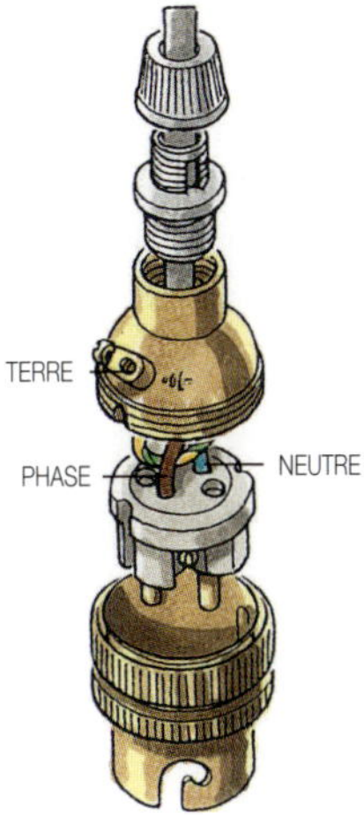

Câblage d'une douille à baïonnette métallique

Montage d'une douille

Coupez l'alimentation électrique du circuit alimentant la suspension. Dévissez la bague s'il s'agit d'une douille à corps métallique ou le corps lui-même s'il est en plastique. Dégagez le câble, dévissez les bornes du culot et extrayez les fils. Examinez les conducteurs : si leur isolant est recuit par l'échauffement, recoupez-les jusqu'à la partie saine.

Enfilez le capot de culot de la douille neuve sur le câble et maintenez-le par un bout de ruban adhésif. Nouez les fils autour de l'anneau du culot puis insérez leurs extrémités dénudées dans les bornes et bloquez celles-ci. Ramenez le capot de culot et vissez-le ou encliquetez-le suivant le modèle.

VOIR AUSSI Disjoncteur principal **26**

Le tableau électrique principal

Norme NF C 15-100

Depuis le 13 mai 1991, toute installation électrique nouvelle doit satisfaire aux exigences de la norme NF C 15-100. La même norme s'impose pour toute modification d'une installation antérieure. Ces modifications doivent être validées par un Consuel (organisme de contrôle en France) chaque fois qu'elles modifient la charge maximum de l'installation et/ou la nature des circuits électriques.
Cette norme impose :
- des prises de courant 10/16 A à obturateurs ;
- un conducteur de protection (vert-jaune) dans tous les circuits, relié à la borne de terre principale ;
- un disjoncteur de branchement différentiel de type S quand l'installation est protégée par des parafoudres, ou quand un ou plusieurs circuits sont protégés par des dispositifs différentiels 30 mA.

L'électricité véhicule de l'énergie sous l'effet de la pression résultant de la différence de potentiel entre la source et l'appareil consommateur (exprimée en volts), avec un débit résultant du flot d'énergie absorbé par le consommateur (exprimé en ampères). Le réseau de distribution public est alimenté sous une tension de 220 V, qui ne doit pas dépasser 240 V en conditions normales.

Coffret de branchement

Le câble qui fournit l'électricité à partir du réseau du distributeur aboutit dans un boîtier fermé par un capot plombé et contenant le coupe-circuit principal. Une liaison en part pour aboutir au compteur. L'installation du boîtier et du compteur est du ressort exclusif du fournisseur d'électricité, ou d'une entreprise qu'il a dûment mandatée.
Le distributeur utilise le coupe-circuit principal pour couper l'alimentation du logement quand l'abonnement est résilié.

Disjoncteur principal

Premier des appareils destinés à assurer la sécurité de l'installation électrique, le disjoncteur de branchement (ou disjoncteur principal) fixe la puissance maximale disponible selon le contrat souscrit auprès du fournisseur d'énergie, et permet de couper manuellement l'alimentation de l'ensemble de l'installation.
Ce disjoncteur coupe le courant automatiquement dès qu'un incident mettant en péril la sécurité affecte un circuit ou un appareil. Dans toutes les installations modernes, le disjoncteur de branchement est obligatoirement de type différentiel, sa sensibilité (valeur du courant de fuite au-dessus duquel il coupe) étant réglée selon la résistance de la prise de terre à laquelle il est associé (voir tableau ci-dessous).

SENSIBILITÉ DU DISJONCTEUR	RÉSISTANCE MAXI DE LA PRISE DE TERRE
650 mA	77 Ω
500 mA	100 Ω
300 mA	167 Ω
100 mA	500 Ω
30 mA	> 500 Ω

VOIR AUSSI Le bon abonnement **6**, Le tableau de répartition **30-31**, Les coupe-circuits **32-33**

Tableau d'abonné à l'intérieur du logement

Solution classique, toujours mise en place dans les logements collectifs.
1 Boîtier de raccordement
2 Câble d'arrivée du réseau
3 Compteur
4 Boîtier de relais et de télécommande
5 Disjoncteur de branchement
6 Tableau en bois

Coffret de branchement extérieur
Ce type d'installation, qui simplifie le travail des agents relevant les consommations, se généralise dans les zones pavillonnaires.

VOIR AUSSI Mini-disjoncteurs **33**, Chauffage à accumulation **75**

La mise à la terre

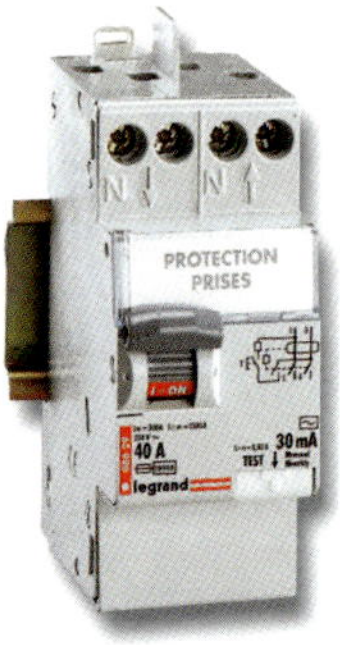

Disjoncteur divisionnaire
Avec une sensibilité de 30 mA, ce disjoncteur protège parfaitement les occupants dans une salle d'eau où un défaut d'isolation affecte un appareil.

Conducteurs de protection

Tous les conducteurs de masse des circuits à trois fils (N + P + T) doivent être raccordés à un bornier de terre placé au tableau d'abonné. Ces liaisons s'effectuent par des conducteurs à isolant vert-jaune, marqués « PE » sur les schémas de câblage et appelés conducteurs de protection, qui sont raccordés au bornier de terre du tableau d'abonné. Tous les éléments métalliques situés dans une zone bénéficiant d'une protection spéciale (notamment pour la salle d'eau) sont reliés par un conducteur de protection appelé ligne équipotentielle. Il doit y avoir un conducteur de protection pour chaque zone dont le circuit part d'un appareil de protection situé au tableau d'abonné. La section du conducteur de protection principal – qui met le bornier de masse du tableau d'abonné au même potentiel « zéro de référence » que la prise de terre – doit être identique à celle du conducteur de phase sortant du disjoncteur principal, avec cependant un maximum de 16 mm^2.

La protection différentielle

Un défaut d'isolement à l'intérieur d'un appareil électrique peut provoquer une fuite de courant vers la terre, via le conducteur de protection, et l'enveloppe métallique de l'appareil se trouve alors sous tension sans qu'on s'en rende compte. Si on y pose la main, on risque l'électrocution, ou au minimum de recevoir une décharge électrique.
L'appareil de protection différentiel (interrupteur ou disjoncteur) détecte une différence entre le zéro de la terre et la tension présente sur le conducteur de protection. Dès que ce courant différentiel dépasse une valeur de sécurité (indiquée sur l'appareil), il coupe l'alimentation. La protection différentielle peut concerner toute l'installation et/ou un circuit particulier.

Protection des canalisations d'eau et de gaz
S'il est strictement interdit de relier un conducteur de terre à une canalisation de gaz, on peut le raccorder à une conduite métallique d'eau, sous réserve que celle-ci soit elle-même reliée à une prise de terre de bonne qualité. Si la liaison entre le compteur d'eau et le robinet d'arrêt à l'entrée du logement est assurée par des conduites métalliques, il faut shunter le compteur au moyen d'une tresse de masse.

La ligne de terre

La ligne de terre constitue le fondement de tous les dispositifs de sécurité d'une installation électrique, dont l'efficacité peut être réduite à néant si la ligne de terre n'est pas correctement réalisée.

La qualité d'une prise de terre dépend de sa résistance électrique. La norme demande 100 Ω maxi, mais on préconise 30 Ω maximum dans une région très exposée aux risques de foudre, et même 10 Ω si l'installation comporte un parafoudre. Cette valeur est relevée (avec un appareil spécial) à la barrette de mesure, placée entre la sortie de la prise de terre et le départ du conducteur de protection principal raccordé au bornier de terre du tableau d'abonné.

VOIR AUSSI Raccordement sur l'alimentation en eau **15**

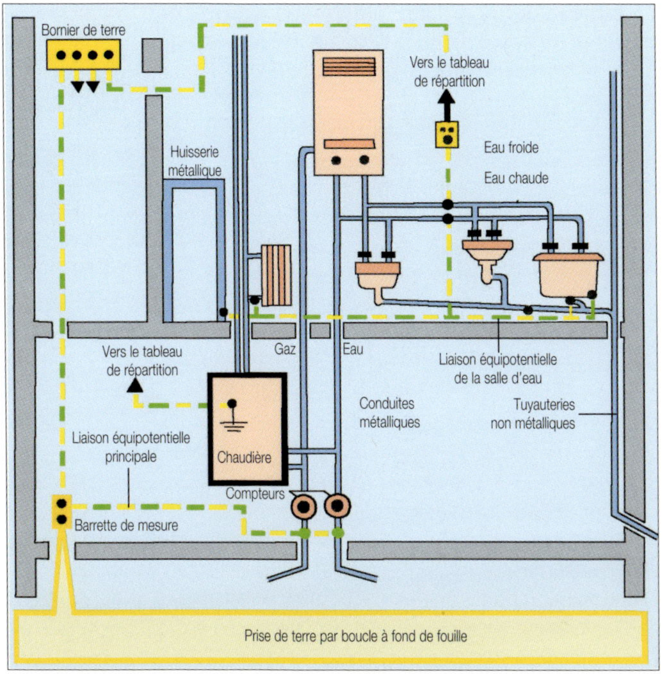

Liaison équipotentielle principale d'un logement individuel
Le conducteur principal de protection relie la barrette de mesure de la prise de terre au bornier de terre du tableau d'abonné.

TERRE DANS L'EAU = DANGER
Il est formellement interdit de réaliser une prise de terre avec un conducteur baignant dans l'eau, car cette installation peut charger l'eau (puits, mare, rivière) d'un courant mortel en cas de retour à la terre résultant d'un défaut d'isolement dans l'installation.

La prise de terre

Selon le type de construction et la nature du terrain, on peut réaliser la prise de terre par un conducteur en fond de tranchée (voir en bas), par un piquet de terre – qui peut être enfoui en fond de cave – ou par une boucle conductrice à fond de fouille (enfouie sous les fondations), solution la plus performante, surtout dans un terrain à forte résistivité (rocheux et sec).

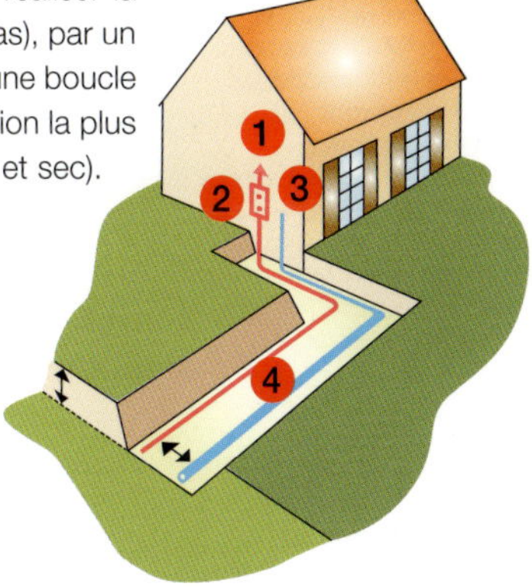

Conducteur en tranchée

La ligne de terre établie par un conducteur enfoui dans la tranchée des canalisations d'eau, de gaz et d'électricité doit cheminer à une profondeur de 1 m et à 20 cm minimum de ces canalisations.
1 Vers le bornier du tableau d'abonné
2 Barrette de mesure
3 Prise de terre
4 Canalisations (eau, gaz, électricité)

VOIR AUSSI Installations à l'extérieur **110-111**

Le tableau de répartition

Le tableau de répartition distribue le courant débité par le disjoncteur de branchement vers les circuits alimentant chacun un type de consommateurs spécifique.

Le tableau de répartition peut être accolé sous le tableau d'abonné quand celui-ci est situé à l'intérieur du logement, ou sous le disjoncteur de branchement quand le coffret de branchement est placé en limite de propriété (voir schéma page ci-contre). Il doit toujours se situer à l'abri de l'humidité comme de la chaleur.

Ce tableau comporte trois borniers assurant la distribution de la phase et du neutre, pour ceux qui sont placés en haut, et de la terre pour celui du bas. Les appareils de coupure (fusibles et disjoncteurs) sont regroupés en rangées et repérés par des étiquettes indiquant pour chacun le circuit qu'il protège.

On place également sur ce tableau les appareils aux fonctions spécifiques, comme la programmation, le chauffage d'ambiance et le chauffage de l'eau sanitaire : programmeur, minuterie, télévariateur, relais télérupteur, parafoudre, interrupteur horaire, délesteur, etc.

Un capot ferme le tableau, ne laissant accessibles que les boutons de commande, les voyants et les indications de service des appareils. Ce capot doit comporter une étiquette rouge mentionnant qu'il est interdit de l'ouvrir sans avoir au préalable coupé le courant au disjoncteur de branchement.

Tableau de répartition moderne (norme NF C 15-100)
Le respect de la continuité des couleurs des conducteurs, impératif, permet de rapprocher facilement la réalité du schéma (voir en haut).
1 Bornier du neutre
2 Bornier de la phase
3 Bornier de la terre
4 Disjoncteurs divisionnaires
5 Interrupteur différentiel
6 Programmeur hebdomadaire
7 Délesteur
8 Contacteur de puissance 20 A à voyant lumineux
9 Contacteur heures creuses
10 Contacteur de puissance 10 A à voyant lumineux

VOIR AUSSI Coffret de branchement **26**, La protection différentielle **28**

Tableau de répartition minimal
Ce schéma représente la structure d'un tableau moderne, conforme à la norme NF C 15-100, avec le minimum d'appareils obligatoires pour la protection et la distribution vers les divers circuits.
Le schéma du tableau proprement dit se trouve au-dessous du disjoncteur de branchement, conformément à l'implantation la plus répandue.

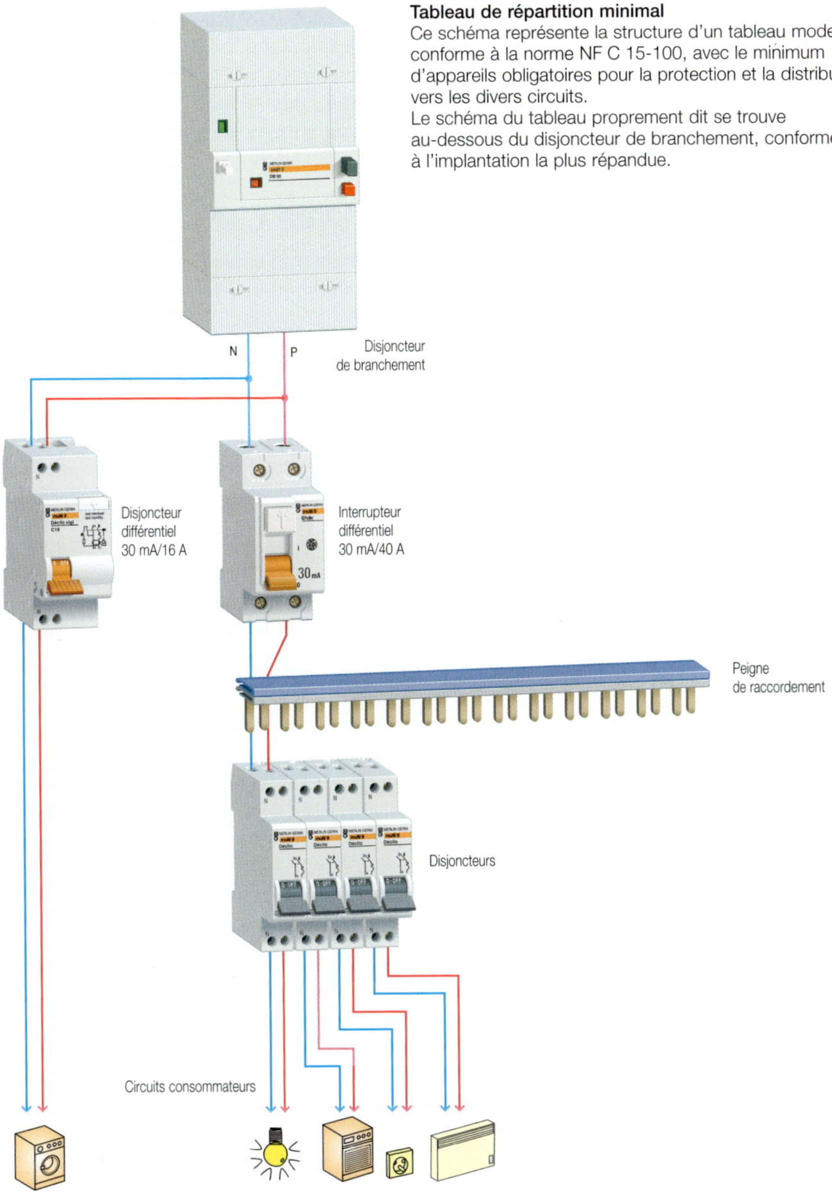

VOIR AUSSI Répartition et constitution des circuits **36-37**

Les coupe-circuits

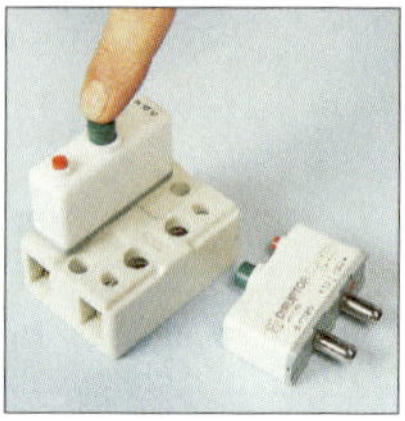

Disjoncteur miniature à broches
Cet appareil remplace un ancien fusible à broches, améliorant ainsi très sensiblement la protection des matériels et des personnes.

Successeur des antiques fusibles à fil – dont l'emploi est désormais prohibé, qu'ils soient à tabatière ou à broches –, le coupe-circuit est le plus simple des dispositifs de protection. Son emploi reste acceptable pour les circuits non spécialisés ; mais mieux vaut le remplacer par un disjoncteur pour les circuits sensibles (salle d'eau, cuisine).

Coupe-circuits et cartouches fusibles

Le coupe-circuit est un appareil inséré sur la phase et le neutre, en amont du circuit alimentant un gros équipement électroménager, un ensemble de prises ou un groupe d'appareils d'éclairage. Il contient une cartouche fusible doublement calibrée : en intensité maximum au-delà de laquelle elle fond et coupe le circuit d'une part, et en diamètre et longueur d'autre part (voir page 35). Il est ainsi impossible d'insérer dans un coupe-circuit donné une cartouche d'un calibre supérieur à celui pour lequel il est conçu (qui doit être indiqué de manière bien visible).

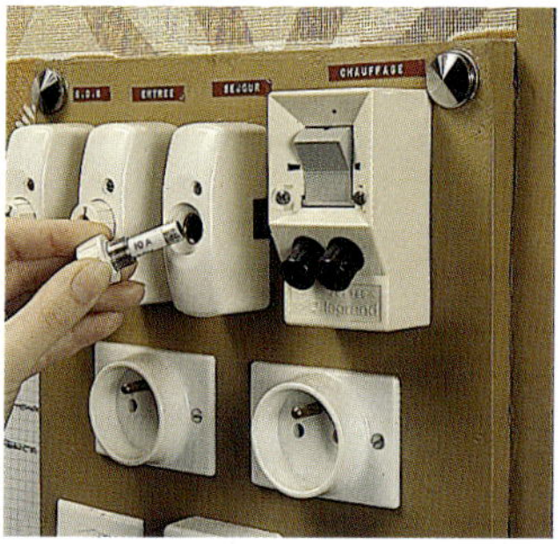

Coupe-circuit à cabochon vissé

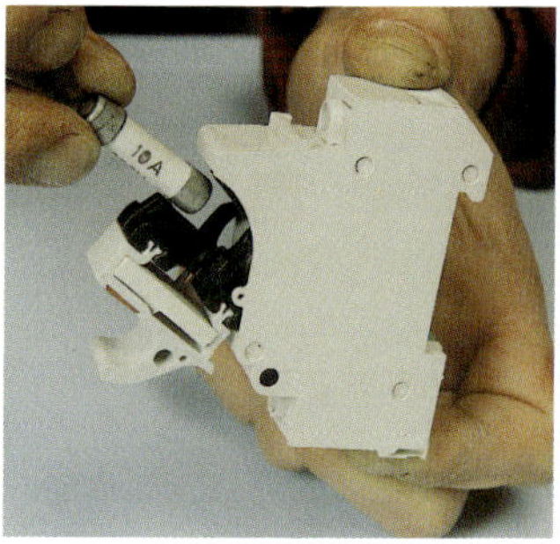

Coupe-circuit à tiroir basculant

Ces cartouches se logent dans une embase à cabochon vissé ou à tiroir basculant. Certaines cartouches éjectent une petite pastille rouge en bout quand elles fondent, ce qui facilite la recherche du circuit défaillant. Mais cette indication peut également être fournie par un coupe-circuit à tiroir équipé d'un voyant de signalisation, solution la plus pratique quand il faut chercher dans l'obscurité le fusible ayant fondu.
Il existe des coupe-circuits bipolaires (phase + neutre) pour les circuits monophasés et des appareils tripolaires pour les alimentations en triphasé, ainsi que des coupe-circuits pour la protection du fil-pilote de régulation d'un chauffage électrique intégré.
Dans ce type d'appareil, la phase coupe avant le neutre et se referme après le neutre quand on le remet en service avec une cartouche neuve.

VOIR AUSSI Remplacer un fusible **34-35**

Calibrage des cartouches

Le pouvoir de coupure des cartouches fusibles est défini par la norme NF C 63-210/211.Il existe des cartouches spéciales (type aM) qui acceptent une surintensité fugace sans fondre ; elles servent à la protection des appareils appelant une forte pointe de courant au démarrage (moteurs de pompe et de compresseur).
Pour les autres circuits, qui fonctionnent à intensité constante, on utilise des cartouches type gG (ou gI).

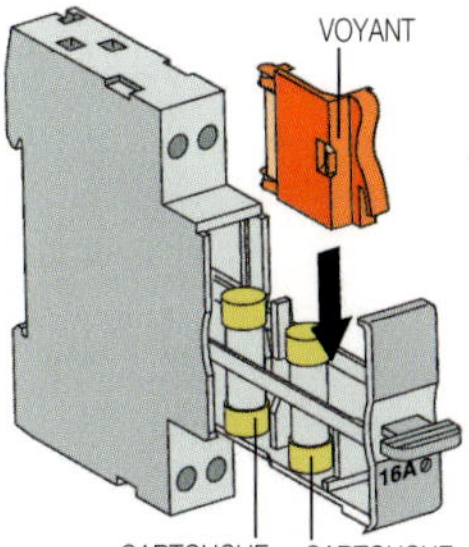

Coupe-circuit à tiroir avec voyant de signalisation
Le voyant de signalisation à lampe néon s'insère dans le tiroir, qui comporte une cartouche en service et une de rechange.

CALIBRE DES PROTECTIONS PAR TYPE DE CIRCUIT		
Circuits ordinaires	**Fusible**	**Disjoncteur**
Éclairage fixe (5 points au maximum)	10 A	16 A
Prise 10/16 A (5 points au maximum)	20 A	16 A
Circuits spécialisés	**Fusible**	**Disjoncteur**
Chauffe-eau électrique à accumulation	20 A	25 A
Lave-vaisselle ou lave-linge	20 A	25 A
Cuisinière, four, table de cuisson	32 A	32 A
Radiateur à accumulation pour une pièce	20 A	25 A

Mini-disjoncteurs

Le fusible ne réagit qu'à une élévation brutale de l'intensité qui le traverse, mais peut laisser subsister une situation où l'intensité stagne juste au-dessus du pouvoir de coupure, provoquant un échauffement progressif sans induire de coupure. Cette situation se produit quand le circuit subit une surcharge, par exemple quand le moteur d'une machine à laver ou d'un robot ménager est anormalement freiné.
En revanche, un disjoncteur détecte très rapidement ce type de situation – potentiellement dangereuse – et coupe l'alimentation du circuit appelant une intensité anormale.
Les petits disjoncteurs de tableau, ou disjoncteurs divisionnaires, se présentent sous le même encombrement que les coupe-circuits à tiroir, qu'ils peuvent remplacer sans que l'on ait à toucher au câblage.
L'interrupteur différentiel est un interrupteur intégrant un disjoncteur différentiel, qui permet de couper sans risque un circuit en pleine charge.

VOIR AUSSI Rénovation des circuits **126-127**

Remplacer un fusible

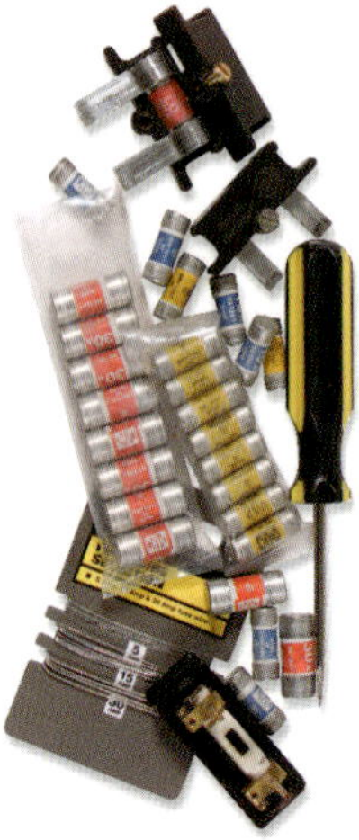

Quand tout s'éteint dans une pièce, ou qu'un équipement s'arrête de fonctionner, allez au tableau de répartition et examinez le coupe-circuit ou le disjoncteur divisionnaire concerné. Si le coupe-circuit comporte un indicateur de coupure (voyant de signalisation ou percuteur rouge), vous savez immédiatement s'il est en cause ; sinon, ouvrez le coupe-circuit, extrayez sa cartouche et testez-la.

Remplacer une cartouche

Il est déconseillé de retirer ou de remettre en service la cartouche d'un coupe-circuit sous tension, car cette manœuvre provoque un étincelage aux bornes de la cartouche qui peut déclencher le disjoncteur ou même faire fondre la cartouche.

Commencez donc par couper l'alimentation au disjoncteur principal, puis ouvrez le coupe-circuit et extrayez la cartouche. Pour savoir si elle est coupée, testez-la (voir ci-dessous).

Si la cartouche a fondu, remplacez-la par une neuve du même calibre (impératif !). Avant de remettre le courant, arrêtez tous les appareils alimentés par le coupe-circuit qui s'est déclenché. Refermez le coupe-circuit et renclenchez le disjoncteur. Procédez ensuite à une recherche de l'origine du défaut, par éliminations successives (voir ci-contre, à droite).

Le tableau de répartition se trouve souvent dans une zone mal éclairée de jour, ce qui encourage à laisser le disjoncteur principal enclenché pendant les opérations. Mieux vaut soit placer au-dessus du tableau un éclairage de secours, soit accrocher à proximité une lampe-torche.

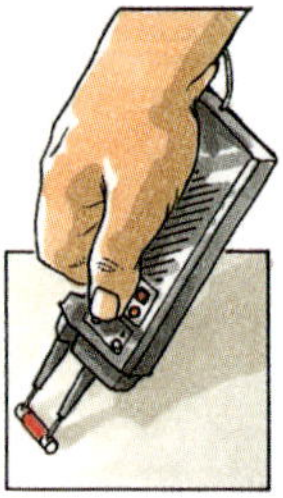

Testeur de cartouche

Cet appareil permet de connaître l'état des cartouches fusibles.

Vérifier l'état des cartouches

On peut tester la continuité électrique d'une cartouche avec un contrôleur universel, un testeur spécifique (à gauche), ou encore en dévissant le culot d'une lampe-torche et en présentant la cartouche entre le fond de la pile et le corps de la torche, bouton de commande allumé (ci-dessous).

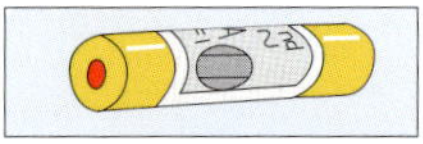

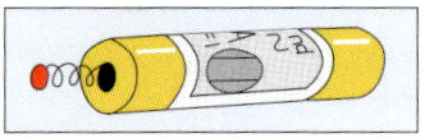

Cartouches à témoin de fusion

Un percuteur interne éjecte une petite pastille rouge placée au centre de l'embout de la cartouche quand celle-ci a fondu.

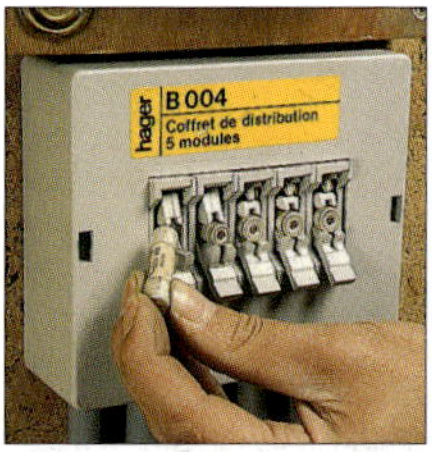

Basculez le levier sur la face avant du coupe-circuit à tiroir pour accéder à la cartouche

Dévissez le cabochon placé au centre du corps du coupe-circuit et retirez la cartouche.

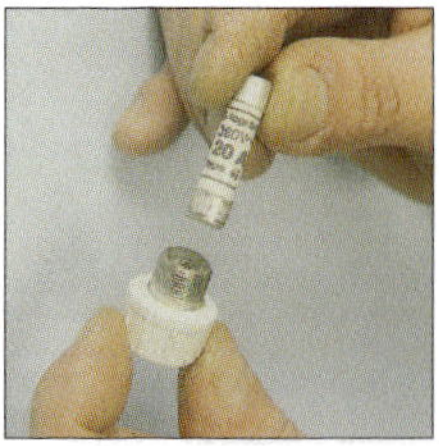

VOIR AUSSI Le tableau de répartition **30-31**

Rechercher la cause du déclenchement

Avant de remettre le courant, localisez l'origine du défaut qui a provoqué l'incident et portez-y remède. Une procédure logique permet généralement de trouver le responsable, mais on peut affiner la recherche au moyen d'un contrôleur universel.

Si votre installation est protégée par un parafoudre et que le déclenchement s'est produit par temps orageux, commencez par vérifier la position du parafoudre ; renclenchez-le si c'est lui qui a provoqué la mise en sécurité. Pour localiser l'appareil qui a provoqué le déclenchement de l'organe de protection, procédez par élimination, dans un ordre logique : *a priori*, il y a de grandes chances pour que ce soit l'appareil plus gros consommateur qui ait provoqué le déclenchement. Remettez donc celui-ci sous tension. Si la protection ne se déclenche pas à nouveau (attendez quelques minutes), remettez en route un autre appareil ; et ainsi de suite, du plus gros vers le plus faible consommateur de courant.

Fusibles à remplacer
Tous ces anciens types de fusibles sont maintenant hors la loi, car leur emploi (et surtout leur « bricolage ») a été à l'origine de nombreux sinistres.
Si votre installation électrique utilise ces dispositifs, commencez par les remplacer par des coupe-circuits homologués avant tout autre travail.

Calibres des cartouches

Parmi les quatre groupes dimensionnels de cartouches fusibles, le quatrième est destiné à de grosses installations (industrie, services). Les cartouches de type gG sont destinées aux installations domestiques, celles de type aM à la protection des machines électriques (compresseur, perceuse, scie, etc.).

Dimensions (Ø x L)	Calibre électrique
8,5 x 31,5 mm	2 A
	4 A
	6 A
	10 A
	20 A
10,3 x 38 mm	2 A
	4 A
	6 A
	10 A
	25 A
	32 A
14 x 51 mm	10 A
	16 A
	25 A
	32 A
	40 A
	50 A

VOIR AUSSI Les coupe-circuits **32-33**, Mini-disjoncteurs **33**

Dans un logement construit antérieurement à la mise en vigueur de la norme NF C 15-100, l'installation électrique est souvent distribuée de manière confuse, avec des circuits qui s'enchevêtrent, surtout si on l'a modifiée (situation fréquente) pour ajouter des prises ou des points d'éclairage, de nouveaux appareils électroménagers ou encore des radiateurs.

En redistribuant les circuits de façon logique, l'amateur avisé améliore la sécurité de son logement tout en confortant sa pratique de l'installation électrique. Profitez-en pour remplacer les conducteurs hors normes et relier à la terre toutes les masses métalliques, en premier lieu les canalisations.

Spécialisation des circuits

Le principe de base énoncé par la norme prescrit que l'alimentation de toute habitation est répartie entre plusieurs circuits séparés, partant chacun de leur propre appareil de protection implanté au tableau de répartition.

Dans un logement de moins de 35 m², il doit y avoir au minimum deux circuits avec des conducteurs de 2,5 mm², l'un d'eux (avec un conducteur de protection) étant réservé aux gros équipements électroménagers.

Si l'habitation a une surface plus importante, il faut prévoir au moins trois circuits, en séparant l'alimentation des éclairages de celle des prises.

Les protections

Pour obtenir le visa « sécurité électrique », chaque circuit doit bénéficier d'une protection adaptée aux spécificités de la zone qu'il dessert et/ou des appareils qu'il alimente. C'est ainsi que le circuit alimentant toute pièce où se trouve un point d'eau (cuisine, salle d'eau, toilettes, buanderie, éventuellement garage) doit être protégé par un disjoncteur différentiel 30 mA.

Pour réaliser facilement cette séparation, on peut alimenter chaque pièce au moyen d'un coffret d'extension spécialisé. Par ailleurs, aucun circuit ne doit alimenter plus de cinq prises de courant ou cinq appareils d'éclairage.

Circuit prises

Ce circuit alimente les trois prises d'une pièce à partir d'un boîtier de raccordement **(A)** à la ligne principale venant de la protection spécifique au tableau de répartition.

Un commutateur **(B)** commande l'une des prises **(C)**. Celle-ci ne peut servir qu'à alimenter un appareil d'éclairage, et en aucun cas un radiateur électrique ou un équipement à moteur électrique.

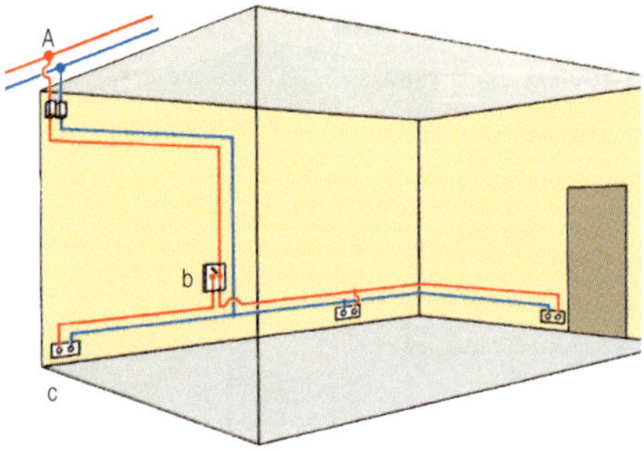

VOIR AUSSI Calibrage des cartouches **33**, Les socles de prise **50-51**

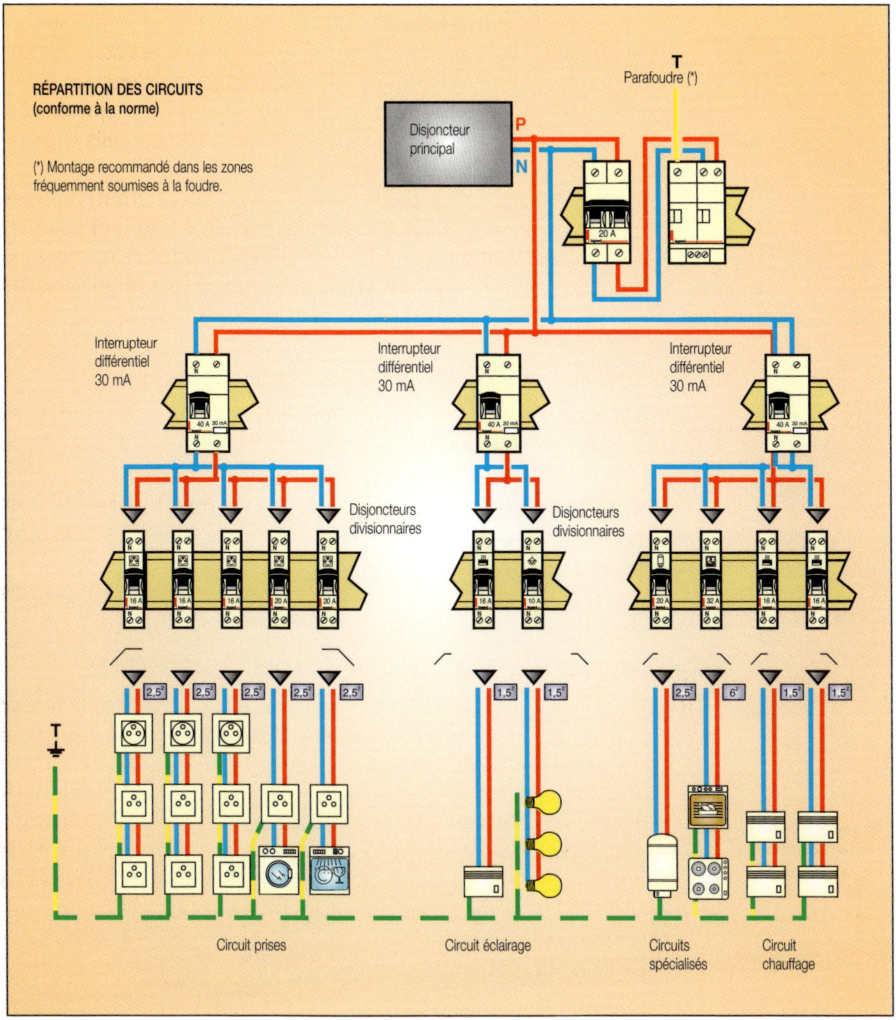

VOIR AUSSI Cuisinières et fours **68-69**, Rénovation des circuits **126-127**

Colliers pour tubes

Les tubes rigides en PVC (voir colonne de droite) sont destinés à des canalisations apparentes et se fixent sur la maçonnerie au moyen de colliers. AUCUNE CANALISATION NE DOIT PASSER À MOINS DE 3 CM D'UNE TUYAUTERIE MÉTALLIQUE.

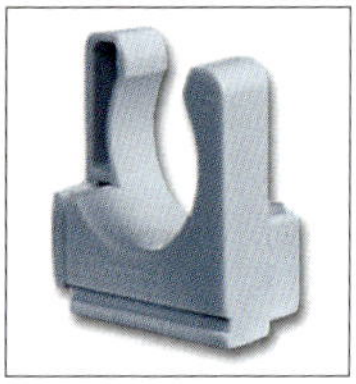

Collier à clip

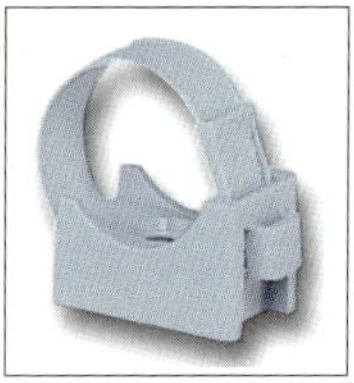

Collier à lyre

Remplacer les anciennes baguettes

Après avoir coupé l'alimentation au disjoncteur principal, arrachez les baguettes désormais prohibées. Ne récupérez les conducteurs que s'ils sont en bon état et conformes aux nouvelles normes. Si vous ne voulez pas encastrer le circuit, enduisez le mur et posez des baguettes ou goulottes en plastique.

Baguettes et goulottes

Les canalisations apparentes peuvent cheminer dans des conduits tubulaires (voir à droite) ou plats. Les plus simples des conduits plats sont les baguettes – uniquement en plastique – à coller au moyen de colle Néoprène et utilisables pour des circuits jusqu'à 16 A. La pose des baguettes à couvercle intégré **(1)** est la plus simple qu'on puisse imaginer. Les goulottes en plastique sont généralement cloisonnées en plusieurs conduits où cheminent des circuits différents. Elles peuvent être posées en plinthe **(2)** ou en moulure **(3)**.

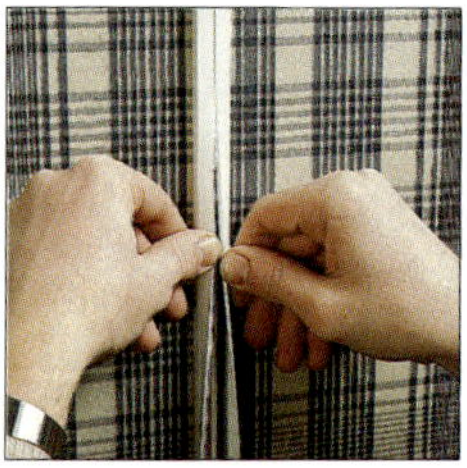

1 Baguette à couvercle incorporé

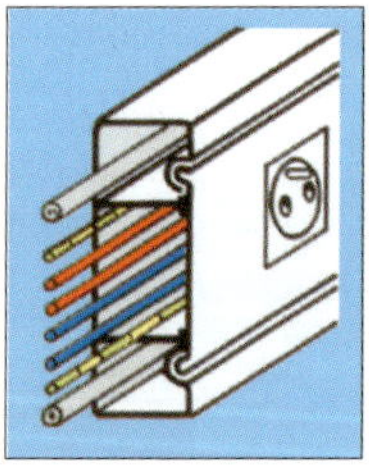

2 Goulotte de plinthe

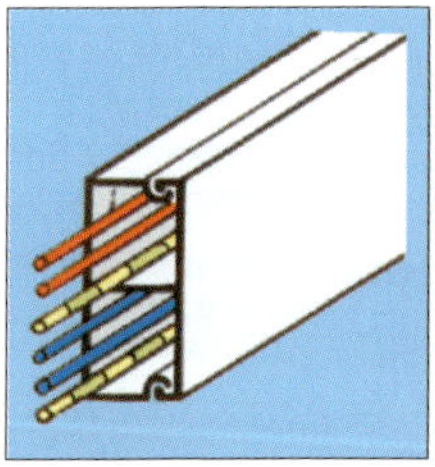

3 Moulure plastique

Systèmes de raccordement intégrés

Divers fabricants proposent des systèmes pour réaliser des circuits électriques en assemblant des éléments coordonnés comprenant des goulottes, des raccords et tous les appareils de liaison (boitiers à bornes, socles, départs, tés, coudes, etc.).

Ces éléments peuvent se poser en plinthe ou en cimaise, avec dans ce cas des plafonniers intégrables (ci-dessous).

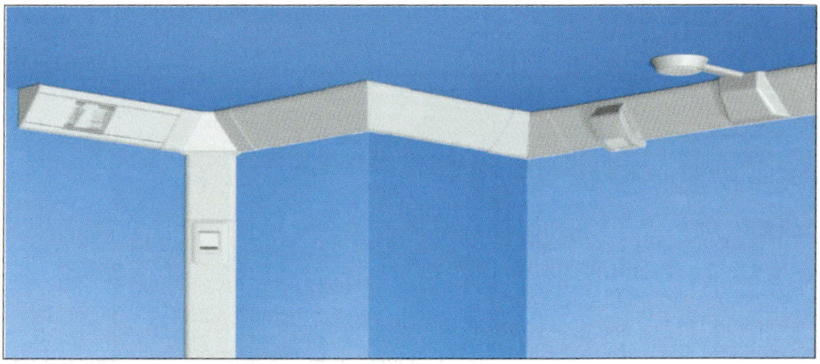

VOIR AUSSI Va-et-vient **102-103**

Conduits en plastique

Les tubes rigides ou souples servent pour faire cheminer des circuits réalisés avec des conducteurs unitaires à âme rigide. Ces canalisations peuvent être apparentes, sous tubes rigides en PVC ou encastrées sous gaines souples annelées.

Les conduits homologués portent une désignation commençant par « NF-USE » (norme française conforme à la spécification européenne CEI 439-2), suivie par un nombre indiquant le diamètre extérieur (16, 20, 25, 32, 40, 50 ou 63 mm) puis par trois ou quatre lettres désignant la catégorie du matériau (donc son domaine d'emploi), et enfin par un nombre composé d'un premier chiffre qui qualifie la résistance mécanique (de 0 à 5) et de deux chiffres spécifiant la tenue en température : 00 = pas d'exigence ; 05 = de - 5 à 60 °C ; 90 = résiste temporairement à 90 °C.

Ces conduits qui sont colorés en orange ne doivent pas être noyés dans la maçonnerie, car ils peuvent propager les flammes. Les conduits apparents se fixent au moyen de colliers spéciaux (voir à gauche).

Conduits interdits
Remplacez les baguettes en bois ainsi que les tubes métalliques apparents par des baguettes en plastique, des tubes rigides ou des goulottes en plastique.
Vous pouvez conserver les circuits passant dans des tubes métalliques encastrés, sous réserve de raccorder ceux-ci au conducteur de protection.

IRO (Isolant Rigide Ordinaire) ou IRL (Isolant Rigide Lisse)

ICO (Isolant Cintrable Ordinaire) ou ICA (Isolant Cintrable Annelé)

ICT (Isolant Cintrable Transversalement) ou ICTA (Isolant Cintrable Transver-salement Élastique Annelé)

ICT (Isolant Cintrable Transversalement) ou ICTA (Isolant Cintrable Transver-salement Élastique Annelé)

ICD (Isolant Cintrable Déformable) ou ICTL (Isolant Cintrable Transversalement Élastique Lisse)

ICD (Isolant Cintrable Déformable) ou ICTL (Isolant Cintrable Transversalement Élastique Lisse)

NOMBRE ET SECTION DES CONDUCTEURS ACCEPTABLES DANS UN TUBE EN PVC

Conducteurs par conduit		Diamètre du conduit	
Nombre	**Section**	**Rigide**	**Souple**
2	4 mm²	16 mm	16 mm
	6 mm²	16 mm	20 mm
	10 mm²	25 mm	25 mm
	16 mm²	25 mm	32 mm
3	2,5 mm²	16 mm	16 mm
	4 mm²	16 mm	25 mm
	6 mm²	16 mm	25 mm
	10 mm²	25 mm	32 mm
	16 mm²	32 mm	–
4	2,5 mm²	16 mm	16 mm
	4 mm²	16 mm	20 mm
	6 mm²	16 mm	20 mm
	10 mm²	25 mm	25 mm
	16 mm²	32 mm	33 mm
5	1,5 mm²	–	16 mm
	2,5 mm²	16 mm	20 mm
	4 mm²	25 mm	32 mm
	6 mm²	25 mm	32 mm
	10 mm²	–	32 mm
	16 mm²	32 mm	–
6	1,5 mm²	16 mm	20 mm
	2,5 mm²	20 mm	20 mm
	4 mm²	25 mm	25 mm

VOIR AUSSI Rénovation des circuits **126-127**

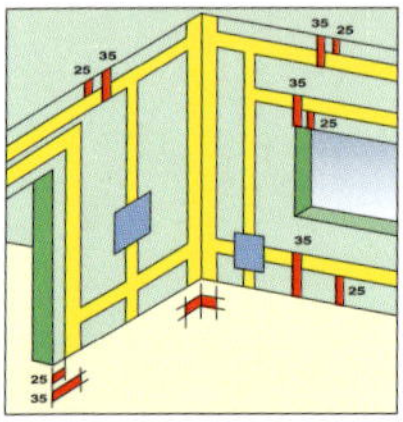

Cheminement des gaines
Respectez les distances minimales par rapport aux lisières des murs, du plafond et du plancher et à l'entablement des ouvertures.

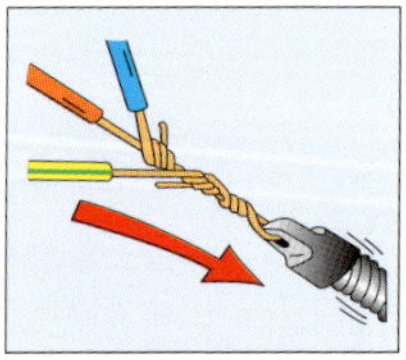

Tire-fils
Passez l'extrémité d'un conducteur dans l'œil du tire-fils, torsadez le rabat et torsadez par-dessus les extrémités des deux autres conducteurs.

Sécurité des conduits

Les règles de sécurité s'appliquent aux canalisations électriques noyées dans la maçonnerie ou cheminant entre deux parois ou dans un vide sanitaire.

Vous devez réaliser la totalité d'un circuit selon la même technique, au moins depuis le départ – au tableau de répartition – jusqu'à un boîtier de raccordement. Il est formellement interdit de « panacher » conducteurs sous gaine et passage sous baguette ou, pis encore, sous gaine extérieure souple. On ne peut faire cheminer qu'une gaine dans une saignée pratiquée dans la maçonnerie. De plus, ces gaines doivent passer à plus de 3 cm de toute tuyauterie métallique (fût-elle raccordée à la terre) et à une distance minimum des côtés et ouvertures (voir ci-dessous).
Il est également interdit de faire cheminer des canalisations électriques dans les parois des conduits de fumée et leurs cloisons de doublage. Pensez à relever le cheminement des canalisations électriques, afin de ne pas risquer ultérieurement de percer ou d'enfoncer une pointe sur leur passage.
Les conducteurs doivent être continus à l'intérieur d'une même gaine : LES ÉPISSURES SONT INTERDITES.

Deux catégories de canalisations permettent de faire cheminer les circuits électriques : en surface ou masquées. Dans le premier cas, on peut utiliser des baguettes, des plinthes, des goulottes ou des tubes rigides en PVC. Dans le second, les circuits peuvent être noyés dans la maçonnerie ou cheminer dans le vide des doubles cloisons, sous les planchers et dans les plafonds.

Canalisations apparentes

Le système le plus simple – sur une petite distance – consiste à fixer un câble multiconducteur directement sur le mur au moyen de cavaliers.
La technique la plus sûre est de faire cheminer les conducteurs sous tubes en PVC. Tracez le cheminement et l'emplacement des colliers de fixation des tubes, à raison d'un collier tous les 40 cm. Fixez d'abord les boîtiers des appareils, puis les tubes, sans serrer leurs colliers **(1)**. Passez ensuite les conducteurs **(2)** avant de refermer les tés et les coudes **(3)**, et serrez définitivement des colliers.
De même, si vous optez pour un passage sous baguettes, fixez d'abord les boîtiers puis les baguettes, et passez les conducteurs avant de fermer le couvercle des baguettes.

1 Montez la canalisation en tubes.

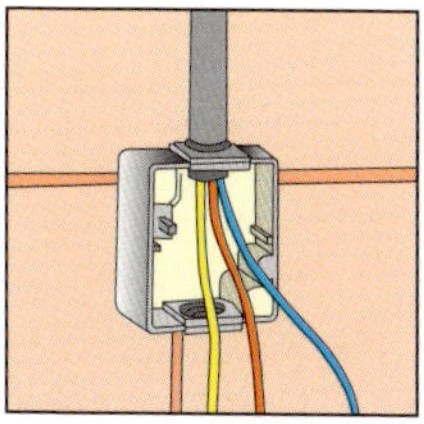

2 Tirez les fils dans les tubes.

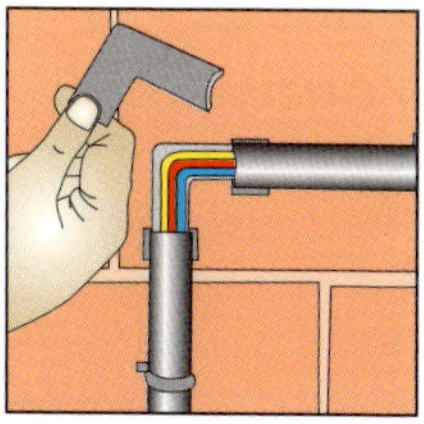

3 Emboîtez les coudes et les tés.

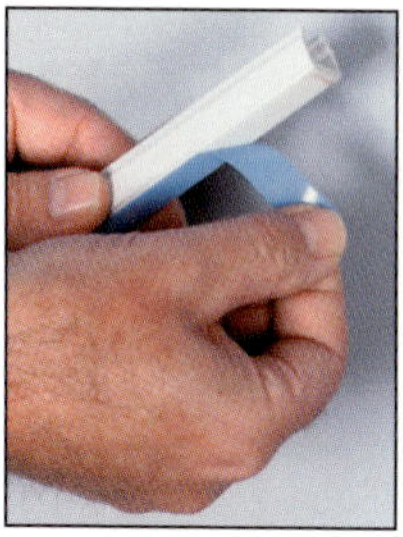

Baguette à dos autocollant

Canalisations masquées

Dans la mesure où elles ne sont ensuite plus accessibles (à moins d'importants travaux), les canalisations masquées doivent être réalisées avec grand soin, en respectant certaines règles de sécurité (voir à gauche).

Entre deux parois

Lors de la réalisation d'une paroi de doublage, si vous posez une canalisation électrique entre elle et le mur, relevez soigneusement son cheminement. Si la canalisation se trouve ensuite noyée dans une couche d'isolant, vous pouvez vous contenter de la maintenir en place par quelques pointes placées tous les 80 à 100 cm. Mais ne faites pas cheminer deux canalisations côte à côte.

Canalisations encastrées

Employez des gaines souples (sauf les conduits de couleur orange) plus faciles à mettre en place. Tracez l'emplacement des gaines et des appareils qu'elles relient (conservez-en un relevé).

Entaillez les saignées au ciseau à froid ou à la rainureuse, et placez-y les gaines et les boîtiers des appareils **(1)**. Enfilez les conducteurs dans les gaines, en tirant tandis qu'un assistant repousse les fils. Laissez les conducteurs dépasser de 15 à 20 cm, et maintenez la gaine avec des pointes **(2)** et quelques plots de plâtre. Vérifiez la continuité du circuit avant de reboucher les saignées **(3)**, en enlevant les pointes au fur et à mesure.

1 Faites dépasser la gaine à l'intérieur du boîtier.

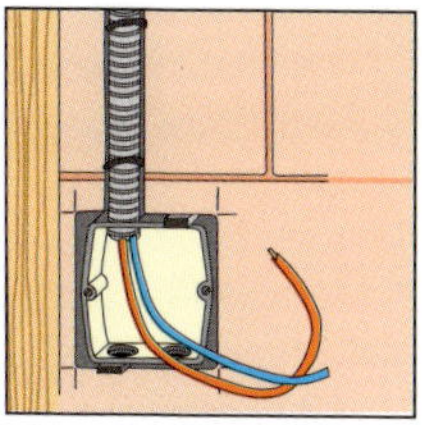

2 Maintenez la gaine par des pointes piquées tous les 10 cm.

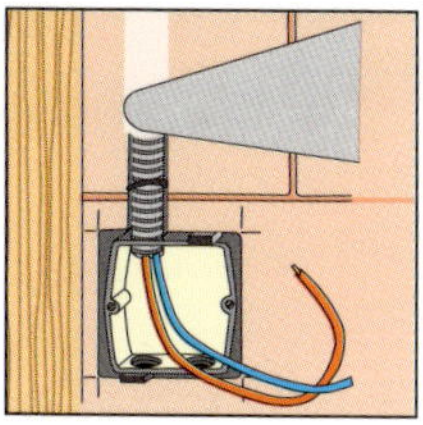

3 Mouillez la saignée et comblez-la avec du plâtre.

VOIR AUSSI Disjoncteur principal **26**

Passer un circuit sous un plancher

Le vide sous un plancher permet de faire cheminer commodément des canalisations électriques d'un bout à l'autre d'une pièce. Il est d'ailleurs inutile de déposer une grande partie du parquet pour passer dessous une gaine ou un câble souple : soulevez une lame de place en place, suffisamment pour passer un robuste fil de fer qui servira pour tirer le conduit. Vous pouvez d'ailleurs en profiter pour remplacer les lames les plus abîmées d'un vieux plancher.

Soulever les lames du parquet

Soulever une lame à chants vifs

Insérez la lame d'un ciseau à froid entre deux lames, à environ 50 mm de l'extrémité de l'une d'elles **(1)**. Soulevez la lame en faisant levier avec le manche du ciseau – en veillant à ne pas casser la lame – puis attaquez l'autre côté de la lame avec le ciseau. Quand elle est assez soulevée, passez un burin en dessous **(2)**. Progressez ainsi le long de la lame jusqu'à ce qu'elle soit complètement libérée.

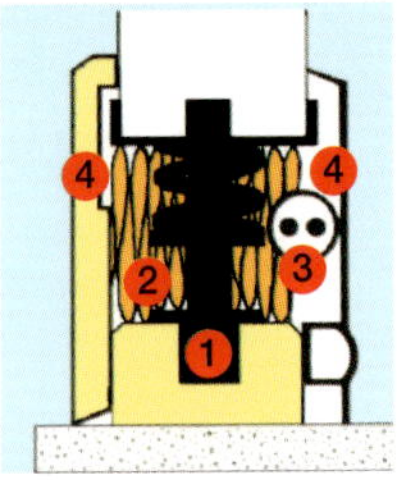

Canalisation en pied de cloison
La cloison étant montée sur de petits vérins **(1)**, bourrez de la laine minérale dans l'espace **(2)** et calez la gaine dans cette laine **(3)**. Fermez ensuite de chaque côté avec une plinthe **(4)**.

1 Faites levier sous la lame avec un ciseau à froid.

2 Calez la lame soulevée avec un burin.

Déposer une lame entière

Pour déposer une lame complète, commencez par la soulever aux environs de son milieu auprès d'une lambourde, dont vous pouvez déceler l'emplacement par les têtes des pointes qui y fixent la lame. Quand elle est assez levée, sciez la lame au droit de la lambourde puis déposez chaque moitié.

Soulever une lame à chants bouvetés

Il est impossible de soulever une lame à chants bouvetés sans avoir au préalable coupé les languettes de chaque côté.

VOIR AUSSI Conduits en plastique **39**

Vous pouvez réaliser cette opération avec une scie à panneau le long d'une lame de petite longueur, ou avec une scie circulaire si la coupe court sur toute la longueur de la pièce.

Passage derrière une plinthe

Pour alimenter une prise commandée depuis un interrupteur, le passage derrière la plinthe offre le plus court chemin à un circuit masqué. S'il s'agit d'une cloison rapportée, passez dans un conduit noyé dans l'isolant (ci-contre).

Dans une pièce non exposée à l'humidité, vous pouvez poser une prise 10 A deux broches réservée à l'éclairage à 5 cm du sol. Percez le passage pour l'épaulement circulaire du socle **(1)**, puis tirez l'extrémité de la gaine avec ses conducteurs. Dénudez les extrémités **(2)** et raccordez-les aux bornes du socle, puis vissez celui-ci dans la plinthe **(3)**.

1 Percez la plinthe au diamètre du socle.

2 Dénudez et raccordez les fils.

3 Vissez le socle en place.

Dans l'espace du plafond

S'il s'agit d'alimenter simplement un point d'éclairage, vous pouvez vous contenter de passer un câble multiconducteur fixé par des colliers sur une poutre (voir ci-contre).

Mais, si vous voulez implanter un circuit qui distribue le courant à plusieurs appareils, mieux vaut le réaliser avec des conducteurs individuels passés sous baguette ou goulotte en plastique. Si le circuit doit desservir un équipement appelant une intensité élevée (chauffe-eau à accumulation ou radiant infrarouge, par exemple), choisissez plutôt des tubes en PVC. Utilisez uniquement des conduits IRO, IRL ou ICD, qui ne propagent pas la flamme (couleur grise) et de tenue en température 05 (de 5 à 60 °C). Effectuez tous les raccords au moyen de boîtiers également résistants à la flamme.

Dalles en béton

Avant de couler le béton d'une dalle, vous pouvez y noyer un tube en PVC dans lequel vous aurez au préalable passé une robuste ficelle qui vous permettra de tirer les conducteurs.
Vous pouvez employer une gaine orange, à condition qu'elle soit complètement noyée dans le béton.
Creuser une saignée dans une dalle existante représente un travail plus pénible, à n'envisager que si vous prévoyez aussi de refaire le revêtement de sol.
Mieux vaut alors chercher à passer derrière les plinthes (voir ci-contre). Sinon, taillez la saignée au burin après avoir entaillé ses rives au moyen d'une tronçonneuse à disque spécial.

Clouez les pontets de fixation sur la poutre.

Toute liaison par contact provoque une perte électrique qui se traduit par un échauffement, dont l'importance est inversement proportionnelle à la qualité du contact. Or, tous les conducteurs d'un circuit possèdent à chacune de leurs extrémités un contact. Un circuit cumule toujours les contacts, surtout quand il comporte plusieurs coupures ou relie plusieurs appareils, comme un va-et-vient, un allumage de cage d'escalier ou un circuit de prises.

Compatibilité entre circuits
Les circuits sensibles (télévision, téléphone, informatique) font mauvais ménage avec les circuits de puissance. Si vous n'utilisez pas un système de plinthe intégrée, respectez une séparation d'au moins 30 cm entre les canalisations contenant leurs conducteurs. Si vous devez faire croiser deux circuits incompatibles, effectuez un croisement franc, à angle droit.

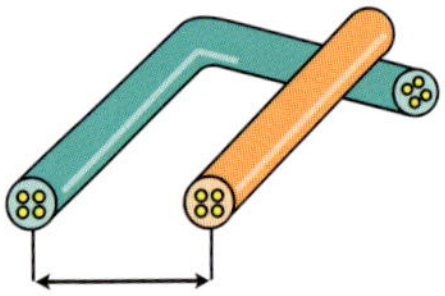

supérieur à 30 cm

Homogénéité entre boîtiers et canalisations

Pour réaliser un circuit, n'assemblez que des matériels appartenant à la même technique de canalisations électriques. Les mélanges de câbles multiconducteurs avec des conducteurs individuels sous gaines ou sous baguettes, ou les jonctions entre baguettes et gaines, sont à proscrire. En revanche, on peut marier les baguettes avec certaines goulottes en plastique.

Les boîtiers des appareils de coupure (prises, commutateurs) et les boîtes de dérivation doivent assurer un raccord mécanique étanche à l'air – et à l'eau en zone humide –, de manière que les conducteurs restent à l'abri de la poussière et des fumées.

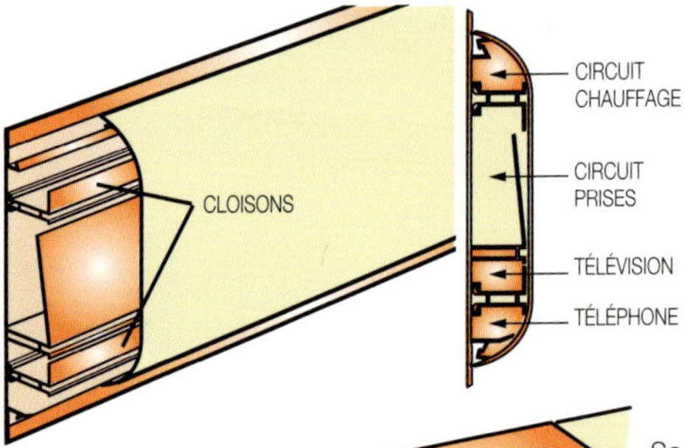

Éléments pour plinthe électrique
Chaque fabricant de plinthes ou de goulottes propose une gamme complète de boîtiers pour effectuer tous types de branchements et de raccordements.

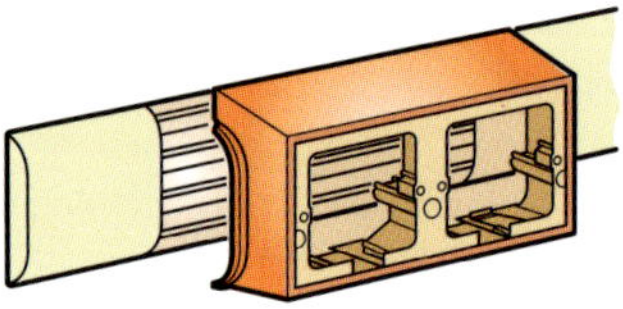

Socle à deux prises

Départ d'alimentation d'un radiateur

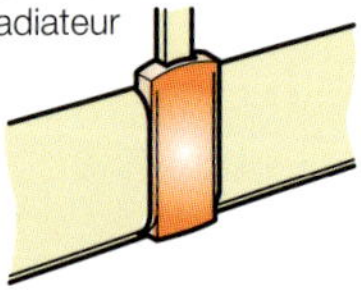

Socle à une prise au-dessus de la plinthe

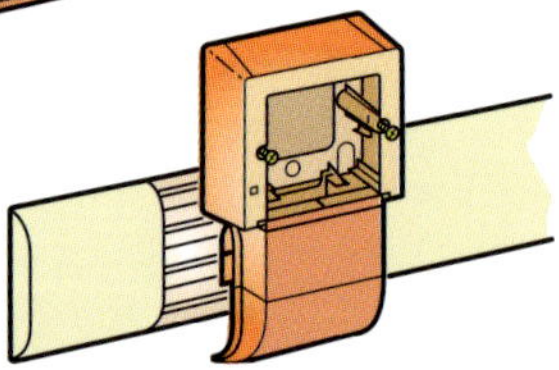

VOIR AUSSI Colliers pour tubes **38**, Canalisations masquées **41**

Raccorder les conducteurs

Les raccordements entre deux conducteurs doivent toujours être réalisés au moyen de connecteurs ou de borniers assurant un contact homogène et incapables de se desserrer, sauf utilisation d'un outil. Dans tous les cas, ces liaisons doivent être abritées à l'intérieur d'un boîtier de raccordement d'une constitution homogène avec celle des canalisations dans lesquelles cheminent les conducteurs raccordés. Les dispositifs de liaison peuvent être des bornes à vis ou des connecteurs à pression ou à sertir.

Les bornes à vis permettent des liaisons de bonne qualité avec des conducteurs à âme pleine. Pour obtenir la même qualité avec une âme toronnée, on peut utiliser des embouts sertis sur la partie dénudée (voir ci-contre).

Les connecteurs rapides assurent un contact du fil entre des lames plaquées avec une pression prédéfinie. Leur emploi ne nécessite aucun outil spécial et certains peuvent relier un conducteur à âme pleine avec un conducteur souple à âme toronnée.

Les connecteurs à sertir nécessitent l'emploi d'une pince spéciale. Ces dispositifs assurent la meilleure qualité de jonction, mais celle-ci est définitive ; pour séparer les conducteurs raccordés, il faut en effet les recouper.

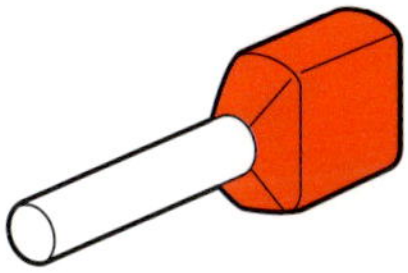

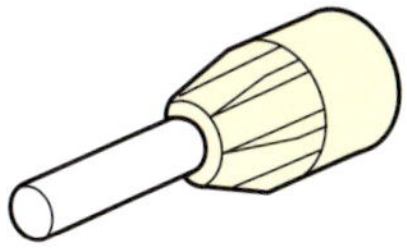

Embouts de câblage

Ces embouts se sertissent à l'extrémité des fils souples toronnés. Ils assurent un contact homogène indépendant du serrage de la borne et leur enrobage plastique isole les conducteurs adjacents entre eux.

Raccordement d'un circuit encastré avec une prolongation sous baguette sur un bornier à vis.

Boîtier de raccordement pour canalisations sous tubes, avec liaisons par dés à bornes à vis.

VOIR AUSSI Raccordement par boîte de dérivation **57**

Audit d'une installation

Avant d'effectuer quelque travail que ce soit sur l'installation électrique, assurez-vous qu'elle est bien conforme aux normes de sécurité actuelles. Évidemment, n'effectuez aucune mesure sous tension : coupez l'alimentation au disjoncteur principal et procédez à un examen visuel de chaque circuit et de tous les appareils électriques. Si cet examen révèle des signes douteux (comme des traces d'échauffement), faites appel à un professionnel qui établira un audit technique de l'installation et dressera une liste des actions à entreprendre et des matériels à remplacer.

QUESTIONS	ACTIONS
Votre tableau d'abonné comporte-t-il des appareils de coupure modernes ?	Remplacez les fusibles tabatières ou à broches en céramique. Remplacez les fusibles par des disjoncteurs pour les circuits de la cuisine et de la salle d'eau.
Quel est l'état du tableau d'abonné ?	Remplacez le couvercle s'il est fendu ou ne tient plus fermé, et le boîtier s'il est cassé et que l'une des vis n'y tient plus ou qu'on peut toucher des fils. Assurez-vous qu'une cartouche du bon calibre équipe chaque coupe-circuit.
Les coupe-circuits et disjoncteurs sont-ils bien étiquetés ?	Si vous ne pouvez pas identifier les circuits, demandez à un électricien de vous les répertorier et de placer les étiquettes correspondantes.
Le calibre des coupe-circuits est-il exactement adapté à la puissance des appareils qu'ils protègent ?	Remplacez tout fusible surdimensionné. Si un groupe de circuits est protégé par un fusible de très fort calibre, remplacez-le par un interrupteur différentiel. Remplacez les fusibles des circuits les plus chargés par des coupe-circiuits à tiroir.
Quel est l'état des conducteurs qui partent du tableau ?	Les conducteurs doivent être maintenus dans les bornes sans bouger et sans laisser apparaître une partie dénudée. Si vous trouvez des conducteurs isolés sous caoutchouc, remplacez-le par des fils isolés PVC, conformes aux normes de sécurité actuelles.
La ligne de terre partant du tableau est-elle intacte et en bon état ?	Si le conducteur de la ligne de terre, le bornier de terre ou un conducteur de protection portent des traces de corrosion, demandez à un électricien de sonder la valeur de la terre.

VOIR AUSSI Le tableau électrique principal **26-27**, La ligne de terre **28-29**

	Vérifiez le fonctionnement des disjoncteurs différentiels en actionnant leur bouton de test deux ou trois fois par an.
Quel est l'état des câblages distribuant les circuits dans les étages et les pièces ?	Si vous découvrez des conducteurs isolés sous caoutchouc, demandez à un électricien de tester l'installation pour vous assurer qu'il s'agit d'anciens circuits mis hors service. Si c'est le cas, essayez de les extraire ou collez sur chacune de leurs extrémités une étiquette rouge « Hors circuit-Ne pas reconnecter ». Dans tous les cas, isolez leur extrémité en la repliant et en l'enroulant dans du ruban isolant, et éloignez-les le plus possible des borniers. Assurez-vous que les couvercles de boîte de dérivation sont en bon état et parfaitement fixés.
Les câblages sont-ils bien ordonnés et cheminent-ils en sécurité ?	Passez sous baguette ou plinthe plastique tout circuit aux conducteurs apparents. Séparez tout circuit de forte puissance qui chemine – même sur une petite distance – accolé à un autre circuit.
Les prises à trois broches sont-elles bien raccordées à la terre ?	Faites contrôler la continuité entre la broche de terre de chaque prise et le bornier de terre du tableau d'abonné, ou mesurez sa résistance avec un contrôleur universel réglé en ohmmètre, après avoir coupé le courant au disjoncteur principal.
Les boîtiers des appareils sont-ils en bon état et parfaitement fermés ?	Remplacez les éléments cassés et remplacez ceux dont la fermeture ne tient plus.
Les commutateurs des équipements fonctionnent-ils normalement ?	Remplacez tout appareil dont le couvercle est cassé, dont la manœuvre nécessite de forcer, ou qui émet de fortes étincelles à chaque coupure.
Les circuits à l'intérieur des appareils sont-ils en bon état et bien raccordés ?	Assurez-vous qu'aucun conducteur ne présente une partie dénudée visible à l'extérieur du boîtier. Vérifiez que les bornes ne bougent pas et que les conducteurs y sont fermement raccordés, y compris le conducteur de terre.

VOIR AUSSI La protection différentielle **28**, Remplacer un fusible **34-35**
Routage des circuits **40-41**, Remplacer les interrupteurs **98-99**

Audit d'une installation

QUESTIONS	ACTIONS
Dans quel état se trouve l'isolant des fils dans les vieux appareils ?	Remplacez tous les conducteurs dont l'isolant est craquelé, durci et même carbonisé par endroits. Remplacez les passe-câbles fissurés ou entaillés.
Des commutateurs ou des prises sont-ils très chauds ? Détectez-vous une odeur de brûlé ? Voyez-vous des traces noires d'amorçage autour des fiches d'une prise ou du bouton d'un commutateur ?	Ces symptômes trahissent des connexions desserrées à l'intérieur des appareils, ou un écrasement d'une fiche de prise qui ne fait plus bien contact dans le socle. Éliminez les traces charbonneuses avec un chiffon imbibé d'alcool. Resserrez les bornes, après avoir au besoin raccourci l'extrémité du conducteur d'environ 10 mm. Si le défaut persiste, remplacez l'appareil incriminé.
La fiche branle-t-elle dans le socle ?	Vérifiez qu'une broche de la fiche n'est pas écrasée ou qu'une broche femelle du socle n'est pas fendue en deux ; si c'est le cas, remplacez la partie détériorée.
Les prises sont-elles bien situées ?	Si vous devez utiliser systématiquement des rallonges pour raccorder les appareils, mieux vaut déplacer les socles des prises. Vérifiez la hauteur des socles par rapport au sol (10 cm dans les pièces humides, 5 cm dans les autres).
Y a-t-il suffisamment de prises ?	Si vous employez beaucoup de multiprises, mieux vaut installer des socles doubles ou triples, ou même ajouter un ou deux socles dans une pièce (à condition de ne pas dépasser cinq prises par pièce).
Quel type de câble alimente les suspensions ?	Remplacez les câbles isolés sous coton par des câbles souples sous isolant en PVC. Vérifiez en même temps l'isolation des conducteurs dans la rosace.
Le corps des suspensions et lustres métalliques est-il relié à la terre ?	Dans les vieilles installations, la structure métallique des appareils d'éclairage n'est pas mise à la terre. Reliez-la au plus proche conducteur de protection.
L'éclairage est-il efficace ?	Si un appareil n'éclaire pas suffisamment, équipez-le d'une ampoule à basse consommation, qui donne plus de lumière pour un ampérage inférieur.
Comment sont alimentés le garage et l'atelier ?	Équipez toute annexe d'une maison d'un tableau de distribution spécifique, avec sa ligne de terre ou un conducteur de protection raccordé au tableau principal.

VOIR AUSSI Types de câbles souples **18-19**, Remplacer un fusible **34-35**

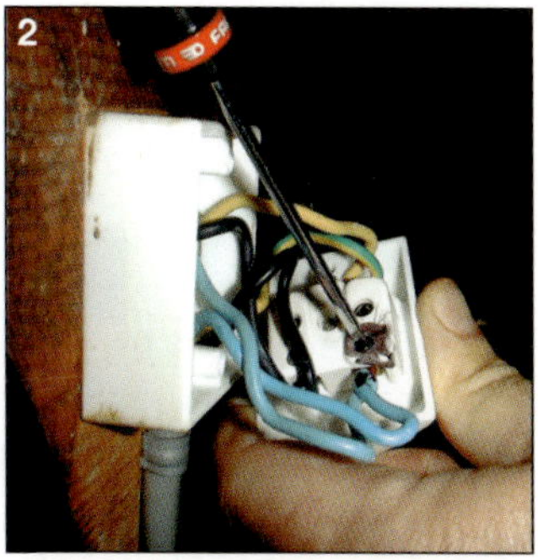

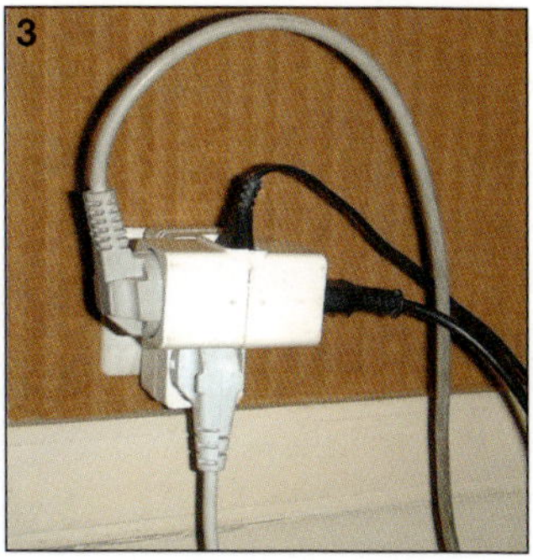

1 Conducteurs à nu
Cette installation en mauvais état ne peut être « rafistolée », il faut la refaire complètement.

2 Surchauffe d'une borne
Une borne desserrée provoque des étincelages répétés de la connexion et un échauffement.

3 Prise surchargée
Cet échafaudage de prises sur un seul socle est source d'incidents ; remplacez le socle par une prise double.

4 Fusible obsolète
Ces fusibles à broches et fil ne sont plus acceptés.

5 Fusible de remplacement
À défaut de poser des coupe-circuits modernes, vous pouvez monter ce type de fusible à broches à cartouche homologué.

6 Parties métalliques
Raccordez au conducteur de protection les masses métalliques des appareils électriques.

VOIR AUSSI Remplacer les interrupteurs **98-99**, Va-et-vient **102-103**

Les socles de prise

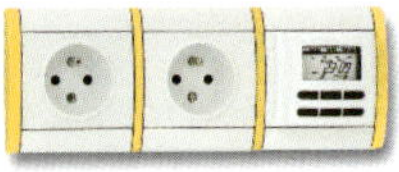

Prises programmables
Ce socle intègre deux prises 2P + T 10 / 16 A commandées par un programmateur, pour alimenter des appareils mobiles pendant des durées et à des moments programmés.

Le choix des socles de prise conditionne le type et la puissance des appareils qu'on peut y raccorder. Les anciennes prises à deux broches rigides de 4 mm de diamètre, qui pouvaient alimenter un appareil jusqu'à 6 A, ont cédé la place aux prises « confort » standardisées pour un débit de 10 à 16 A, dont les alvéoles élastiques peuvent recevoir indifféremment des fiches à broches de 4 ou 4,8 mm de diamètre.
Même s'il est muni d'éclipses, n'intervenez jamais sur un socle de prise sans avoir d'abord coupé son alimentation.

Les prises 10 / 16 A

Les prises 10 / 16 A sont les plus utilisées, en versions 2 P ou 2 P + T. Elles permettent d'alimenter des appareils d'une puissance allant jusqu'à 3 500 W avec des conducteurs de 2,5 mm^2.
Les socles simples, doubles ou triples peuvent intégrer un témoin lumineux de présence de tension, un commutateur de commande ou un programmateur (voir ci-dessus). Leurs boîtiers sont adaptés aux montages encastrés ou en applique, ou aux goulottes et plinthes.

Implantation des prises

Cherchez toujours à placer les socles au plus près des appareils que les prises doivent desservir, sans pour autant négliger les autres impératifs : séparation des alimentations de puissance et des circuits domotiques (hi-fi, téléphone, télévision et informatique), distance de sécurité par rapport au sol ou au plan de travail (voir ci-dessous à droite) et aux robinets de puisage d'eau (1 m minimum).

Socles simples ou combinés conformes aux normes actuelles, les plus utilisés

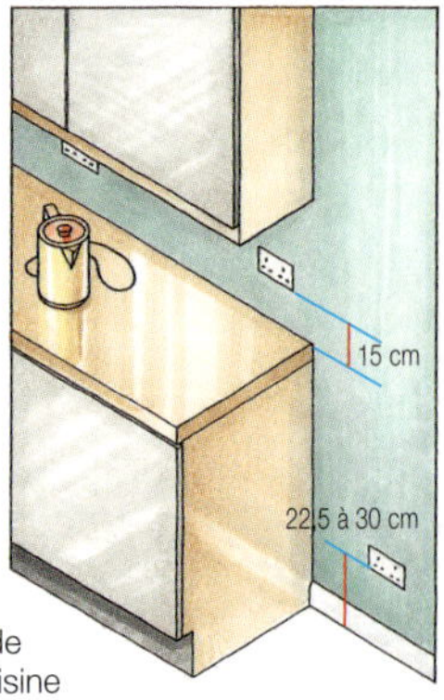

Hauteurs de garde des socles en cuisine

VOIR AUSSI Fusibles et coupe-circuits **13**, Le tableau électrique principal **26-27**

Pour alimenter plusieurs appareils à partir d'un même point, implantez des socles à deux ou trois prises.
Dans la cuisine, prévoyez un socle double 2 P + T 2 x 16 A commandé par commutateur ou programmateur, placé au-dessus du plan de travail, en plus des socles 2 P + T 32 A pour les gros appareils de cuisson (cuisinière, four) et des socles 2 P + T 16 A pour les réfrigérateurs et lave-vaisselle. Dans le séjour, une prise commandée par commutateur permet de commander un lampadaire.

Socles montés en applique

Présentez le boîtier du socle à l'emplacement prévu et repérez l'arrivée des conducteurs. Brisez l'ouverture correspondante avec une pince et ébavurez la coupe avec une lime si ses bords sont dentelés. Si nécessaire, percez les emplacements des vis de fixation du boîtier d'un coup de tournevis.
Marquez sur le mur l'emplacement des trous de fixation, percez et insérez des chevilles. Veillez à la qualité de la fixation dans la maçonnerie, surtout pour les plus grosses prises dont le socle subit un effort d'arrachement important lors du débrochage.
Entrez les conducteurs dans le boîtier en place. Recoupez-les en les laissant ressortir de 50 à 75 mm, dénudez leur extrémité et raccordez-les **(1)**. Repoussez les fils dans le boîtier avec le manche du tournevis (en évitant qu'ils ne se croisent), refermez le couvercle et serrez ses vis **(2)**.

Double socle 2 P + T 10 / 16 A
Si vous doublez un socle 2 P + T (ou si vous posez un double socle), vous pouvez alimenter les deux fiches de terre par un même conducteur, à condition que celui-ci ait une section supérieure de deux pas à celle des conducteurs phase et neutre.

1 Laissez un peu de mou aux conducteurs.

2 Le couvercle doit fermer le boîtier sans forcer.

VOIR AUSSI Cuisinières et fours **68-69**, Rénovation des circuits **126-127**

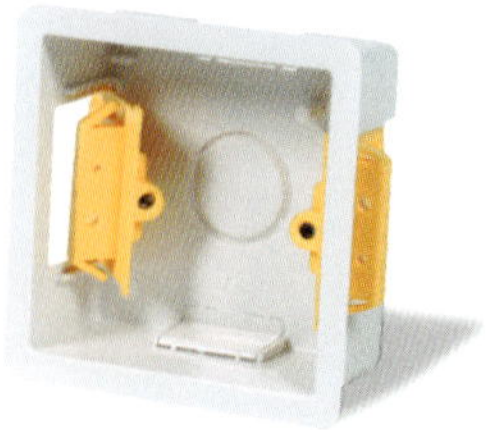

Boîtier autocalé
Les joues élastiques de ce type de boîtier le calent dans son logement, ce qui dispense de le fixer au moyen de vis.

Boîtier carré

Présentez le boîtier sur l'emplacement prévu et tracez son contour au crayon gras **(1)**, puis tracez les bords de la saignée pour la gaine des conducteurs. Entaillez au ciseau à froid ou avec une tronçonneuse sur le périmètre du tracé, puis éliminez la couche de plâtre si nécessaire **(2)**. Entamez la maçonnerie à la profondeur nécessaire en perçant une série de trous rapprochés **(3)**. Creusez ensuite avec un burin sur la profondeur d'encastrement du boîtier.

Présentez le boîtier dans le trou. S'il s'enfonce trop ou s'il flotte d'un bord à l'autre, garnissez le fond du trou d'une couche d'enduit ou de plâtre, replacez le boîtier pendant une dizaine de minutes, puis retirez-le pour laisser sécher. Quand le boîtier s'insère correctement, tracez l'emplacement de ses trous de fixation, retirez-le et percez ces trous, puis garnissez-le de chevilles. Cassez l'orifice du boîtier correspondant à l'arrivée de la gaine du circuit, au moyen d'une pince à bec plat si le trou se situe sur un côté, ou en perçant avec la lame d'un tournevis si l'arrivée s'effectue par le fond. Garnissez l'orifice d'un passe-câble.

Placez le boîtier dans son logement et fixez-le. Recoupez la gaine en la laissant dépasser d'environ 20 mm à l'intérieur du boîtier. Recoupez les conducteurs, dénudez leur extrémité et raccordez-les au couvercle de socle.

1 Reportez les contours du boîtier.
2 Enlevez la couche de plâtre au ciseau à froid.
3 Percez des rangées de trous dans la maçonnerie.

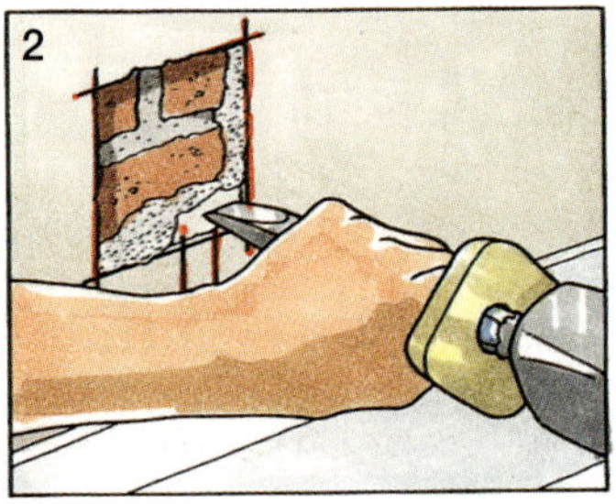

Dans un doublage de plâtre sur isolant

Le doublage d'un mur avec des plaques de plâtre doublées d'une couche isolante peut s'effectuer après pose de canalisations électriques, qui peuvent cheminer au plus court entre boîtes de raccordement et appareils électriques. Notez l'emplacement des canalisations sur un plan à l'échelle. Les appareils encastrables à boîtier circulaire sont les mieux adaptés à ce type d'installation.

Tracez l'emplacement des appareils sur la paroi et percez-y des trous circulaires au diamètre du boîtier. Présentez le boîtier, tirez la gaine et passez-la dans le fond du boîtier. Enduisez la périphérie du boîtier de colle et insérez-le en place **(1)**. Laissez la colle prendre avant de raccorder le socle puis de le fixer dans le boîtier **(2)**.

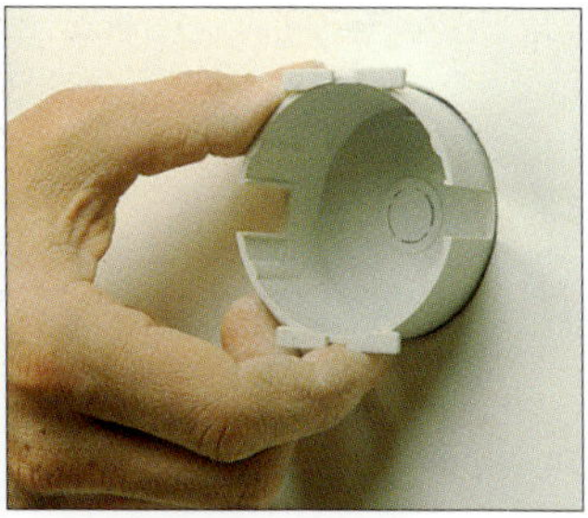

1 Placez le boîtier dans son emplacement.

2 Raccordez le socle et fixez-le dans le boîtier.

1 Découpez le logement dans le montant.

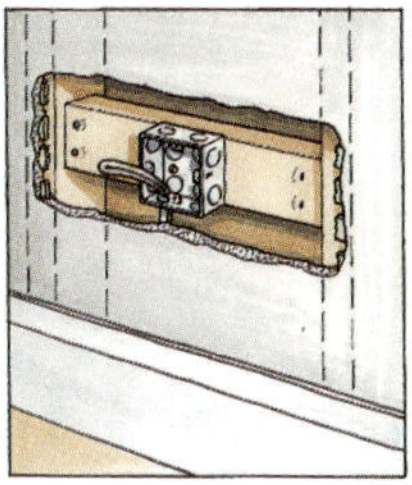

2 Clouez un tasseau entre les montants
Découpez la plaque jusqu'au droit des montants, placez le tasseau horizontalement et clouez-le en biais sur les montants. Refermez l'ouverture avec un morceau découpé dans une plaque de plâtre, hourdé au plâtre.

Cloison en plaques de plâtre

Les cloisons à double paroi en plaques sur ossature se prêtent fort bien au passage de canalisations électriques. Il faut toutefois veiller à fixer solidement les boîtiers des appareils où ces canalisations aboutissent.

Tracez l'emplacement du boîtier. Découpez-le, soit en perçant dans les coins puis en sciant entre les perçages si le contour est parallélépipédique, soit au moyen d'une scie cloche pour un boîtier circulaire (voir ci-dessus, à gauche). Si l'emplacement ainsi percé tombe sur un montant ou une traverse de l'ossature, taillez une encoche permettant d'insérer le boîtier **(1)**. Passez la gaine et vissez le boîtier au fond de l'encoche, puis raccordez et fixez le couvercle de la prise.

Si le boîtier se positionne entre des éléments de l'ossature, fixez entre les plus proches un tasseau sur lequel vous visserez le boîtier **(2)**.

VOIR AUSSI Routage des circuits **40-41**

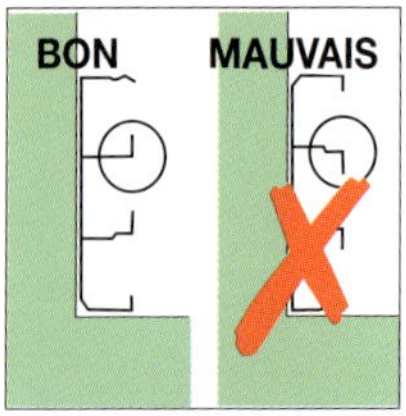

Sens de montage
Veillez à respecter le sens de montage des profilés. S'il n'est pas indiqué par des flèches moulées au dos, basez-vous sur la position des ailes des cloisons séparant les conduits : elles doivent être positionnées vers le haut, de manière à bien retenir les conducteurs.

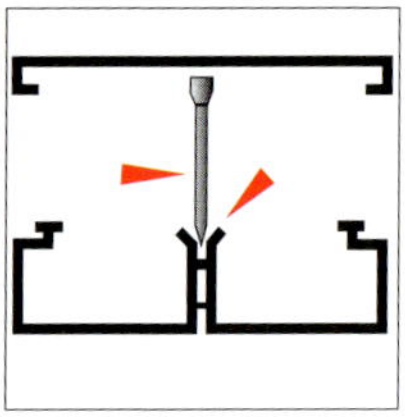

Clouage d'une moulure
Les moulures clouables se caractérisent par le profil de leur cloison centrale qui forme guide-clous. Utilisez des pointes tête d'homme de 1,5 mm de diamètre et enfoncez-les complètement, de manière qu'elles se trouvent masquées sous le couvercle.

Les systèmes de goulottes en profilés de PVC extrudé, avec leurs raccords et boîtiers d'appareils assortis, permettent de mettre en conformité d'anciens circuits sous baguettes en bois ou de réaliser de nouveaux circuits de façon pratique et esthétique. Selon qu'il s'agit d'une extension des circuits existants ou d'une installation complètement nouvelle, vous choisirez entre les plinthes (au bas des murs), les moulures (en cimaise et en canalisations verticales) et les goulottes (au-dessus d'un plan de travail).

Règles de mise en œuvre

Les systèmes de profilés portant le marquage « NF-USE » assurent aux circuits qu'ils contiennent un degré de protection d'au moins IP 415, mentionné sur une face intérieure du couvercle ou du socle.
Chaque compartiment peut contenir jusqu'à trois circuits différents au maximum, à condition que ces circuits soient alimentés depuis le même disjoncteur et que la section de leurs conducteurs ne diffère pas de plus de trois pas normalisés (exemple : 1,5 ; 2,5 et 4 mm^2). De plus, les conducteurs doivent se situer au moins à 15 mm au-dessus du sol fini, sauf s'ils sont protégés dans un conduit homologué.
Les compartiments définis par le cloisonnage intérieur sont spécialisés. Celui du haut est réservé aux câbles de télécommunication, celui du bas à ceux de radio et télévision, et les circuits de l'installation électrique se logent dans le ou les compartiments médians.

Pose d'un réseau de profilés

Choisissez des profilés adaptés à l'implantation retenue et respectez les indications de mise en œuvre de la notice fournie avec le matériel.

Pose des socles

Tracez le cheminement des profilés pour déterminer la longueur exacte de chaque élément. Coupez les profilés **(1)** et **(2)** et encollez leur dos. Mettez les profilés en place et, au besoin, renforcez leur fixation par clouage (voir page ci-contre, en haut à gauche) tous les 20 à 30 cm **(3)**. Posez ensuite les socles des appareils du circuit.

Câblage et finition

Passez les conducteurs depuis le tableau de répartition ou la boîte de dérivation jusqu'aux appareils **(4)**. Fermez les profilés en clippant leurs couvercles et les accessoires de raccord dans les angles et les liaisons en té.

VOIR AUSSI Le tableau électrique principal **26-27**

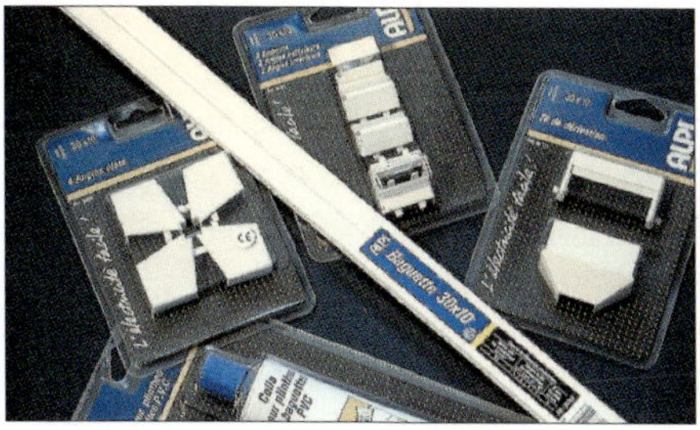

Tous ces accessoires, couvercles, joints et éléments d'angle sont fixés par collage, clouage et vissage.

1 Utilisez une boîte à onglets pour couper les profilés avec précision.

Raccordement d'un convecteur électrique sur une plinthe au moyen d'un capot de dérivation.

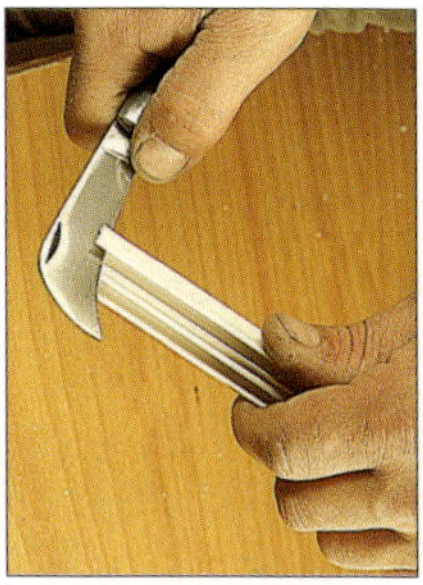

2 Utilisez un couteau d'électricien pour les découpes particulières.

3 Déposez un serpentin de colle PVC au dos du socle du profilé.

4 Passez les conducteurs dans les compartiments du socle.

Finition des profilés

Chaque système de profilés comporte une gamme d'éléments de liaison pour les angles – à plat, rentrant ou sortant (voir ci-contre) –, les départs en té et les raccords de branchement d'appareils. N'utilisez que ces éléments pour garantir la parfaite continuité de la protection des circuits. Pour harmoniser l'installation avec le décor de la pièce, vous pouvez choisir des éléments teintés. Vous pouvez également peindre les profilés une fois posés, sauf avec une peinture à l'eau. Par ailleurs, ne recouvrez les profilés d'aucun revêtement mural (papier peint, plastique ou tissu). Enfin, pour nettoyer les profilés, n'utilisez ni acétone ni poudre à récurer.

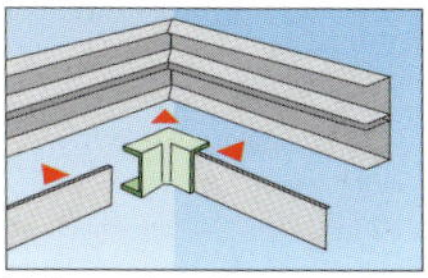

Liaison d'angle rentrant

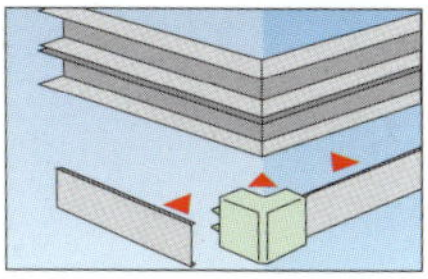

Liaison d'angle sortant

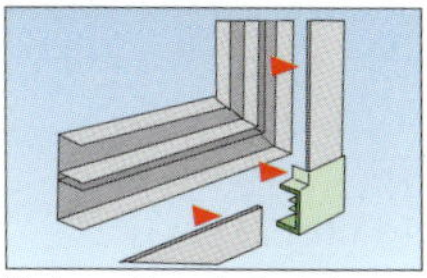

Liaison d'angle à plat

Jonction en bout

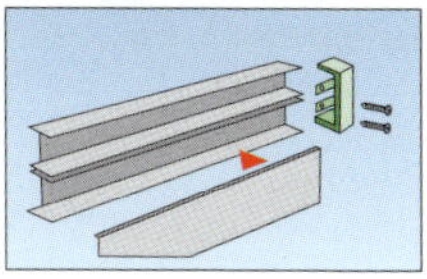

Embout fermé

VOIR AUSSI Canalisations électriques **38-39**, Les socles de prise **50-51**

Les fabricants de systèmes de canalisations en profilés proposent des boîtiers spécifiques pour adapter les appareils standards : socles de prises simples ou multiples, commutateurs simples, doubles ou va-et-vient, raccordement direct d'appareils de chauffage, de climatisation ou de ventilation. Ces éléments sont conçus pour simplifier au maximum le montage et le câblage.

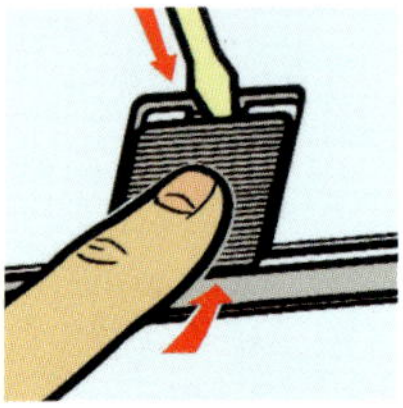

Sécurité enfants
Le verrou de la porte de visite ne peut s'ouvrir qu'en appuyant avec un tournevis derrière le verrou tout en repoussant celui-ci vers l'avant.

Montage et câblage des socles de prise

Les appareils sont vendus assemblés sous blister. Sortez chaque appareil juste au moment de le poser ; désassemblez-le en rangeant soigneusement la visserie. Déposez le couvercle du profilé dans lequel vous voulez placer la prise et coupez-le à l'emplacement de celle-ci, sur une largeur inférieure de 10 à 15 mm à celle du capot de l'appareil, afin que les couvercles viennent ensuite s'insérer sous le capot pour assurer l'étanchéité parfaite de la canalisation. Remettez les couvercles en place et écartez-les de part et d'autre de l'emplacement du socle.

Socle apposé contre le profilé

Présentez le capot en place, en veillant à ce qu'il épouse bien le socle du profilé **(1)**. Découpez au besoin des échancrures pour le passage des conducteurs et faites ressortir ceux-ci **(2)**. Tracez l'emplacement des trous de fixation. Retirez le capot, percez les trous dans le mur puis insérez des chevilles et fixez le capot. Clipsez la plaque de cache dans le prolongement du couvercle du profilé **(3)**. Vissez le mécanisme du socle **(4)** dans le capot (fiche mâle de terre en haut) et raccordez les conducteurs aux bornes du mécanisme. Vérifiez la continuité du circuit avant d'encliqueter l'enjoliveur qui recouvre le mécanisme **(5)**. Ramenez les couvercles des profilés **(6)** en les glissant sous la base du capot.

Socle intégré dans le profilé

Cette configuration s'applique aux profilés larges comme les plinthes, à condition que l'axe des broches du socle se situe au moins à 5 cm du sol fini (10 cm dans une pièce à sol carrelé).

Dans ce cas, le capot du socle **(7)** se fixe directement dans le profilé, par encliquetage ou au moyen de verrous quart-de-tour, toujours après avoir décalé les couvercles des profilés.

Tirez les conducteurs **(8)** et câblez le mécanisme du socle **(9)** avant de l'encliqueter dans le capot. Vissez l'enjoliveur par-dessus **(10)** – comme pour un socle classique – puis glissez les couvercles des profilés **(11)** en les faisant pénétrer un peu sous le capot.

VOIR AUSSI Le tableau électrique principal **26-27**, Canalisations électriques **38-39**

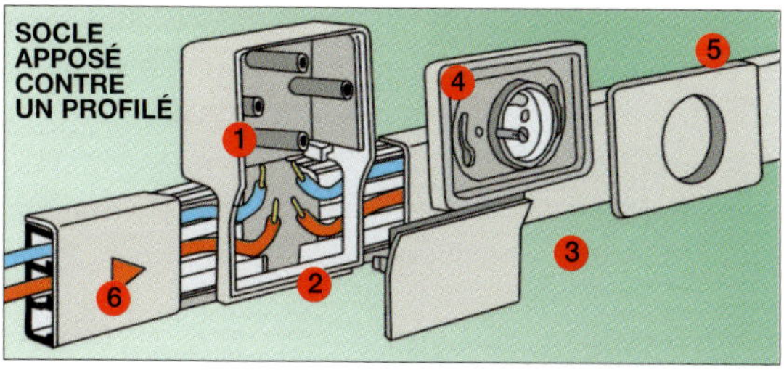

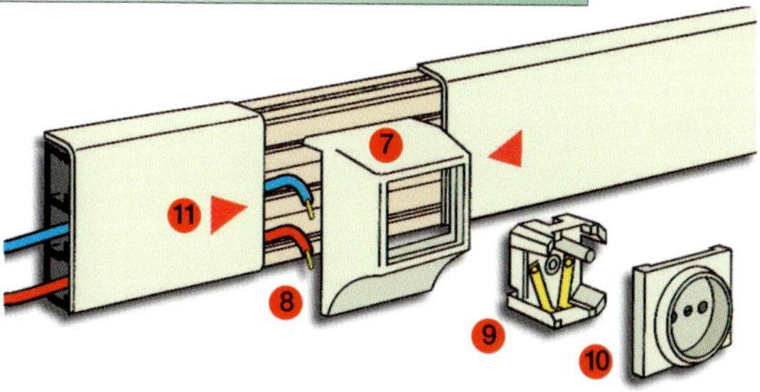

Dans une installation sous profilés à compartiments multiples, raccordez les circuits d'alimentation des appareils sur le circuit de distribution générale par l'intermédiaire de boîtes de dérivation, placées de préférence en haut des murs, comme le circuit de distribution.

Raccordement par boîte de dérivation

Choix du boîtier

Prévoyez un boîtier assez large, dont le bornier laisse au moins trois bornes libres pour câbler ultérieurement un circuit supplémentaire. Si les circuits alimentés à partir de cette boîte comportent une fonction de relais ou de temporisation (télérupteur, minuterie, relais EJP, etc.), il peut s'avérer intéressant de les placer dans ce boîtier. Vous pouvez même y loger les coupe-circuits ou disjoncteurs, à condition de l'équiper d'un couvercle transparent qui permette de déceler facilement la coupure d'un de ces appareils.

Mise en place et câblage

Dans le cas d'une extension du circuit existant, coupez d'abord l'alimentation électrique au disjoncteur principal. Déposez le couvercle de la goulotte, découpez-le à l'emplacement du capot du boîtier sur une largeur inférieure de 10 à 15 mm à celle du capot. Coupez les conducteurs et tirez-les en récupérant le mou laissé lors de leur installation.

Coupez le socle de la goulotte et fixez celui du boîtier, qui doit s'insérer sans espace. Clipsez le bornier, ainsi que le rail pour la fixation des relais ou appareils de coupure. Placez ces appareils et connectez les conducteurs. Vérifiez la continuité des circuits, puis fixez le couvercle avec sa porte de visite. Replacez les couvercles de la goulotte.

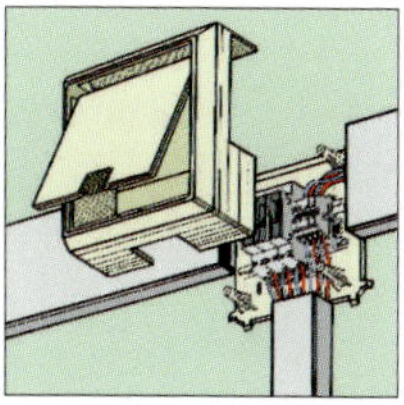

Boîtier de dérivation sur goulotte en cimaise.

VOIR AUSSI Les socles de prise **50-51**

Extension d'un circuit

Calibrage des protections
Si vous augmentez la capacité d'un circuit, assurez-vous qu'il ne risque pas d'imposer à son câblage une intensité dépassant la norme de sécurité. Ne renforcez la protection de départ que si cette condition est bien respectée. Dans le cas contraire, dédoublez le circuit avec une deuxième protection.

Bretelle dédiée à un appareil unique
L'alimentation d'un appareil de forte puissance ne doit jamais être fournie par une extension d'un circuit existant. Réalisez un circuit dédié, disposant de sa propre protection, soit à partir d'un coffret d'extension (voir pages 60-61), soit avec un interrupteur différentiel ou un interrupteur à cartouches fusibles (voir ci-dessous). Dans une pièce où l'esthétique est accessoire (garage ou buanderie, par exemple), ce circuit peut être réalisé simplement avec un câble multiconducteur.

Fixez le câble le long d'une canalisation existante.

Quand une prise est occupée continuellement par plusieurs appareils, il est sage d'envisager d'augmenter le nombre de prises desservies par le circuit, sous réserve qu'on ne dépasse pas cinq socles dans une même pièce. Dans ce dernier cas, l'extension consistera à implanter un nouveau circuit, qui peut reprendre une partie de la charge de celui qui est le plus chargé.

Départ d'un socle de prise

Vous ne devez jamais alimenter un éclairage ou un radiateur par un circuit pris en dérivation aux bornes d'une prise. En revanche, vous pouvez dédoubler une prise si la section des conducteurs qui l'alimentent est capable de supporter la surcharge que cette extension va leur imposer.
Après avoir coupé le courant, déconnectez les conducteurs des bornes du socle et assurez-vous que ces bornes ne sont ni corrodées ni branlantes. Si le socle porte des traces d'échauffement ou de corrosion, remplacez-le.
Recoupez la partie dénudée des conducteurs et dénudez-les à nouveau, pour reconstituer une bonne surface de raccordement ; reprenez un peu du mou normalement laissé dans la canalisation. Insérez dans chaque borne les extrémités du conducteur d'origine et de celui de l'extension. Ne torsadez pas ces extrémités ; mais vous pouvez les souder à l'étain pour améliorer la qualité du contact.
Respectez impérativement la continuité des couleurs des conducteurs entre la prise d'origine et la nouvelle.

Dérivation sur bornier

Cherchez un emplacement où la boîte de dérivation ne sera pas accessible aux enfants. Évitez surtout de la placer en bas d'un mur, où elle serait exposée aux coups de balai ou d'aspirateur.
Tracez l'emplacement de la boîte et celui des canalisations qui doivent la raccorder au circuit existant et aux nouvelles prises. Après avoir coupé le courant, ouvrez la canalisation existante et extrayez les conducteurs du circuit. Posez les nouveaux conduits et reroutez les conducteurs jusqu'au bornier de la boîte de dérivation. Raccordez-y ensuite le départ des conducteurs du nouveau circuit.

VOIR AUSSI Choix d'un flexible **21**, Le tableau électrique principal **26-27**, Routage des circuits **40-41**, Implantation des prises **50-51**

Extension d'un circuit

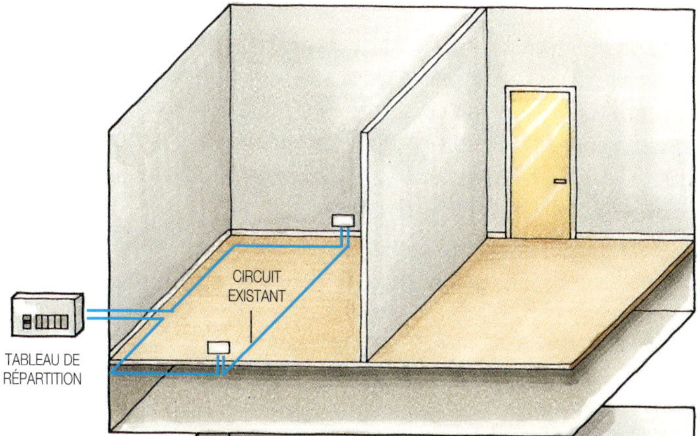

Circuit à étendre
Quand on abat une cloison pour faire une pièce plus grande, il peut s'avérer nécessaire d'étendre en conséquence le circuit qui alimentait les prises.

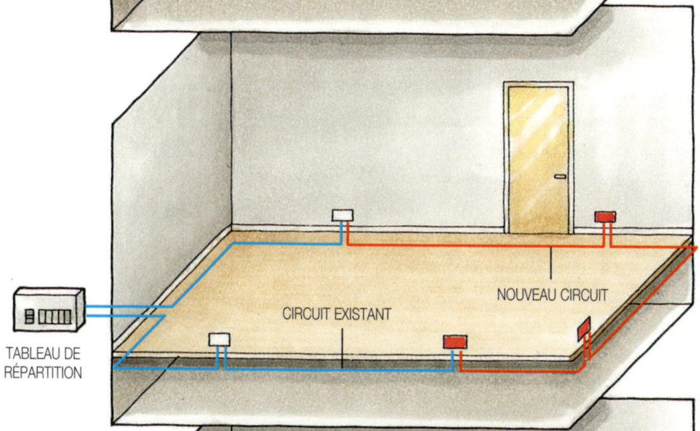

Prolongation à partir d'une prise
Les nouvelles prises sont insérées en parallèle sur celles d'origine au moyen d'un nouveau circuit qui remplace un côté de l'ancien.

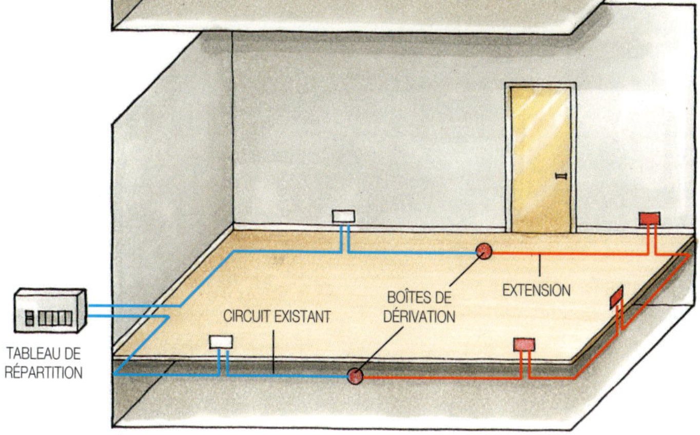

Raccordement sur borniers
Coupez le circuit existant et raccordez-le sur des boîtes de dérivation, sur lesquelles le nouveau circuit vient se brancher.

VOIR AUSSI Les socles de prise **50-51**, Raccordement par boîte de dérivation **57**, Rénovation des circuits **126-127**

Restructuration d'une installation

La multiplication des modifications d'une installation ancienne aboutit souvent à un empilage de matériels et de circuits de technologies différentes qui ne favorise ni la sécurité ni l'efficacité énergétique. Une restructuration permet de rétablir une répartition cohérente et une saine protection des circuits.

Respecter les protections

On conserve souvent la protection d'un circuit auquel on a ajouté une simple prise ou un point d'éclairage, au motif – dangereuse présupposition – que ces compléments sont rarement en service avec les autres appareils. Au contraire, pensez à recalibrer la protection d'un circuit chaque fois que vous lui greffez un consommateur supplémentaire, et veillez bien à assurer la continuité du conducteur de protection jusqu'à la barrette de la prise de terre principale.

Dans un tableau de répartition moderne, l'adjonction d'un coupe-circuit ou d'un disjoncteur s'effectue par simple encliquetage sur une barrette.

Redistribuer les circuits

De modifications en ajouts, on finit par créer des déséquilibres entre les circuits, certains étant beaucoup plus chargés que les autres, bien que câblés avec des conducteurs de même section. Il est généralement plus facile de redistribuer l'alimentation des appareils d'un circuit – soit en le dédoublant, soit en reportant un appareil sur un autre circuit – que de remplacer les conducteurs.

Quand les adjonctions sont devenues importantes, la surcharge du tableau de répartition pose la question de son remplacement – bonne solution s'il est obsolète – ou de l'adjonction d'un coffret d'extension (voir page ci-contre) ou de coffrets spécialisés pour le chauffe-eau, le chauffage ou la cuisine.

Le coffret d'extension

La pose d'un coffret d'extension se résume à ramener les nouveaux circuits sur un coffret qui constitue un tableau de distribution secondaire, puis à relier celui-ci au tableau de répartition principal par un circuit à trois conducteurs de 6 mm^2.

Le coffret d'extension peut alimenter les circuits d'éclairage, de prises et de chauffage desservant une surface de 35 m^2 au maximum. Il comporte des borniers de phase, neutre et terre et les appareils de protection (coupe-circuits, disjoncteurs, interrupteur différentiel). Tous les circuits sont câblés, y compris une réserve pour extension ultérieure.

Mise en place du coffret

Après avoir repéré l'emplacement du coffret et le cheminement des circuits qui s'y raccordent, ouvrez les encoches prédécoupées correspondantes au moyen d'un couteau d'électricien. Reportez sur le mur l'emplacement des trous de fixation. Percez ces trous et insérez les chevilles. Fixez le coffret en place et passez les conducteurs dans les encoches découpées.

VOIR AUSSI Le tableau électrique principal **26-27**, Le tableau de répartition **30-31**, Routage des circuits **40-41**

Recoupez les conducteurs des circuits à bonne longueur (avec un peu de mou), dénudez leurs extrémités et raccordez-les en respectant bien le code couleurs. Testez la continuité des circuits, puis raccordez les trois conducteurs arrivant d'un disjoncteur implanté dans le tableau principal. Libellez les circuits raccordés au coffret et refermez son capot, puis remettez le courant.

Raccordements d'un coffret d'extension

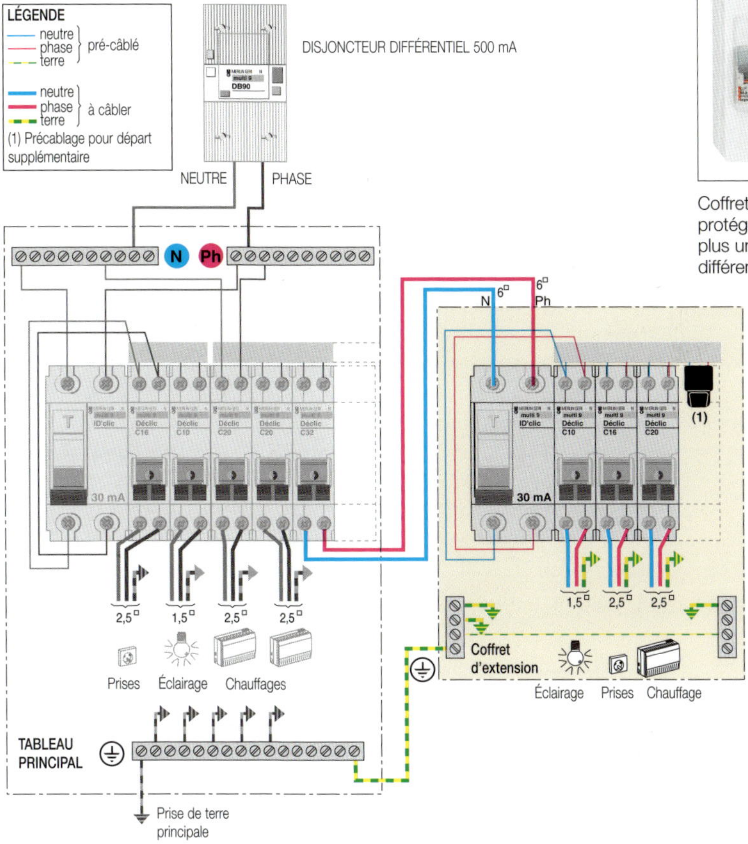

Testez régulièrement les disjoncteurs

Une fois par mois, pressez sur le petit bouton de test de chaque disjoncteur pour vérifier son fonctionnement et vous prémunir contre tout risque de défaut.

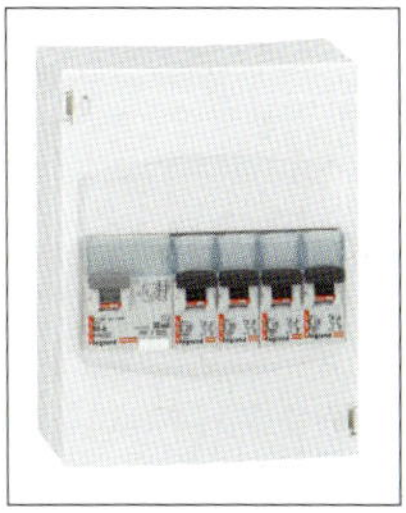

Coffret pour trois circuits protégés par disjoncteurs, plus un interrupteur différentiel.

VOIR AUSSI Implantation des prises **50-51**,
Schéma de raccordement du coffret cuisine **71**

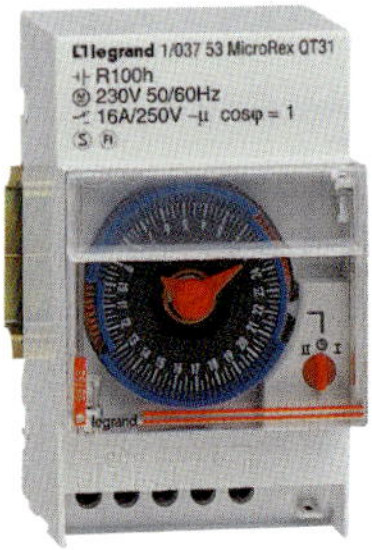

Interrupteur horaire
Cet interrupteur horaire peut commander l'ouverture et la fermeture de plusieurs circuits indépendants, selon une programmation déterminée par des cavaliers ou des segments imperdables positionnés sur une molette.

Par essence, les prises sont destinées à alimenter des appareils mobiles. Il est donc dommage de voir une prise occupée en permanence par un équipement dont on se sert quotidiennement. En effet, quelles que soient les qualités du socle et de la fiche, un bornier assure le raccordement le plus efficace et le plus sûr.

Programmation et temporisation

En regroupant l'alimentation d'équipements employés régulièrement dans une même pièce, il devient possible de les faire bénéficier de commandes conditionnelles. On peut par exemple programmer la mise en route d'appareils de cuisine avant l'arrivée des occupants du logement, de manière qu'ils n'aient plus qu'à se mettre à table en arrivant, ou mettre en route la cafetière 10 minutes avant de faire sonner le réveil.
Dans un autre domaine, il est intéressant de pouvoir éliminer le risque de surchauffe d'un équipement qu'on oublie fréquemment d'éteindre, comme une cafetière, une friteuse ou un combiné de cuisson à la vapeur. Cette protection peut être facilement assurée au moyen d'un relais temporisé qui arrête automatiquement le ou les appareils commandés après un temps déterminé. Ce relais peut être placé sur une barrette du tableau de répartition ou, mieux encore, dans un coffret spécifique à la cuisine.

Petits appareils

Regroupez les petits appareils utilisés fréquemment (une fois par jour en moyenne) par utilisation : cuisine (friteuse, gril, cafetière, robot ménager, hotte filtrante, etc.) et salle d'eau (sèche-serviettes, aérateur électrique, casque à cheveux). Installez un circuit d'alimentation spécifique, doté d'une protection différentielle pour chaque groupe d'appareils jusqu'à une puissance de 3 kW, et ne raccordez jamais des prises ou des points d'éclairage sur ces circuits dédiés.
Si l'appareil reste en permanence au même emplacement, mieux vaut le raccorder par un bornier sous boîtier, solution plus performante et plus fiable que la meilleure des prises.

Blocs de prises

Ces appareils sont généralement livrés avec un cordon équipé d'une fiche surmoulée. Pour un raccordement sur boîte à bornes, il faut donc couper le cordon derrière la fiche. Mais, si vous tenez à conserver la faculté de changer les appareils de place, rassemblez plutôt les appareils dans une même zone, équipée d'une goulotte regroupant autant de prises que nécessaire.

VOIR AUSSI Dénuder le câble **20**, Le tableau électrique principal **26-27**

Le bloc de prises précâblées est monté dans une goulotte et raccordé à un bornier qui simplifie un changement d'implantation ultérieur.

Prise différentielle
Cette prise de courant 2 P + T, dotée d'une protection différentielle 30 mA, peut s'installer à l'extérieur comme à l'intérieur, selon le type de capot.

Alimentation de sécurité d'un congélateur

Un déclenchement du disjoncteur principal, provoqué par un défaut d'isolement quelque part dans l'installation, provoque l'arrêt inopiné du congélateur, ce qui peut avoir des conséquences fâcheuses quand le logement est inoccupé et que personne ne réenclenche le disjoncteur. Pour éliminer ce risque, le congélateur doit être alimenté par un circuit spécifique, dont la constitution dépend de la nature du disjoncteur principal. Si cet appareil n'est pas différentiel, on peut alimenter le congélateur soit par un disjoncteur différentiel 30 mA **(cas 1)**, soit par un transformateur de séparation 230 / 230 V **(cas 2)**. Mais, si l'installation part d'un disjoncteur de type S (sélectif), il suffit de protéger le congélateur par un disjoncteur différentiel 30 mA **(cas 3)**.

Avec un disjoncteur différentiel

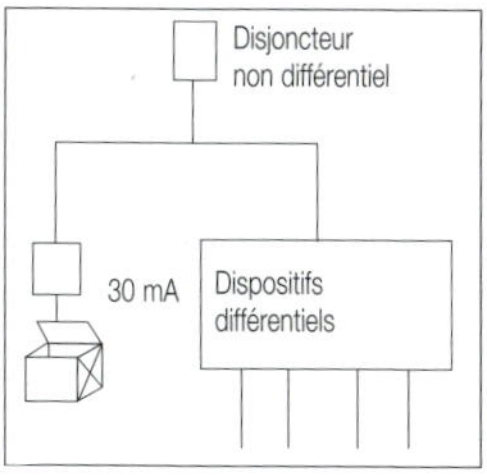

Cas n° 1
Le congélateur est protégé par son propre disjoncteur différentiel de sensibilité 30 mA.

Derrière un disjoncteur non différentiel

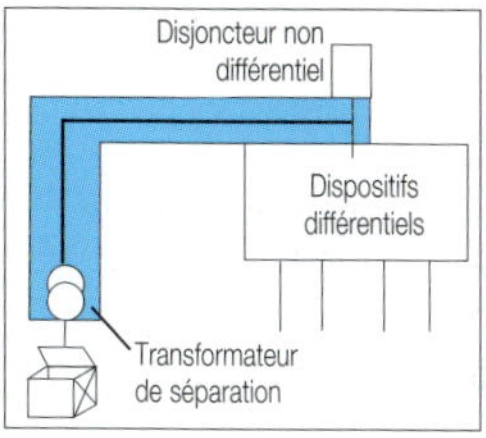

Cas n° 2
Le congélateur est alimenté au moyen d'un transformateur de séparation de classe II.

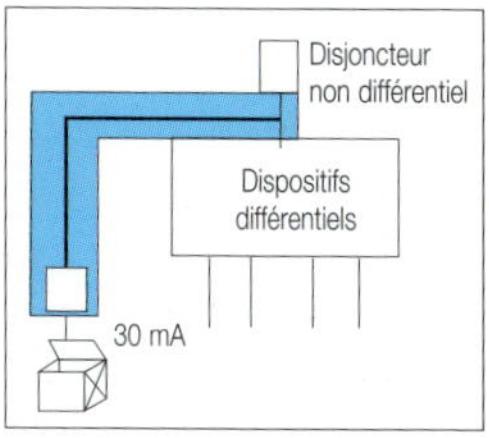

Cas n° 3
Le congélateur est protégé par son propre appareil de coupure différentiel de sensibilité 30 mA.

VOIR AUSSI Répartition et constitution des circuits **36-37**,
Raccordement par boîte de dérivation **57**

Combiné radiateur + sèche-serviettes
Cet appareil est commandé par une minuterie et un thermostat à cinq fonctions, et combine convection, rayonnement et ventilation.

Un radiateur électrique d'appoint est le plus souvent alimenté au moyen d'une prise 2 P + T 16 A, sauf pour les gros appareils à accumulation, qui nécessitent une prise 20 A (à broche de terre plate). Toutefois, les appareils qui restent toujours au même endroit – comme les sèche-serviettes – peuvent être alimentés par une liaison fixe, au moyen d'un boîtier de raccordement.

Programmation

Les radiateurs d'appoint alimentés par une prise peuvent bénéficier des fonctions de programmation à l'instar des appareils de chauffage principaux, grâce à une fiche programmateur qui permet de régler les plages horaires de fonctionnement du radiateur.
Dans certains cas (salle de bains, toilettes), il est intéressant de n'allumer le radiateur que quand la pièce est occupée. Cette commande peut s'effectuer tout simplement par l'intermédiaire d'un relais commandé par l'allumage de la lumière dans la pièce (s'il s'agit d'une pièce aveugle).
Mais on peut aussi installer un détecteur de présence (voir page ci-contre), qui peut commander directement le radiateur jusqu'à une puissance de 1 à 2 kW selon les appareils ; au-delà, il faut insérer un relais de puissance.

Chauffage infrarouge en salle de bains

Comme tout appareil électrique placé dans une salle de bains, un radiateur infrarouge doit avoir une double isolation et être protégé contre les projections d'eau.
Mais il faut en outre le placer de telle manière qu'une personne se trouvant sous la douche ou dans la baignoire ne puisse l'atteindre en étendant le bras (voir ci-dessous). De plus, implantez-le hors de portée des mains d'enfants, soit à une hauteur de 2,25 m au moins.
Il est enfin recommandé d'alimenter cet appareil au moyen d'un détecteur de présence ou d'un temporisateur qui évite de le laisser fonctionner quand la pièce n'est pas occupée.

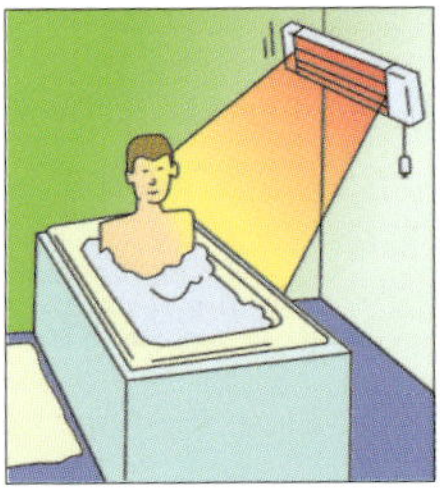

Fixez l'appareil à plus de 60 cm du bord d'une baignoire ou d'une douche.

Délestage des consommateurs secondaires

Par vocation, un radiateur d'appoint n'est pas un appareil prioritaire, et peut donc être arrêté quand la consommation de l'ensemble de l'installation atteint la limite du contrat. C'est pourquoi il est recommandé d'alimenter ces appareils d'appoint par un circuit commandé au moyen d'un délesteur placé au tableau de répartition. Ce délesteur peut être un simple relais ou un contacteur tenant également compte des informations EJP et heures creuses.

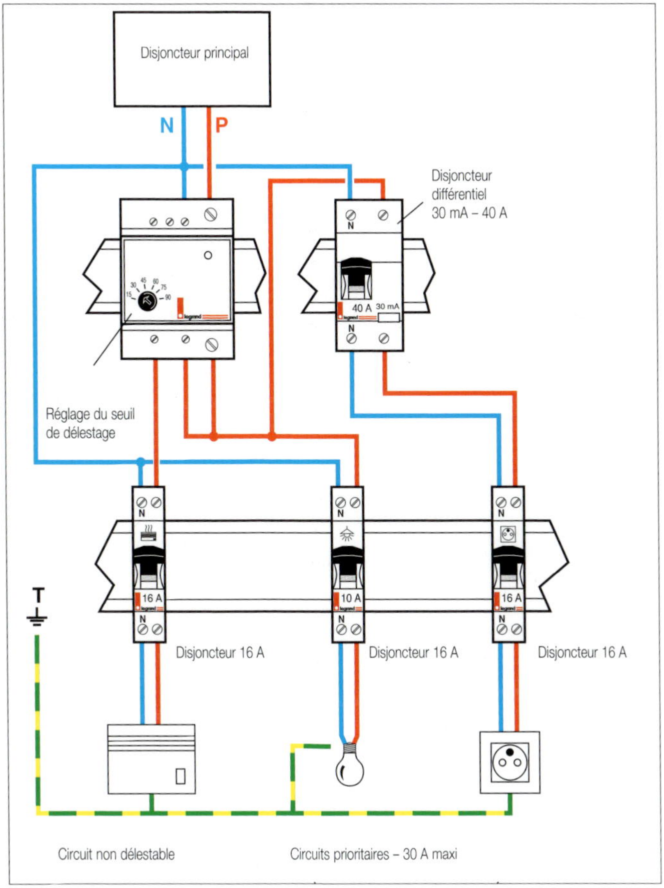

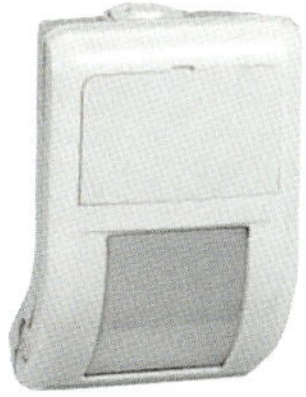

Détecteur de présence
Cet appareil détecte le passage d'une personne qui coupe son rayon infrarouge dans un secteur de 20 ° d'ouverture.
Le maintien du signal de fermeture du contact peut être temporisé de 40 secondes à 8 minutes.

VOIR AUSSI Le tableau électrique principal **26-27**, Les coupe-circuits **32-33**, Routage des circuits **40-41**

Équipement de la cuisine

Raccordements étanches
La présence de vapeur d'eau et de fumées grasses dans l'atmosphère de la cuisine impose d'y effectuer tous les raccordements sous boîtiers étanches.

La cuisine est la pièce dont le bilan électrique s'est le plus alourdi pour accueillir les nombreux appareils électroménagers apparus au cours de la seconde moitié du XXe siècle. Cette évolution se poursuit encore avec la création d'équipements spécialisés pour la cuisson à la vapeur, la confection de grillades sans matière grasse, le réchauffement des plats, etc. Aussi, une remise à niveau devient souvent indispensable dans les installations anciennes qui ont cumulé ajouts, modifications et surcharges.

Ventilo-extracteur

Même si les appareils de cuisson sont logés sous une hotte aspirante, il faut prévoir un dispositif pour renouveler très rapidement – 10 à 15 fois par heure – l'air de la cuisine et empêcher la buée et les odeurs de se répandre dans le logement.
La puissance des ventilo-extracteurs de cuisine, qu'ils soient intégrés dans la partie supérieure d'une fenêtre ou posés au mur avec un conduit d'évacuation, se situe entre 10 et 20 W. Par exception, on peut donc raccorder l'alimentation de l'appareil sur le circuit d'éclairage de la cuisine avec un simple commutateur, en veillant toutefois à ce que ce dernier soit placé à 1 m au minimum de toute canalisation d'eau ou d'un robinet.

Hotte de cuisine

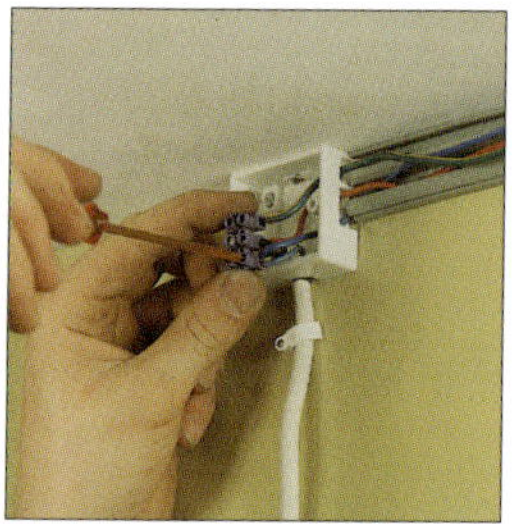

Beaucoup plus puissante qu'un simple extracteur, la hotte doit être alimentée par un circuit dédié et protégé. Si son cordon d'alimentation comporte une prise, ne branchez jamais celle-ci sur une des prises 16 A destinées aux appareils électroménagers.

Le cordon d'alimentation de la hotte est raccordé sur un bornier. Si son éclairage est séparé, branchez-le sur le circuit d'éclairage de la cuisine.

Broyeur d'évier

Monté sous l'évier, le broyeur se situe dans une zone particulièrement sensible. Cet appareil doit donc être alimenté par son propre circuit, protégé par un disjoncteur différentiel haute sensibilité.
Le cordon du broyeur est raccordé par l'intermédiaire d'un boîtier de raccordement étanche, placé à plus de 1 m de la paroi d'un bac métallique

VOIR AUSSI Programmation **64**, Extension d'un circuit lumière **100-101** et à plus de 1,50 m d'un robinet. Les appareils les plus perfectionnés se mettent automatiquement en route dès que le liquide évacué par la bonde de l'évier est chargé de matières. Si ce n'est pas le cas, commandez-le par l'intermédiaire d'un commutateur.

Prises de service en cuisine

Bien qu'elle ne fasse l'objet d'aucune norme spécifique, à la différence de celle de la salle d'eau, l'installation électrique de la cuisine doit respecter des règles de sécurité particulières, dont certaines recoupent quelques précautions de bon sens pour le travail dans cette pièce.

L'unique prise qui équipait les cuisines anciennes ne peut plus répondre à la prolifération des appareils électroménagers de préparation et de cuisson des aliments, et on a trop souvent greffé plusieurs prises sur un circuit inchangé qui se trouve ainsi conduit au-delà de ses capacités. Pour les appareils de service, placez un groupe de trois ou quatre prises ou deux socles doubles à 15 cm minimum au-dessus du plan de travail ou à 25 cm du sol. Toutes ces prises, de type 2 P + T 16 A, doivent être alimentées par un circuit séparé de ceux qui alimentent les gros appareils et de celui de l'éclairage de la pièce.

Trois prises 2 P + T 16 A, regroupées dans une goulotte amenant le circuit qui leur est réservé, permettent de desservir les robots électroménagers.

Cette prise à programmateur permet de mettre en route un petit appareil comme une cafetière ou une bouilloire, et de l'arrêter au bout d'un temps donné.

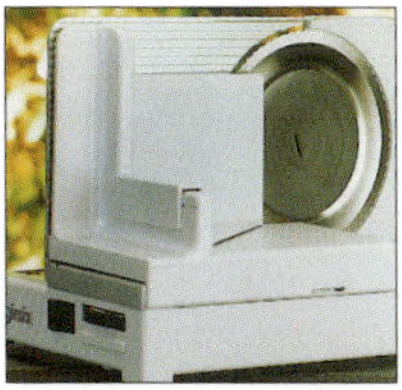

Utilisateurs de prises

Le trancheur électrique (en haut) constitue l'exemple typique des nouveaux appareils ajoutés en cuisine. Un coin « petit déjeuner » peut être équipé en permanence de la cafetière, de la bouilloire et du grille-pain (ci-dessus).

Cordon 10 / 16 A ISO
La plupart des appareils de cuisson mobiles de plus de 1 kW sont alimentés au moyen d'un cordon (qu'on retrouve également pour l'alimentation des matériels informatiques) muni d'une fiche au standard international à trois broches plates du côté à enficher sur l'appareil.

Tout appareil dont la puissance atteint ou dépasse 3 kW – valeur courante pour une cuisinière ou une table de cuisson quatre feux électrique – doit être alimenté par son propre circuit, depuis le tableau principal ou un coffret spécifique aux circuits de la cuisine. Si la pièce comporte plusieurs appareils de cuisson de cette puissance, chacun doit être alimenté séparément des autres.

Appareils fixes

Les règles de sécurité comme le bon sens recommandent d'alimenter chacun des gros équipements de cuisson par un circuit doté de sa propre protection ; on élimine ainsi le risque de voir tous les moyens de cuisson inutilisables quand l'un d'eux provoque des déclenchements à répétition du disjoncteur à cause d'un défaut d'isolement.

Les appareils sont livrés avec un cordon d'alimentation terminé par une prise 2 P + T de 20 ou 32 A. Branchez-la dans un socle placé à plus de 1,50 m d'un robinet et à plus de 1 m de toute tuyauterie métallique. Au fond d'un meuble, la prise se trouve hors de portée des enfants. Veillez cependant à ce qu'elle ne se trouve pas environnée d'ustensiles métalliques.

Dans le cas d'une plaque de cuisson encastrée dans un plan de travail isolant, reliez la structure métallique de l'appareil au conducteur de protection par un fil de 4 mm^2 de section.

La table de cuisson comme le four combiné doivent être alimentés par des conducteurs de 4 mm^2, avec un disjoncteur 32 A ou un coupe-circuit de 25 A.

VOIR AUSSI Les coupe-circuits **32-33**, Routage des circuits **40-41**, Prises encastrées **52-53**

Appareils de cuisson mobiles

Les équipements de cuisson mobiles – pierrade, gril, raclette, cuit-vapeur, sorbetière, etc. – sont livrés soit avec un cordon fixe, soit avec un cordon spécial comportant deux prises 2 P + T moulées, l'une à broches rondes à enficher dans le socle, l'autre à trois broches plates femelles à enficher dans l'embase de l'appareil (voir à droite).
Ne modifiez jamais ce cordon d'alimentation. S'il faut adapter quelque chose pour faciliter l'utilisation de l'équipement, modifiez votre installation électrique et non pas le matériel, qui répond à des normes strictes. De même, si le cordon est trop court, ne le coupez pas pour y ajouter une section, mais utilisez une rallonge standard. Quand vous nettoyez l'équipement, veillez à ne pas faire couler de détergent dans les broches de son embase électrique.

Machines à laver et réfrigérateurs

Lave-vaisselle, lave-linge et réfrigérateur associent par construction les deux plus grands ennemis : l'électricité et l'eau. Leur alimentation électrique doit offrir la protection indispensable contre tout défaut d'isolement, même fugace. De plus, les machines à laver doivent être alimentées par un circuit dédié.

Lave-vaisselle et lave-linge

Prévoyez systématiquement un socle 2 P + T 32 A pour alimenter le lave-vaisselle et / ou le lave-linge (selon l'équipement de la cuisine). Certains appareils de petite capacité sont livrés avec un cordon terminé par une fiche 16 A : raccordez-les sur le socle au moyen d'un adaptateur 20 / 16 A.
Vous pouvez brancher deux appareils de 16 A maxi sur un socle 32 A avec un adaptateur à double sortie, à condition de ne pas associer une machine à laver et un appareil de cuisson. Placez les socles des prises sous le plan de travail, au moins 25 cm au-dessus du sol. Veillez à ce qu'elles restent facilement accessibles, pour pouvoir déconnecter rapidement l'équipement en cas d'incident majeur (débordement, fuite d'eau).

Réfrigérateur et congélateur

Comme les équipements de froid domestique ne sont pas raccordés aux conduites d'eau, leur situation est moins critique. En revanche, la coupure inopinée de leur alimentation peut, quand elle dure trop longtemps, causer de gros désagréments. Mieux vaut donc les raccorder sur un circuit spécifique doté d'une protection particulière. Pour la même raison, il ne faut pas leur faire partager le circuit alimentant des équipements susceptibles de provoquer des disjonctions fréquentes (cuisinière, machine à laver).

Appareils placés sous haute sécurité

Le lave-vaisselle, tout comme le lave-linge, est un équipement raccordé à la fois aux tuyauteries d'eau et au circuit électrique. La norme exige désormais d'alimenter les machines à laver par un circuit qui leur soit réservé et doté d'une protection différentielle à haute sensibilité.

VOIR AUSSI Alimentation de sécurité d'un congélateur **63**, Circuit cuisine **70-71**, Rénovation des circuits **126-127**

Circuit cuisine

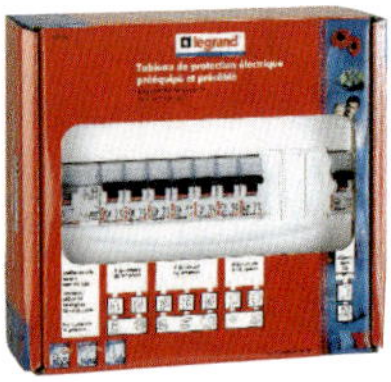

Le coffret est réalisé en matériau isolant autoextinguible.

Pour mettre l'installation électrique d'une cuisine à niveau selon la norme NF C 15-100, Promotelec recommande l'utilisation d'un coffret spécifique, raccordé à un disjoncteur placé au tableau de répartition. Grâce aux coffrets conformes à cette recommandation, en vente dans tous les commerces spécialisés, tout amateur peut très facilement moderniser son installation et en éliminer les montages scabreux hors norme.

Constitution et implantation du coffret

Le coffret rénovation cuisine comporte trois disjoncteurs assurant la protection des biens et un interrupteur différentiel 30 mA pour la protection des personnes, conformément aux règles de sécurité de la norme. De plus, il intègre deux socles de prises 2 P + T 16 A (à obturateurs à éclipse) pour l'alimentation du lave-vaisselle et du réfrigérateur, ainsi que trois réserves pour extensions ultérieures ; par exemple, un interrupteur horaire pour commander le lave-vaisselle ou le lave-linge en période tarifaire « heures creuses ».

Placez ce coffret dans la cuisine à portée de main, mais à plus de 1 m d'un robinet ou du bord d'un évier métallique, et 25 cm au moins au-dessus du plan de travail. Tenez-le également à l'écart de la plaque de cuisson (émission de vapeurs) et du four à micro-ondes (rayonnement électromagnétique).

Câblage du coffret

Au tableau principal, repérez – ou ajoutez – un disjoncteur divisionnaire libre de 47 A. Tirez jusqu'au coffret cuisine un circuit en conducteurs de section 10 mm² : un fil de phase rouge, un fil de neutre bleu et un conducteur de terre jaune-vert. Ce dernier relie le bornier de terre du tableau à celui du coffret (situé en haut de celui-ci).

Raccordez les conducteurs de phase et de neutre des circuits des appareils de cuisson, des prises et de l'éclairage sous les disjoncteurs correspondants. Connectez les fils jaune-vert de ces trois circuits sur le bornier de terre du coffret.

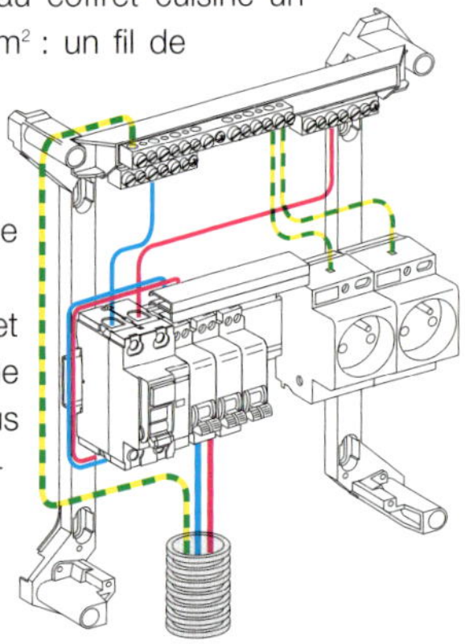

VOIR AUSSI Sécurité avant tout **12-13**, Le tableau électrique principal **26-27**, Le tableau de répartition **30-31**

Schéma de raccordement du coffret cuisine

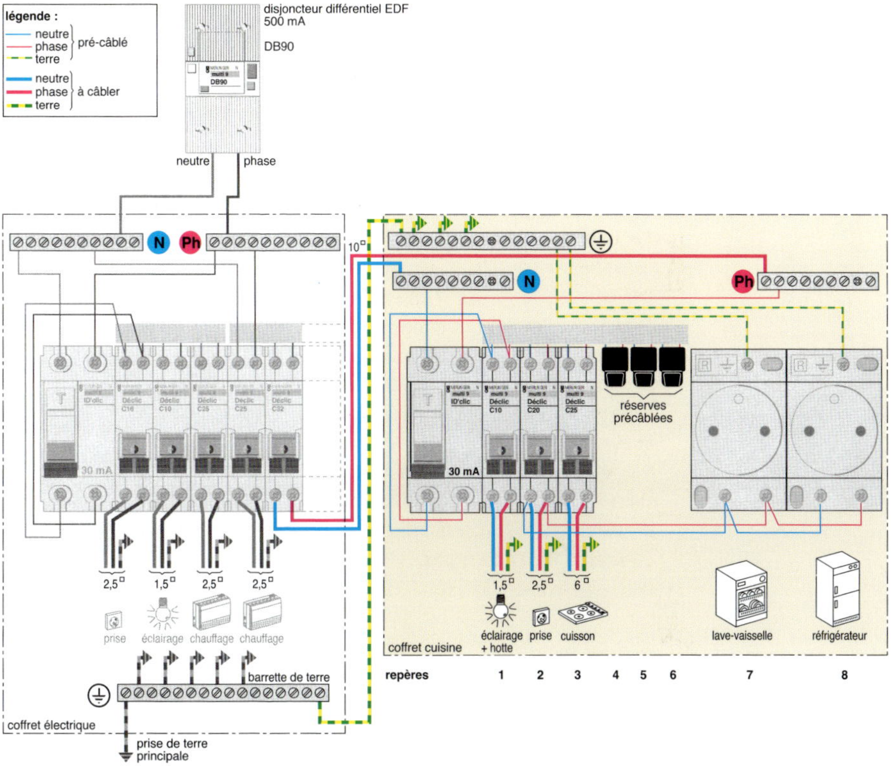

Pose d'un coffret cuisine

Contacteur « heures creuses »
Ce contacteur comporte un sélecteur manuel à trois positions : arrêt ; marche forcée ; marche automatique.

Repérez l'emplacement du coffret dans la cuisine – ou, à la rigueur, au-dessus de la porte d'accès à cette pièce – et tracez le cheminement de son circuit d'alimentation en remontant vers le tableau de répartition. Posez le coffret et son circuit d'alimentation et raccordez les équipements qu'il doit alimenter. Coupez le courant au disjoncteur principal avant de raccorder le circuit d'alimentation du coffret au tableau de répartition.

Installation du coffret

Le coffret comporte des orifices aux contours prépercés adaptés à diverses configurations. En cuisine, évitez d'utiliser les orifices inférieurs par lesquels la vapeur d'eau s'introduit.
Ouvrez le capot du coffret en dévissant ses 4 vis de fixation. Défoncez les 4 emplacements des trous de fixation aux coins du fond. Présentez le coffret sur son emplacement, vérifiez son horizontalité et reportez sur le mur la position des 4 trous **(1)**.
Percez le mur, garnissez les trous de chevilles de 6 mm de diamètre et fixez le coffret, puis recouvrez les têtes des vis avec les caches clipsés. Défoncez l'orifice pour l'arrivée du circuit venant du tableau principal **(2)** et celui pour la canalisation de départ des circuits alimentant les équipements, l'éclairage et les prises de la cuisine. Garnissez ces orifices de passe-câbles adaptés à la section des conducteurs.

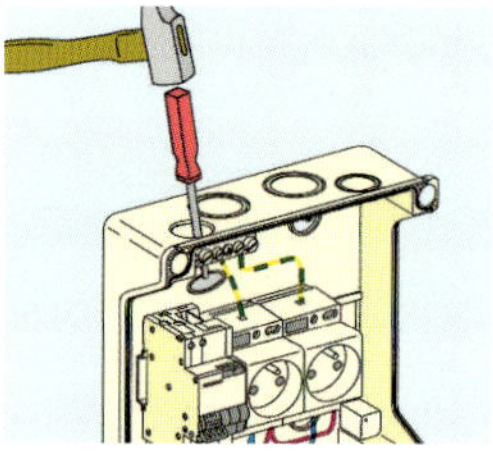

1 Défoncez les trous de fixation avec un tournevis.

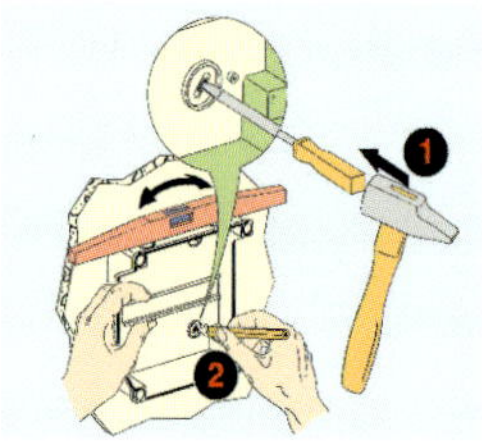

2 Cassez l'un des passages pour les circuits.

Raccordement au tableau de répartition

Coupez le courant au disjoncteur d'abonné. Retirez le capot du tableau et cherchez un disjoncteur disponible ou un emplacement de réserve précâblé (ou câblez un emplacement). Déposez le protecteur isolant sur le peigne de jonction de la rangée de disjoncteurs et coupe-circuits, et placez un disjoncteur divisionnaire dans l'espace libre **(3)**.

VOIR AUSSI Sécurité avant tout **12-13**, Le tableau électrique principal **26-27**, Le tableau de répartition **30-31**, Conduits en plastique **39**

Raccordez sur la barrette de terre du tableau le conducteur jaune-vert du circuit partant vers le coffret cuisine. Raccordez ensuite les conducteurs de la phase et du neutre **(4)**.

Raccordez les autres extrémités du circuit sur l'arrivée du coffret et refermez les capots du coffret et du tableau avant de remettre le courant.

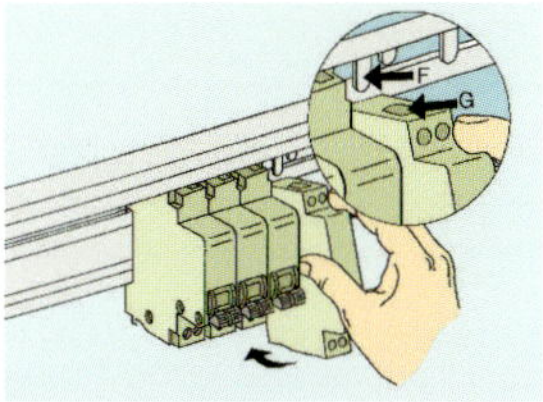

3 Engagez les dents du peigne (F) dans les bornes (G) et encliquetez le disjoncteur sur le rail.

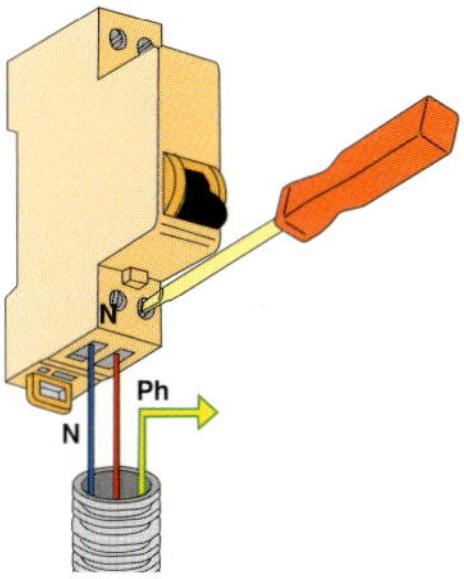

4 Raccordez le fil bleu dans la borne « N » et le fil rouge dans la borne « Ph ».

Alimentation en tarif heures creuses

Profitez de l'installation du coffret d'alimentation des appareils de cuisine pour y placer un interrupteur horaire ou un contacteur heures creuses qui permettra de faire fonctionner le lave-vaisselle pendant les périodes de tarif les plus économiques.

Le plus souvent, on n'utilise le lave-vaisselle qu'après le dîner du soir. Rien ne s'oppose alors à le faire fonctionner pendant la nuit, au moment où l'électricité est facturée au moindre coût. Vous pouvez aussi alimenter de la même façon le lave-linge.

Si vous avez souscrit une tarification spéciale (heures creuses ou Tempo) auprès du fournisseur d'électricité, celui-ci vous a installé un compteur électronique qui émet un signal au départ et à la fermeture des plages horaires de tarification réduite. Dans ce cas, vous pouvez commander la mise en route des machines à laver au moyen d'un contacteur heures creuses placé dans le coffret ; un fil supplémentaire achemine le signal de commande jusqu'au coffret depuis un disjoncteur de protection (calibre 2 A) implanté dans le tableau principal.

Si vous n'avez pas de contrat spécial et que vous voulez profiter du tarif de nuit, installez un interrupteur horaire qui mette en marche votre machine chaque nuit à heure fixe. Le silence de fonctionnement des lave-linge et lave-vaisselle modernes doit encourager à opter pour les solutions qui réduisent votre facture d'électricité et améliorent la gestion de la production chez le fournisseur d'électricité.

Arbitrage par un délesteur

Ce type de fonctionnement peut provoquer un conflit avec un autre gros consommateur d'électricité alimenté en tarif réduit, comme un gros chauffe-eau à accumulation. Si tous ces appareils se mettent en marche en même temps, la limite du disjoncteur d'abonné peut être atteinte, ce qui provoquera la coupure du courant. Pour éviter cet incident qui peut s'avérer fâcheux, il suffit d'implanter dans le tableau de répartition un délesteur qui donne la priorité à l'un des circuits chaque fois qu'on approche de cette situation critique. Compte tenu de la durée modérée de son cycle, le lave-vaisselle peut être prioritaire, car il laissera ensuite assez de temps au chauffe-eau pour fournir l'eau chaude aux premières personnes levées le lendemain.

VOIR AUSSI

Routage des circuits **40-41**, Cuisinières et fours **68-69**,
Arbitrer avec un délesteur **76-77**, Rénovation des circuits **126-127**

Calibrage des fils et des protections
Une section de 2,5 mm^2 est recommandée pour les trois conducteurs (phase, neutre et terre) du circuit d'alimentation du coffret. Le fil venant du contact EDF doit être de couleur noire et avoir une section de 1,5 mm^2. La protection est assurée par un coupe-circuit à tiroir de 20 A pour l'alimentation du chauffe-eau et un autre de 2 A sur le circuit de commande.

Selon qu'il chauffe l'eau en période tarifaire avantageuse (la nuit) et en stocke suffisamment pour faire face aux besoins d'une journée, ou qu'il la chauffe « au fil du robinet » pour une utilisation immédiate, l'implantation et l'alimentation électrique d'un chauffe-eau diffèrent très sensiblement.

Appareils à accumulation

Les divers types de chauffe-eau à accumulation conviennent à des usages différents selon l'équipement sanitaire et le nombre d'occupants d'un logement.
Les plus gros appareils peuvent chauffer jusqu'à 300 litres d'eau en 8 heures et sont toujours alimentés en tarif réduit (heures creuses ou Tempo).
Les plus petits appareils à accumulation peuvent fournir jusqu'à une centaine de litres d'eau chaude plusieurs fois par jour, car il leur suffit de 4 à 5 heures pour amener l'eau à bonne température.
Entre ces deux catégories, on trouve des appareils de 100 à 150 litres à double puissance qui peuvent chauffer en période de tarif réduit le volume moyen habituellement nécessaire dans une journée, et relancer une chauffe rapide pour faire face à un besoin ponctuel ou imprévu.

Chauffe-eau instantané

Quand la cuisine se trouve très loin du chauffe-eau à accumulation, un appareil fournissant instantanément de l'eau chaude évite les pertes d'énergie et d'eau entraînées par les puisages répétés de petites quantités d'eau qu'il faut laisser couler jusqu'à obtention de la bonne température. On peut utiliser soit un petit appareil à accumulation sous pression d'une dizaine de litres, soit une sorte de bouilloire électrique (ci-contre).

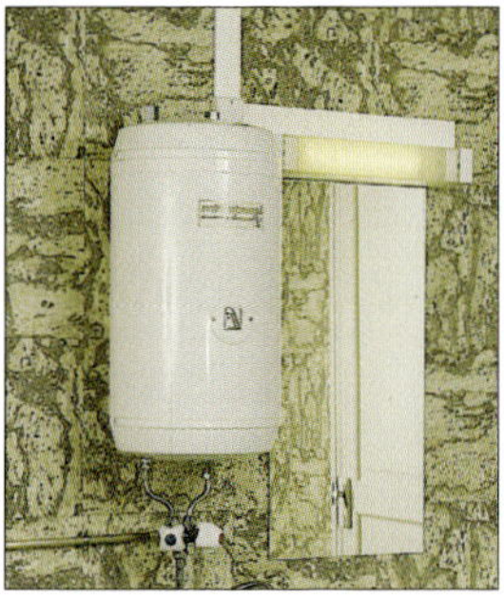

Alimentation du chauffe-eau

Tout chauffe-eau électrique à accumulation doit être alimenté par un disjoncteur divisionnaire 25 A. De plus, il doit être protégé par un coupe-circuit phase + neutre, placé au plus près de l'appareil, avec un autre

VOIR AUSSI Les coupe-circuits **32-33**, Pose d'un coffret cuisine **72-73** coupe-circuit sur le fil de commande de la marche en tarif réduit. L'alimentation depuis le disjoncteur du tableau principal peut s'effectuer au moyen d'un coffret spécifique (ci-dessous) placé à proximité, solution très pratique recommandée par Promotelec pour se conformer à la norme.

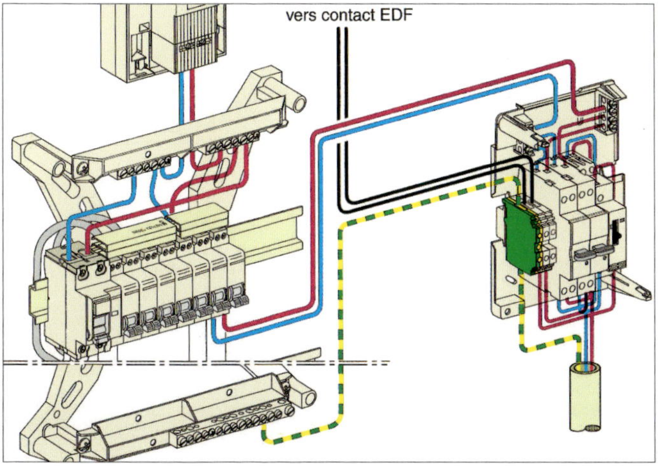

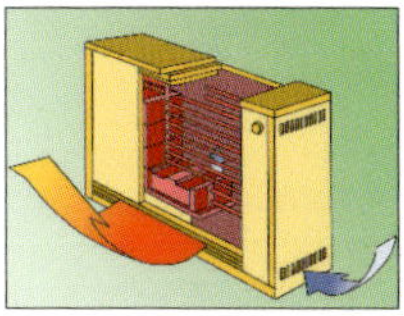

Radiateur à accumulation à briques réfractaires

Radiateur à accumulation à panneau en marbre

Chauffage à accumulation

Le radiateur à accumulation convertit en chaleur de l'électricité consommée en période tarifaire avantageuse pour la restituer pendant les heures où l'électricité est tarifée au prix fort.

La puissance unitaire des radiateurs à accumulation est toujours sensiblement plus élevée que celle des autres types de radiateurs électriques. Aussi, leur alimentation doit être particulièrement soignée. Notamment, comme ce genre d'appareil consommant de l'électricité la nuit et souvent même quand le logement est inoccupé, la protection de son circuit d'alimentation ne doit faire l'objet d'aucun compromis.
Chaque radiateur doit être alimenté par un circuit dédié. Si l'installation cumule plusieurs appareils de chauffage, il convient de séparer l'alimentation des radiateurs à accumulation de celle des appareils radiants ou des convecteurs, et de séparer également les circuits de chauffage pièce par pièce. Ces circuits et leurs protections unitaires peuvent être regroupés dans un coffret spécifique, alimenté depuis un disjoncteur différentiel du tableau de répartition.

VOIR AUSSI Alimentation en tarif heures creuses **73**

Compteur électronique
EDF propose à ses clients qui souscrivent une option Tempo en tarif bleu l'implantation d'un compteur électronique qui informe les appareils de gestion de l'installation des évolutions du tarif d'heure en heure et des cas exceptionnels de passage en tarif maximum. Ainsi, l'installation peut être gérée à consommation minimum, en tenant compte de tous les autres paramètres, avec un délesteur multicircuit qui est informé au moyen d'un bus de télé-information EDF, réalisé avec une paire torsadée blindée.

Mesurer la consommation

Dans un logement « tout électrique » comptant plus d'une chambre, habité régulièrement par plus de deux personnes, on ignore la part de chacun des gros équipements dans la consommation électrique globale. Pourtant, il est intéressant de suivre la consommation du chauffage et de la production d'eau chaude.
On peut ainsi décider en pleine connaissance de cause d'appliquer des mesures pour réduire la consommation électrique d'un équipement ou de l'ensemble du logement, ou encore demander à renégocier le tarif avec le fournisseur d'énergie (encore plus intéressant pour les usagers disposant du libre choix de leur fournisseur).

Un indicateur de consommation électrique se monte dans le tableau de répartition, ou à proximité de celui-ci. Cet appareil observe le courant consommé par chaque circuit à étudier au moyen d'un transformateur d'intensité placé en amont d'un interrupteur différentiel commandant chaque circuit. De plus, il reçoit le signal de commande des plages tarifaires émis par le fournisseur d'électricité.
L'indicateur de consommation affiche en permanence la période tarifaire en cours et la consommation cumulée depuis la dernière remise à zéro, et, sur consultation, les consommations cumulées sur chacune des autres périodes tarifaires depuis la dernière remise à zéro, ainsi que le maximum de puissance absorbée sur une période de 6 minutes.

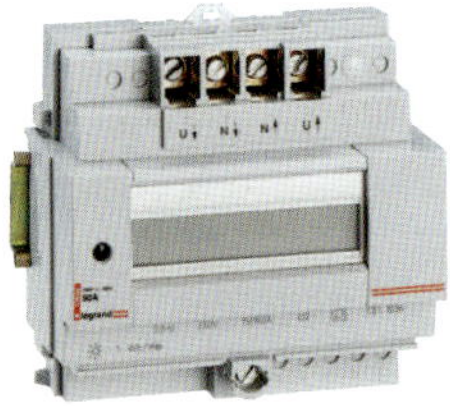

Cet indicateur de consommation occupe six pas standard de 9 mm sur un rail de tableau.

En multipliant les appareils électriques – y compris les équipements vidéo/télévision et informatique – on augmente le risque de dépasser la consommation maximum prévue au contrat d'abonnement. Quand les disjonctions deviennent fréquentes sans qu'on puisse les attribuer à la défectuosité d'un appareil, il convient de prévoir la mise en place d'un délesteur, dernière étape avant d'être contraint de réviser à la hausse le contrat avec le fournisseur d'électricité.

Répartition entre circuits prioritaires ou non

Le contacteur délesteur se place sur l'un des rails du tableau de répartition, où il reçoit les signaux d'information sur les changements de tarif : registre heures pleines / heures creuses, ou tops d'information Tempo (six registres). L'appareil coupe un ou deux circuits non prioritaires, avec possibilité de

VOIR AUSSI Les coupe-circuits **32-33**, Conduits en plastique **39**

coupure en cascade selon deux niveaux croissants de délestage. Les circuits arrêtés sont automatiquement remis en service dès que la consommation repasse sous le seuil de déclenchement.
Les appareils les plus perfectionnés peuvent ainsi délester et relester en cascade jusqu'à quatre circuits différents pour préserver la continuité d'alimentation d'un circuit prioritaire.
La détermination des circuits non prioritaires et leur classement en ordre de priorité sont grandement facilités si on peut analyser avec précision la consommation de chaque circuit et son évolution selon les heures et les jours (voir à gauche). Un compteur électronique (voir à gauche) permet un pilotage encore plus fin pour, par exemple, délester un chauffe-eau dans une installation qui en compte deux, ou encore délester le chauffage des chambres pendant la journée et celui de la cuisine pendant la nuit.

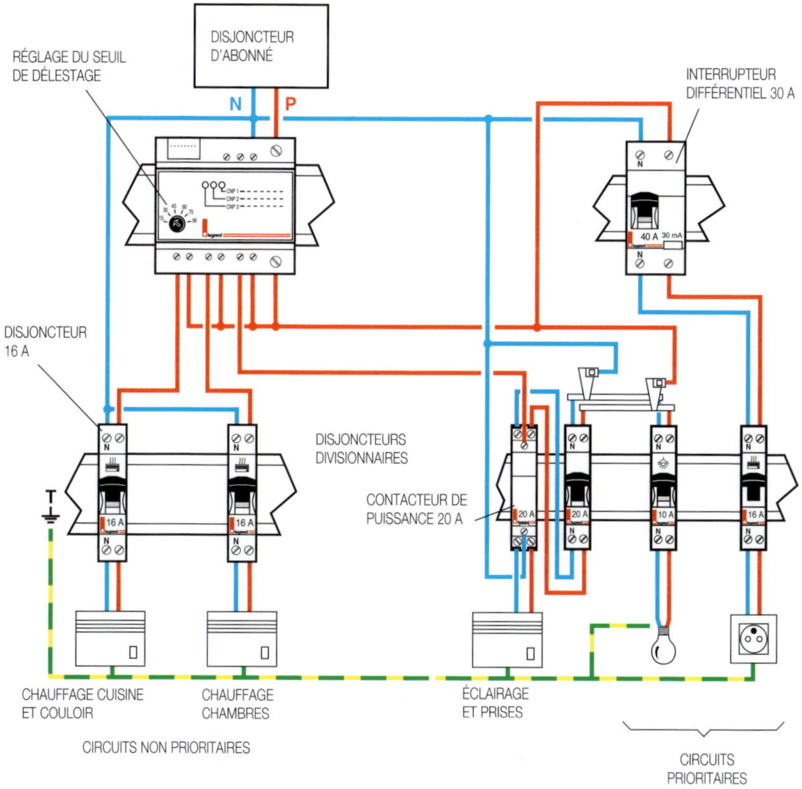

VOIR AUSSI Routage des circuits **40-41**, Rénovation des circuits **126-127**

Carillons et sonnettes

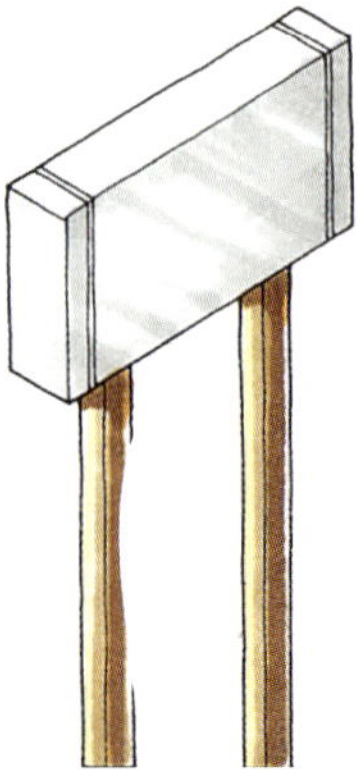

Carillon
Deux tubes accordés chacun sur une note.

Le modèle de sonnerie ou de carillon d'entrée ne change rien à la façon de câbler son circuit de commande et d'alimentation.

Sonnettes d'entrée

La majeure partie des sonnettes fonctionne avec un trembleur, où un électroaimant attire un levier dont l'extrémité garnie d'une boule vient frapper une cloche ; ce faisant, le levier rompt un contact à lames qui arrête l'alimentation de la bobine de l'électroaimant qui relâche le levier, lequel en revenant referme à nouveau le circuit alimentant la bobine, et ainsi de suite, tant qu'on appuie sur le bouton de commande. La bobine peut être alimentée en courant continu par une pile ou en courant alternatif par l'intermédiaire d'un transformateur.

Vibreurs

Le vibreur fonctionne comme le trembleur, à ceci près que le levier frappe le noyau de l'électroaimant et non pas une cloche.

Carillons

Le carillon électrique comporte un électroaimant dont le noyau mobile, rappelé par un ressort, frappe alternativement deux barres ou tubes accordés. Les carillons électroniques émettent une série de notes – souvent un air connu – produites par un oscillateur piloté par une mémoire morte.

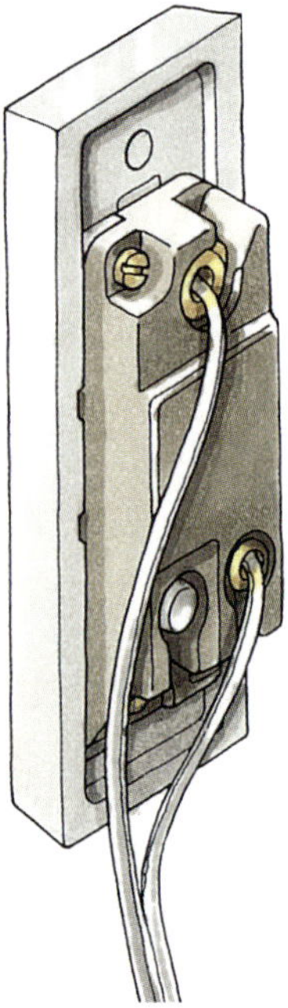

1 Câblage d'un bouton de sonnette

Boutons de sonnette

La sonnette ou le carillon sont mis en action par un simple bouton-poussoir **(1)** dont le contact mobile est rappelé au repos par un ressort. Certains boutons comportent une petite ampoule qui permet de les localiser plus facilement dans l'obscurité. Dans ce cas, la sonnette fonctionne forcément sur transformateur, sinon la consommation de l'ampoule (si minime soit-elle) viderait les piles trop rapidement. Néanmoins, on trouve des boutons luminescents éclairés par un tube néon miniature dont la consommation électrique est négligeable.

Sonnettes sans fil

Les sonnettes sans fil tirent profit des progrès de la télécommande domestique. On peut ainsi les placer n'importe où dans la maison et le même bouton peut en commander plusieurs. La liaison entre bouton et carillons s'effectue par télécommande radio ou par courant porteur. Dans le premier cas, l'appareil doit être agréé PTT. Dans le second cas, il doit être agréé EDF et le ou les carillons s'enfichent dans n'importe quelle prise de courant de l'installation domestique.

VOIR AUSSI Le tableau de répartition **30-31**, Routage des circuits **40-41**

Câblage du circuit

La liaison électrique entre le bouton de commande et l'appareil est réalisée au moyen d'un câble de type SVT souple ou PTT une paire, maintenu par de petits cavaliers, collé ou agrafé. Pour un appareil alimenté par transformateur, vous pouvez raccorder celui-ci par piquage sur le plus proche circuit d'éclairage, sous réserve de protéger cette liaison par un petit coupe-circuit de 3 A. Le transformateur a généralement une double isolation ; un circuit bifilaire suffit alors. Dans le cas contraire, alimentez-le par un câble à trois conducteurs de 1,5 mm², le circuit étant protégé par un coupe-circuit de 5 A et le fil de terre ramené au bornier de terre du tableau principal.

Installer un appareil à liaison filaire

La sonnerie ou le carillon proprement dits doivent être placés là où on peut les entendre le mieux depuis n'importe quelle pièce du logement, sauf toutefois juste au-dessus d'une source de chaleur ou en haut d'une pièce fréquemment embuée. Mieux vaut avoir le câblage le plus court possible, surtout si le système fonctionne sur piles. Pour les systèmes à transformateur, implantez celui-ci dans un endroit discret, non loin de la sonnette, par exemple dans un placard ou sous un escalier.

Tracez l'emplacement du bouton pour déterminer l'arrivée de son câble de commande. Faites passer celui-ci dans un petit trou percé dans le dormant de la porte d'entrée ; si nécessaire, étanchez ce passage en y injectant du mastic. Raccordez les extrémités des deux fils aux bornes du bouton et fixez le bouton en place.

Si la pile est placée dans un boîtier séparé (c'est alors souvent une batterie accolée à son petit chargeur), reportez-vous aux instructions de la fiche d'installation pour ce boîtier. La liaison entre le bouton et la sonnette est alors analogue à celle d'une commande d'éclairage **(1)**.

CÂBLAGE D'UN TRANSFORMATEUR

Le câblage est identique au cas précédent. Veillez toutefois à bien raccorder l'appareil aux bornes du transformateur délivrant la tension de service prévue **(2)**. Dans tous les cas, reportez-vous à la fiche de montage pour respecter les recommandations du constructeur.

Piles ou transformateur ?

Sonnettes et carillons fonctionnent avec une tension très faible (3 à 12 V selon les modèles), ce qui élimine tout risque au niveau du bouton de commande si celui-ci vient à être détrempé.

Cette tension peut être fournie par des piles, soit une série de piles de 1,5 V (cylindriques), soit une pile de 5 V ou de 9 V (parallélépipédiques). Quand l'appareil est alimenté par un transformateur, celui-ci offre souvent plusieurs sorties, typiquement à 3 V, 5 V, 8 V et 12 V. La sortie sous 8 V est la plus utilisée, sauf pour les carillons, généralement alimentés sous 12 V.

Le transformateur, alimenté par le secteur 230 V, doit être placé dans un endroit bien abrité de l'humidité, et assurer une isolation parfaite entre le secteur et la tension de sortie.

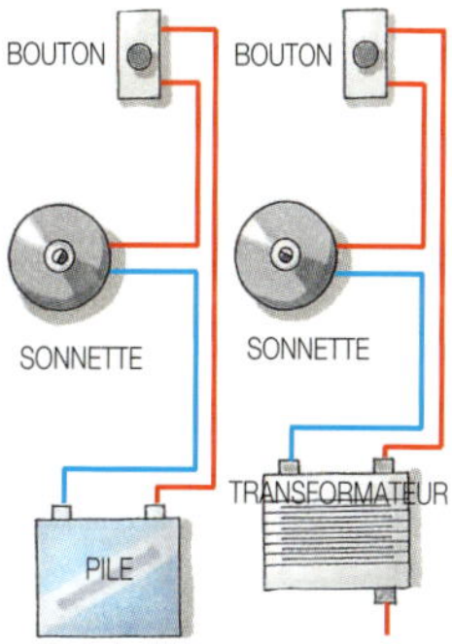

1 Circuit à pile **2** Circuit à transformateur

Câbler les fiches d'antenne

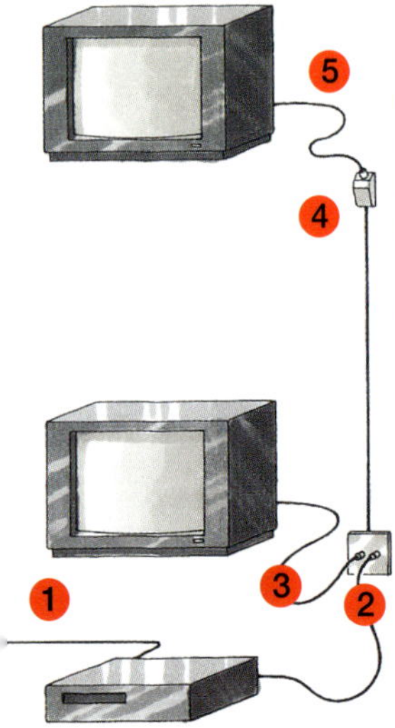

Extension de l'antenne
1 Câble d'antenne directement raccordé sur le magnétoscope.
2 Magnétoscope raccordé sur un répartiteur à deux voies.
3 Câble d'antenne relié au répartiteur à deux voies.
4 Câble d'antenne reliant l'entrée du répartiteur à l'embase d'antenne.
5 Câble d'antenne du second récepteur relié à l'embase d'antenne.

La plupart des logements comportent une antenne qui dessert un seul récepteur de télévision. Le plus souvent, les autres récepteurs sont équipés d'une antenne portable. Mais, avec la multiplication des chaînes, par satellite, câble ou voie hertzienne, il devient intéressant de réaliser un réseau de distribution intérieur pour la télévision et la vidéo.

Le plus simple consiste à raccorder le magnétoscope sur une embase d'antenne à deux fiches qui sert de répartiteur pour distribuer le signal à deux récepteurs totalement indépendants.
Pour desservir plus de deux récepteurs, remplacez ce répartiteur par un amplificateur d'antenne à sorties multiples ; alimentez cet appareil par un circuit bifilaire 10 A.

Câbles et connectique

La liaison partant de l'antenne est réalisée en câble coaxial d'impédance 75 W. Ce câble comprend une âme monobloc sous un isolant en polyéthylène, gainé sous une tresse de cuivre, elle-même isolée sous un fourreau en PVC blanc, noir ou brun. Pour les liaisons en environnement subissant des perturbations électromagnétiques importantes, on utilise un câble coaxial surblindé. Les câbles coaxiaux se raccordent au moyen de fiches coaxiales mâles et femelles **(2)**, sauf au pied d'antenne.
Il existe des embases d'antenne à une ou deux fiches **(3)** qui s'intègrent dans des boîtes de dérivation, ainsi que des socles qui s'adaptent sur les goulottes, plinthes ou moulures **(4)**.
Un répartiteur distribue – à travers une ferrite – le signal de manière équilibrée entre deux récepteurs, tandis qu'un commutateur **(5)** l'aiguille vers l'un ou l'autre des équipements de réception. Le commutateur conserve presque intégralement le signal capté par l'antenne, tandis que le répartiteur n'en distribue au mieux que la moitié à chaque récepteur. Si le niveau du signal est insuffisant, il faut placer un amplificateur d'antenne entre celle-ci et le répartiteur.

Cables et fiches
1 Câble coaxial **2** Fiche coaxiale **3** Embase à deux fiches **4** Fiche femelle **5** Commutateur coaxial

VOIR AUSSI Routage des circuits **40-41**

Montage des fiches coaxiales

Glissez la bague extérieure **(1)** et dénudez l'isolant sur 25 mm environ, avec précaution pour ne pas entamer la tresse de blindage. Enfilez le serre-câble **(2)** sur l'extrémité de l'isolant intermédiaire. Détressez le blindage pour le rabattre sur le serre-câble et le recouvrir le plus régulièrement possible avant de couper l'excédent.

Dénudez l'isolant intermédiaire environ 3 mm après le serre-câble **(3)** pour mettre l'âme à nu **(4)**. Repliez l'extrémité de l'âme en épingle avant de l'insérer dans l'embout de la fiche **(5)**. Il est recommandé d'étamer l'épingle avec une goutte de soudure pour améliorer la qualité du contact et diminuer en conséquence la perte de signal. Pour terminer, glissez le corps de la fiche **(6)** sur l'ensemble et bloquez-le en vissant la bague extérieure dessus.

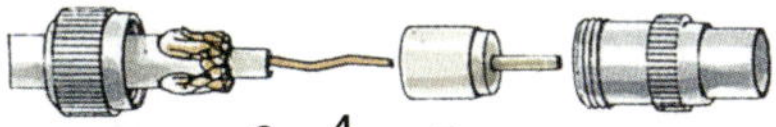

Raccordement d'une fiche coaxiale

Télévision numérique
Les nouvelles chaînes hertziennes à diffusion numérique peuvent être reçues sur la même antenne que les chaînes existantes. Toutefois, un convertisseur doit être placé entre l'antenne et le récepteur.

Antenne satellite
La pose d'un disque pour réception d'un satellite est à la portée d'un amateur, sous réserve d'observer rigoureusement la procédure de calage en élévation et en azimut, qui dépend du satellite visé.

Routage du câble coaxial

Placez les socles de fiche en fonction de l'implantation de vos récepteurs (prévoyez des possibilités de les déplacer). Raccordez ces socles avec du câble coaxial 75 Ω, soit fixé par des cavaliers, soit intégré dans une plinthe ou une moulure, à condition que celle-ci comporte bien un cloisonnage qui isole le coaxial des conducteurs sous tension. Ne pliez jamais le coaxial à angle droit, mais courbez-le avec un rayon minimum égal à 5 fois son diamètre.

Câblage du répartiteur

Préparez une longueur de câble coaxial suffisante pour relier le socle à deux fiches femelles câblé en répartiteur avec la fiche de raccordement du récepteur. Du côté du répartiteur, dénudez l'isolant externe du câble coaxial sur 50 mm et rabattez la tresse de blindage sur l'isolant. Dénudez l'isolant de l'âme sur 30 mm et enfilez celle-ci dans les embouts des deux fiches **(6)**, puis bloquez les vis des embouts. Ramenez la tresse de blindage sous la bride métallique **(6)** qui assure également le maintien du câble. Coupez les brins de blindage qui dépassent avec une paire de ciseaux et vissez le capot du socle. Tous les socles se câblent de la même manière.

6 Double fiche femelle câblée en répartiteur

VOIR AUSSI Raccordement par boîte de dérivation **57**

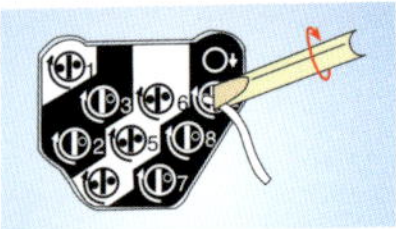

Ces connexions autodénudantes se bloquent en 1/4 de tour et sont ensuite noyées dans une graisse neutre et hydrofuge.

Connexions aux prises

Dénudez la gaine extérieure du câble pour libérer les fils sur une longueur laissant un peu de « mou » dans le raccordement. Séparez les fils et dénudez leurs extrémités sur 10 mm environ, sauf si vous utilisez une prise dotée du système de connexions autodénudantes.
Les appareils utilisent des bornes à vis dans lesquelles les extrémités des fils sont insérées directement, ou après sertissage dans une cosse à languette ou à fourche.

En partant de la prise téléphonique principale sur laquelle aboutit votre ligne téléphonique (obligatoirement installée par l'opérateur du réseau ou par une entreprise agrée), vous pouvez réaliser un circuit de distribution intérieur, sous réserve de respecter certaines limites.

À partir du boîtier d'entrée, vous pouvez réaliser un circuit ayant jusqu'à dix prises. Ce circuit peut être en ligne – les prises sont connectées en parallèle l'une derrière l'autre – ou en arborescence, les prises étant indifféremment réparties entre deux lignes. Le réseau à prises classiques (RJ45) ne doit pas dépasser 130 m de long s'il est en ligne ou 90 m pour chaque branche d'arborescence. Un réseau en ligne peut alimenter simultanément jusqu'à quatre postes équipés de la fonction réception d'appel (téléphone, fax, Minitel ou modem) et chaque branche d'une arborescence ne peut en alimenter plus de trois. Un réseau Numéris peut comporter jusqu'à dix prises RJ45 en ligne, la dernière devant être chargée par une résistance de 100 W.

Prises de téléphone

Le propriétaire du réseau auquel vous êtes abonné (France Télécom ou autre) raccorde votre ligne (ou vos lignes) dans un boîtier d'entrée **(1)** qui abrite une réglette à 12 plots (voir à droite).
À l'intérieur de votre appartement, le réseau aboutit à un ou à plusieurs socles simples **(2)** ou doubles **(3)**, sur lesquels vous enfichez la fiche **(4)** du combiné téléphonique, du Minitel, du fax ou du modem.
Pour les équipements informatiques terminés par une fiche RJ45, vous devez utiliser un adaptateur **(5)**. Il existe également un adaptateur permettant de brancher un appareil à fiche RJ11 sur une prise Numéris. Pour connecter deux appareils sur une fiche, vous devez employer une fiche gigogne 2 x RJ11 **(6)** ou un adaptateur RJ45 **(7)**.

Prises téléphoniques
1 Adaptateur conjoncteur / RJ11
2 Fiche mâle extraplate
3 Adaptateur double RJ45
4 Socle 8 plots
5 Fiche femelle

VOIR AUSSI Routage des circuits **40-41**

Routage du circuit

Ne câblez jamais un équipement de téléphonie avec autre chose que du câble agréé pour cet usage, sous peine de risquer des incidents fâcheux, en particulier la capture d'interférences à cause d'une impédance inadaptée.

Le câblage téléphonique ne doit jamais cheminer à moins de 10 cm d'un circuit en 230 V, à moins qu'ils ne soient tous deux intégrés dans une canalisation cloisonnée. Le câblage s'effectue avec un câble quatre paires de 0,6 mm de diamètre (type 278-4-6 semi-rigide ou SVT souple) en respectant à chaque prise la correspondance des couleurs et des bornes (voir ci-dessous).

Le rayon de courbure des câbles semi-rigides ne doit pas descendre au-dessous de 5 fois leur diamètre, mais les câbles souples peuvent être pliés sur un rayon de seulement 2,5 diamètres. Il est préférable de fixer les câbles par collage, car les cavaliers métalliques risquent de provoquer le pincement de certains fils, créant une diaphonie source d'interférences.

Règles de câblage

1 - Câblage d'une prise RJ11 8 plots

Les prises RJ11 à 8 plots permettent de connecter tous types d'appareils. Les prises à 6 plots, pour téléphone et Minitel seuls, ne comportent pas les connexions 1 (gris) et 2 (incolore).

2 - Réglette 12 plots (boîtier d'entrée)

Si l'abonnement comporte une seule ligne, ses deux fils sont raccordés aux plots 1 et 3. S'il y a deux lignes – une pour le téléphone et une autre pour le fax ou le modem –, la seconde est branchée sur les plots 6 et 8.

3 - Prise RJ45

Cette prise est réservée au réseau Numéris de France Télécom.

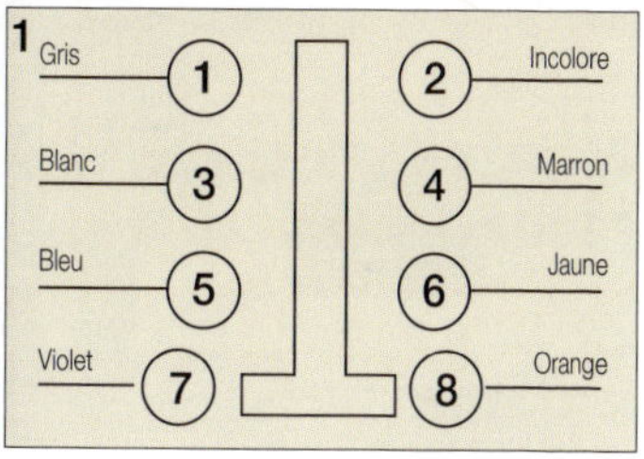

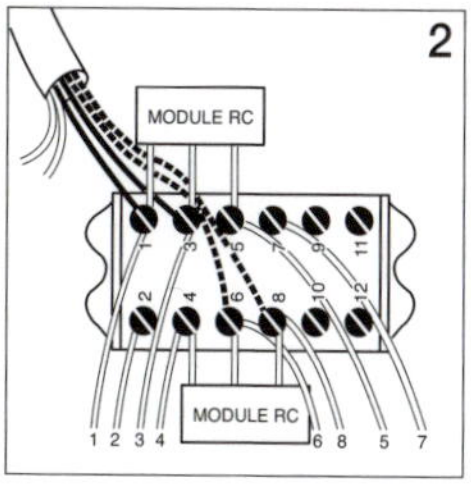

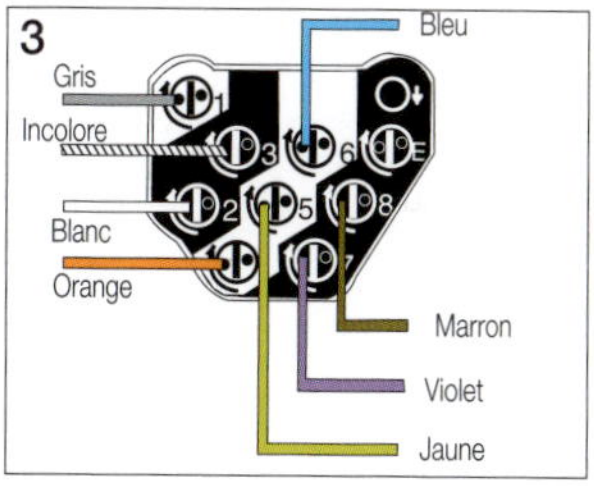

Un bureau à domicile

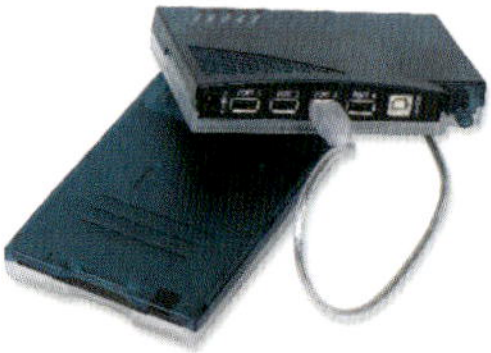

Liaison USB
Ce boîtier permet de raccorder tout une gamme de périphériques sur une prise unique de l'ordinateur.

Les moyens informatiques et de télétransmission permettent à un nombre croissant de personnes de travailler depuis leur domicile ; cette tendance étant assez sensible dans le domaine des services aux particuliers (notamment le télémarketing) et aux entreprises. De plus, il est devenu pratique de disposer chez soi des équipements permettant de préparer, terminer ou réviser au calme un travail entamé au bureau. La multiplication des équipements – spécialement les périphériques d'ordinateur – a souvent conduit à ajouter prises et câblages dans un fouillis nuisible au matériel et gênant pour ceux qui s'en servent.

Il est inutile de cerner la pièce où vous travaillez – voire le logement – d'un réseau de prises pour le téléphone et les équipements informatiques. Commencez plutôt par bien organiser votre poste de travail. Vous pourrez alors déterminer à bon escient, le nombre et l'implantation des prises de téléphone, de liaison informatique, ainsi que pour alimenter les appareils et l'éclairage.

Un poste de travail autour de l'ordinateur

VOIR AUSSI Dédier des prises de travail **86-87**, Interrupteurs et variateurs **96-97**

On admet généralement qu'un plan de travail pour une personne de taille moyenne doit se situer à environ 70 cm de haut. En revanche, le clavier d'un ordinateur doit être un peu plus bas pour réduire la fatigue des bras et du dos. D'ailleurs, les stations de travail pour ordinateur comportent généralement une tablette coulissant sous le plan de travail pour y placer le clavier. Si des personnes de tailles très différentes sont amenées à se succéder sur un même poste de travail (vos enfants et vous, par exemple), équipez-le d'une chaise à hauteur d'assise réglable.

Le plan de travail doit avoir une profondeur d'au moins 60 cm pour abriter l'ordinateur et son clavier, et plutôt 75 cm pour pouvoir placer des documents de travail, à moins que vous n'organisiez un poste en L ou que vous ne suspendiez l'écran d'ordinateur.

Poste de travail
Bureau spécialement conçu pour utiliser un ordinateur.

Périphériques et accessoires

Les périphériques étendent parfois considérablement le domaine d'emploi de l'ordinateur. Pour un travail de haute qualité, on peut être amené à les démultiplier.

L'imprimante est devenue un périphérique indispensable, mais dans certains cas on peut avoir intérêt à en installer deux : une imprimante monochrome pour la sortie des textes courants et une imprimante couleur pour les travaux de grande qualité et les photos. L'utilité du scanner devient de plus en plus indiscutable, tandis que le graveur de CD s'impose progressivement. On y ajoute souvent une mémoire de masse pour archiver des documents encombrants.

Les commerces spécialisés proposent des ensembles à prix forfaitaire. Mais chacun peut préférer construire un ensemble exactement adapté à l'usage qu'il en escompte et à ses méthodes de travail.

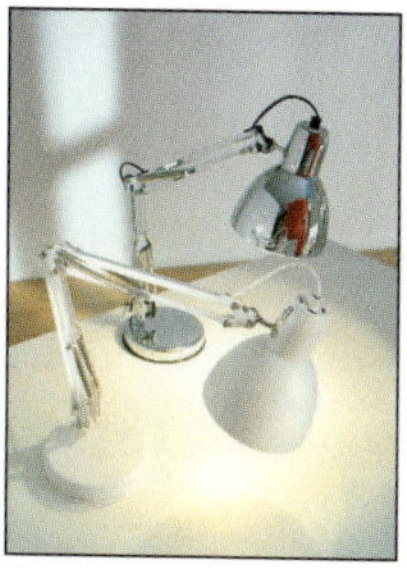

Éclairage du poste de travail
Vous devez combiner plusieurs points d'éclairage pour obtenir un éclairement maximum, mais jamais fatigant, sur la zone où se concentre votre activité, en évitant la création de reflets et en veillant à ce que le contraste entre la zone principale et l'ambiance reste modéré.

Halte au fouillis de câbles !

Chaque équipement nécessite deux raccordements, l'un pour son alimentation électrique, l'autre pour sa liaison avec l'ordinateur. Chaque raccordement signifie un câble et une prise. Outre les problèmes qu'un fouillis de câbles peut poser à ceux qui viennent travailler sur le site, il ne faut pas négliger le fait que les câbles qui se mélangent sont une source de propagation de parasites et de défauts créés par des microcoupures (qui peuvent résulter d'une tension anormale exercée sur une prise électrique).

Vous pouvez déjà réduire le nombre de ces raccordements en choisissant un ordinateur intégrant certains éléments, comme le modem et le graveur de CD. Certains boîtiers d'ordinateur disposent d'espaces disponibles en modules standards pour incorporer ces périphériques. La nouvelle génération de matériels est conçue pour utiliser le port USB (Universal Serial Bus), qui offre justement l'intérêt de réduire considérablement les câblages.

VOIR AUSSI Poser des appliques murales **104-105**, Éclairage TBTS **106-107**, Concevoir l'éclairage **162-175**

Dédier des prises de travail

Parasurtenseur
Les crêtes de survoltage qui polluent les réseaux électriques affectent toujours les équipements sensibles comme l'informatique ou la vidéo. À la longue, leur accumulation provoque par exemple la défaillance des régulations des tubes cathodiques.
Les fiches parasurtenseurs filtrent efficacement ces parasites.

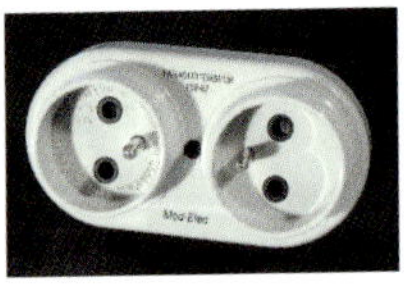

Doubles de sûreté
Prenez l'habitude de faire des copies de tous vos dossiers et logiciels importants. Terminez chaque journée en recopiant sur disquette votre travail du jour.
Le temps que vous y consacrerez vaudra de l'or quand vous serez confronté à un blocage ou à une perte de données.

Quand on trouve dans une même pièce deux socles garnis de plusieurs fiches, la sagesse devrait conduire à envisager d'accroître le nombre de prises. Cette démarche implique d'ailleurs de vérifier les limites du circuit alimentant les prises de la pièce, donc de s'assurer qu'on reste à l'intérieur des limites de sécurité. Néanmoins, on peut toujours ajouter un circuit supplémentaire avec sa protection correspondante, de préférence dédié à un emploi bien défini.

Adaptation du circuit existant

L'expérience prouve que plus un logement est petit et plus on éprouve le besoin de disposer d'un grand nombre de prises. Le phénomène paraît évident dans un salon qui sert de bureau et, à l'occasion, offre un couchage sur un canapé. Mais le développement des équipements de domotique étend le problème presque à toutes les pièces principales.

La méthode la plus simple pour ajouter une prise est de couper le circuit qui alimente les prises en place pour y raccorder en parallèle un nouveau socle. Réfléchissez d'abord à l'implantation la plus pertinente, c'est-à-dire celle qui permettra de brancher au plus court les appareils les plus utilisés. Dans cette optique, vous pouvez envisager de placer une ou plusieurs prises – ou plutôt un socle multiprise – à hauteur du plan de travail s'il s'agit d'alimenter des équipements de bureautique.

Le greffage nécessite alors la pose d'une boîte de dérivation sur le conduit existant, avec une goulotte d'extension jusqu'au nouveau socle. La même démarche technique s'applique à l'extension d'un circuit de téléphone ou d'un réseau vidéo ou de sonorisation.

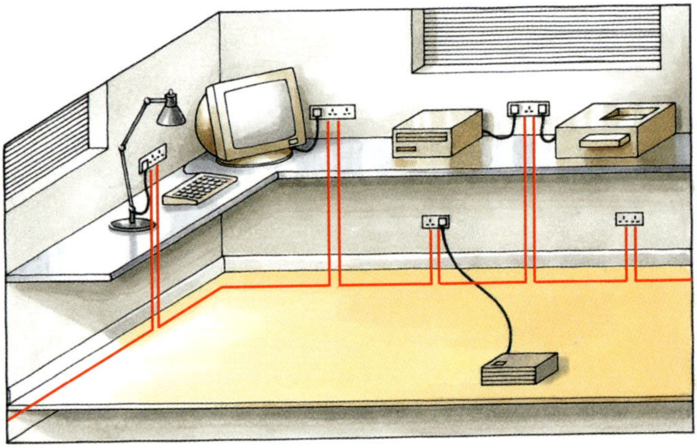

Placez de préférence les prises au-dessus du plan de travail.

VOIR AUSSI Extension d'un circuit **58-59**

Téléphones et modems

Pour accéder au réseau Internet, vous devez raccorder l'ordinateur à une ligne de téléphone par l'intermédiaire d'un modem. Pour connecter en même temps le téléphone et le modem, il faut une prise biplite ou un socle double (à moins d'utiliser un ordinateur à liaison téléphonique intégrée). Toutefois, personne ne peut plus utiliser la ligne tant que quelqu'un surfe sur le Net.

Pour éliminer cet inconvénient, vous devez souscrire une deuxième ligne ou un abonnement spécial à un service à haut débit comme Itinéris ou à un réseau ISDN ou ADSL, à condition que votre domicile se trouve dans une zone desservie par l'un de ces systèmes.

Le répondeur téléphonique doit lui aussi être raccordé sur une prise de téléphone, mais il lui faut en plus une alimentation électrique. Évitez de lui faire partager une prise avec un équipement que vous débranchez de temps à autre, car vous risquez alors de débrancher aussi le répondeur, que vous devrez ensuite reprogrammer.

Si vous envisagez d'ajouter un photocopieur à votre bureautique, évaluez l'intérêt d'un poste de travail intégrant l'imprimante, le scanner et le fax, solution économique qui apporte gain de place et réduction des câblages.

Prolongateurs et protections

À défaut d'étendre le circuit des prises desservant la pièce où votre bureau est installé, utilisez plutôt des blocs multiprises qui peuvent desservir plusieurs équipements à partir d'un même socle, en intégrant de préférence une protection contre les parasites.

Blocs prolongateurs

Utilisez uniquement des blocs à socles 2 P+T 10/16 A. Pour l'alimentation des équipements sensibles, à commencer par l'ordinateur lui-même, utilisez un bloc intégrant une protection contre les surtensions venant du réseau ou résultant de la foudre (voir page ci-contre, dans la marge).

Choisissez un bloc équipé d'un commutateur, et prenez l'habitude de couper l'alimentation électrique des équipements bureautiques avec ce commutateur chaque fois que vous avez terminé une session de travail.

Si le bloc alimentant les équipements bureautiques est raccordé à un circuit alimentant d'autres équipements, il est recommandé d'employer un bloc multiprise intégrant un fusible de protection.

Ensemble de connexion intégré

Pour un emplacement attribué à un ensemble de bureautique et d'informatique, la meilleure solution consiste à installer tous les circuits (électrique, informatique, voire vidéo) sous une goulotte, les circuits d'éclairage cheminant dans une autre canalisation. Implantez à 50 mm minimum au-dessus du plan de travail une ou deux platines intégrant les différentes prises. Interposez un dispositif de protection contre les surtensions au départ du circuit électrique.

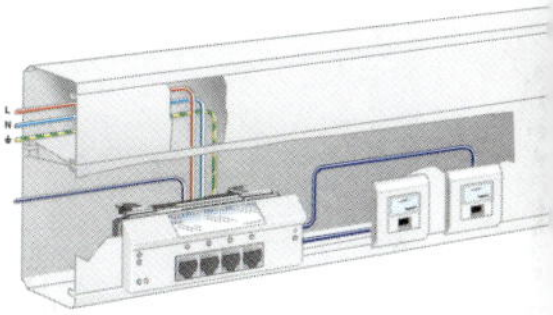

Platine informatique intégrée dans une goulotte.

VOIR AUSSI Réseau de téléphone **82-83**

Temporisation et automatisation

Cette minuterie clipsée sur un rail du tableau permet de temporiser un circuit d'éclairage incandescent ou fluorescent jusqu'à 2 kW.

On peut réaliser une économie bien plus conséquente qu'on ne l'imagine en éteignant systématiquement l'éclairage d'une pièce chaque fois qu'on la quitte. L'aspect contraignant de cette mesure explique qu'elle soit plutôt mal appliquée. On peut y remédier en commandant l'éclairage au moyen de dispositifs temporisés ou, mieux encore, d'appareils qui conditionnent l'allumage à une présence dans la zone éclairée.

La minuterie coupe automatiquement l'éclairage après un temps réglé au départ, lors de l'allumage. Ce réglage peut être constant, calibré dans le minuteur, ou réglable au moyen d'un bouton de commande rotatif. Une minuterie installée au départ d'un circuit, dans le tableau de répartition, arrête l'éclairage de l'ensemble d'une zone (lieu de passage, par exemple) après une temporisation fixée.

Cet interrupteur automatique à détection infrarouge s'installe à la place d'un commutateur classique.

Commande par présence

L'éclairage d'une zone spécifique, ou même un point d'éclairage ponctuel, peut n'être allumé que lorsque quelqu'un se trouve à proximité. Il suffit de commander le ou les appareils d'éclairage au moyen d'un détecteur de présence photoélectrique à rayon infrarouge. Le choix de l'angle du faisceau du détecteur détermine le volume de la zone où l'éclairage est ainsi régulé.
Le détecteur peut être directement associé au circuit d'éclairage, ou bien on peut utiliser un détecteur de présence faisant partie d'un système de détection d'intrusion quand ce système de sécurité est déconnecté.

Tout circuit d'éclairage se décompose en une ligne d'alimentation desservant les points d'éclairage et une ligne de commande reliant chaque point à un commutateur ou à un appareil de commande. Dans les installations modernes, tous les raccordements sont effectués sous boîtiers de dérivation, ceux-ci pouvant être intégrés dans les goulottes ou les plinthes. Mais nombre d'installations anciennes comportent des raccordements dans les rosaces de plafond.

Circuit à dérivations

Un circuit principal distribue le courant depuis le tableau de répartition jusqu'à chaque boîtier de dérivation. Des lignes séparées partent de ces derniers pour alimenter chaque appareil d'éclairage et chaque appareil de commande.

VOIR AUSSI Le tableau de répartition **30-31**, Les coupe-circuits **32-33**, Conduits en plastique **39**

Cette configuration s'avère plus souple en cas de modifications et permet de découpler un circuit en deux séparés quand une extension aboutit à dépasser l'intensité acceptable par le circuit d'alimentation principal.

Circuit à bretelles

Dans ce système, les rosaces de plafond (ou les supports de tube fluorescent) servent de boîtes de raccordement. Si l'installation date de plus d'une vingtaine d'années, assurez-vous que les raccordements ne sont pas réalisés par épissures ; si c'est le cas, remplacez ce dispositif – désormais prohibé – par des raccords sur dominos ou connecteurs.

Constitution des circuits

La norme NF C 15-100 spécifie que les circuits d'éclairage doivent être alimentés par des conducteurs de 1,5 mm² de section par groupe de cinq points d'éclairage maximum, sous réserve que leur puissance totale ne dépasse pas 2 000 W. Ils doivent être protégés par des coupe-circuits à fusibles ou des disjoncteurs simples placés au tableau de répartition.
Les circuits comportant 8 points d'éclairage, jadis autorisés, doivent être dédoublés. En général, dans un logement comportant plusieurs niveaux, on installe un circuit d'éclairage par étage, celui du sous-sol étant réalisé sous canalisations et appareils étanches.

Circuit à dérivations
1 Tableau de répartition
2 Canalisation d'alimentation
3 Boîtier de dérivation
4 Ligne de plafonnier
5 Ligne de commande

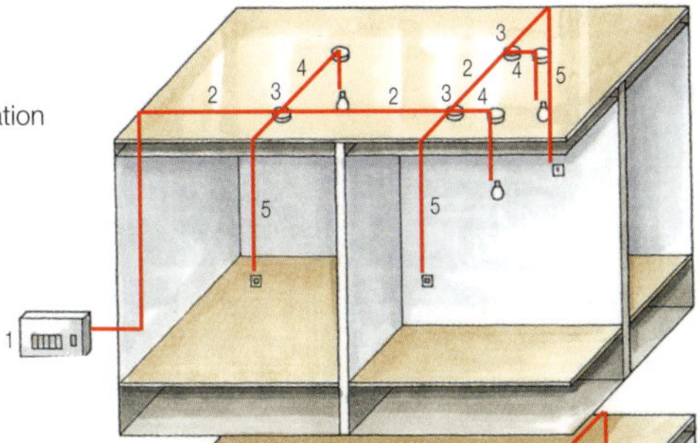

Circuit à bretelles
1 Tableau de répartition
2 Canalisation d'alimentation
3 Rosace de plafond
4 Ligne de commande

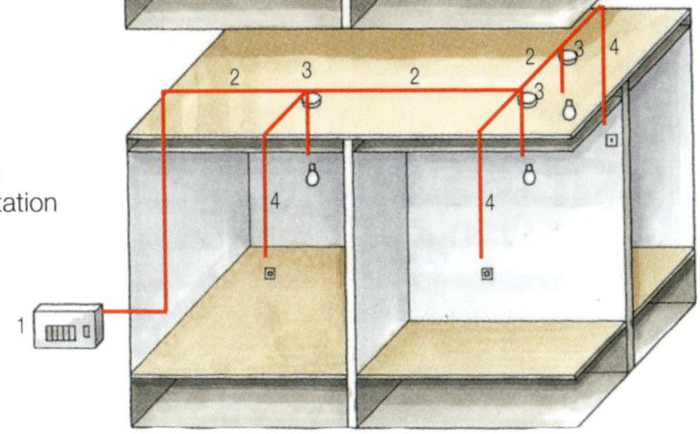

VOIR AUSSI Routage des circuits **40-41**, Rénovation des circuits **126-127**

Fils de terre absents
Si vous découvrez un vieux circuit dépourvu de conducteur de terre alimentant un appareil constitué d'éléments métalliques, raccordez ces éléments au conducteur de protection.

Circuit bouclé

Les raccordements s'effectuent sur un bornier en ligne. Le conducteur de phase du circuit d'alimentation venant du tableau de répartition et celui qui repart vers la lampe suivante (rouge) se connectent à la borne centrale, tandis que les conducteurs de neutre (bleu) se connectent à l'une des bornes latérales. Une borne particulière est réservée aux conducteurs de terre (vert/jaune) **(1)**.

Le troisième trou de la borne centrale reçoit le conducteur de phase qui va vers l'interrupteur (rouge) ; le conducteur qui en revient (noir ou marron) est raccordé à l'autre borne latérale. Quand l'interrupteur est fermé, ce conducteur – dit de « phase coupée » – est sous tension ; c'est pourquoi il ne doit jamais être bleu ni vert ou jaune, mais de préférence noir ou à défaut marron. La borne de terre de la rosace est reliée au conducteur de protection du circuit **(1)** où se raccordent également celui qui vient éventuellement de la douille de lampe, et/ou le conducteur de protection de la masse métallique d'un lustre (sauf s'il bénéficie d'un double isolement).

Le conducteur de phase qui part vers la douille de lampe doit être de préférence marron, à défaut noir, et le conducteur de neutre bleu.

Dans la dernière rosace du circuit, un seul trio de conducteurs est connecté au bornier **(2)**.

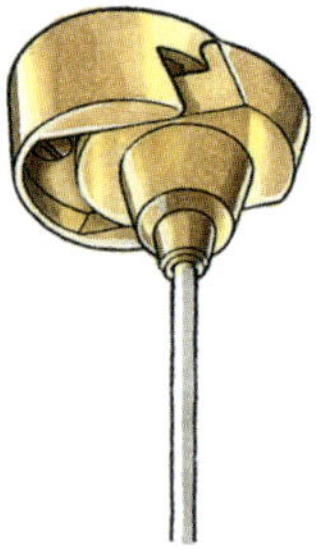

Rosace démontable
Certaines rosaces modernes constituées de deux parties emboîtées permettent de remplacer la suspension sans toucher au câblage. Certains appareils peuvent porter un lustre de 5 kg.

Circuit en série

On utilise des boîtiers de dérivation dont le bornier comporte quatre plots non identifiés. Les conducteurs de phase, de neutre et de terre du circuit d'alimentation se raccordent chacun à l'une de ces bornes **(3)**.

Le conducteur de phase (rouge, noir ou marron) qui part vers la rosace alimentée est raccordé au conducteur de phase coupée (noir ou marron) qui vient de l'interrupteur. Le fil bleu se connecte à la borne du neutre avec celui de même couleur qui alimente la lampe et celui qui part alimenter la lampe ou le boîtier de dérivation suivants. Tous les conducteurs vert/jaune sont raccordés à la borne de terre **(3)**.

Le conducteur rouge du circuit d'alimentation se connecte à la borne de phase, avec ceux de même couleur qui vont l'un à la lampe ou au boîtier de dérivation suivants, l'autre à l'interrupteur **(3)**.

Dans le plafonnier, le fil de phase est connecté à l'une des bornes latérales, et le neutre sur l'autre, la borne centrale restant vide. Le conducteur vert/jaune est relié à la borne de terre **(4)**.

Pour l'impérative continuité du neutre dans l'ensemble du circuit, les bornes de neutre ne doivent recevoir que des fils bleus. En revanche, certaines bornes peuvent raccorder des fils noirs, rouges ou marron, les conducteurs rouges étant les seuls constamment sous tension **(4)**.

Circuits bouclés et en série

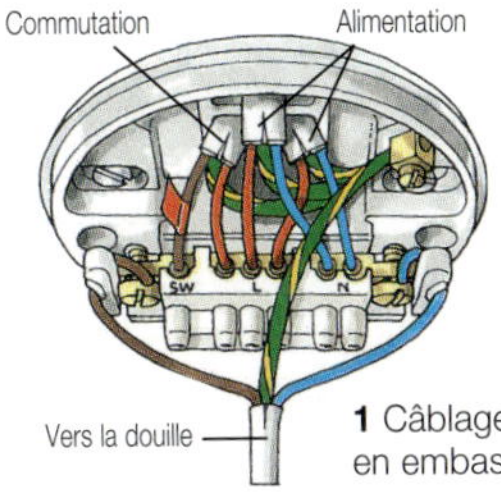

1 Câblage en embase

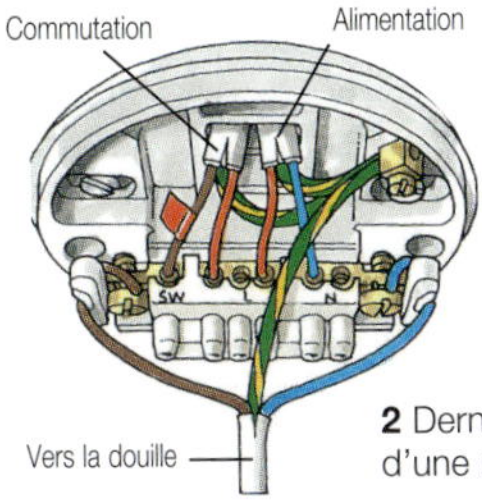

2 Dernière embase d'une boucle

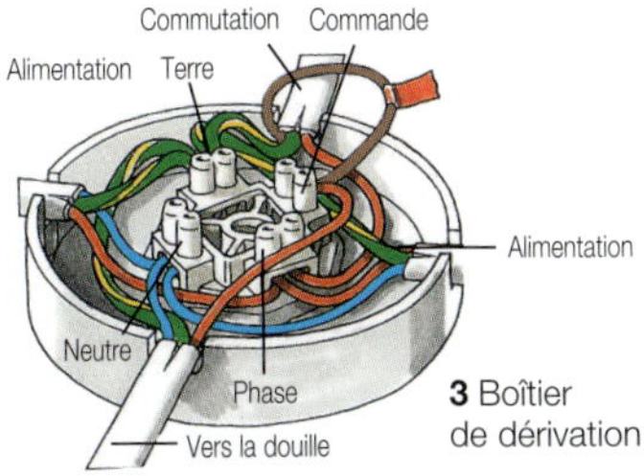

3 Boîtier de dérivation

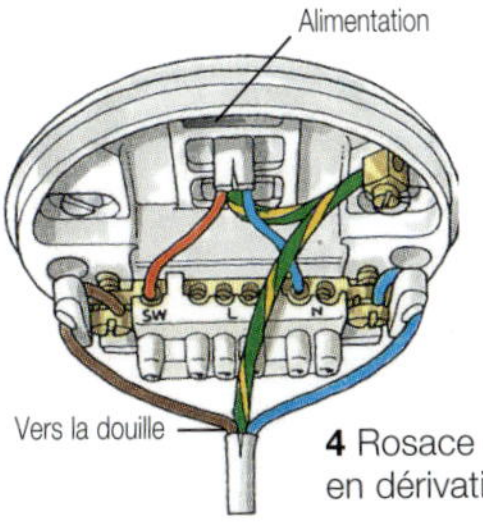

4 Rosace d'un circuit en dérivation

Remplacer une embase de plafonnier

Ne vous contentez jamais de couper l'alimentation du plafonnier avec l'interrupteur, coupez à la fois au disjoncteur principal et en retirant le fusible du circuit ou en déclenchant son disjoncteur divisionnaire : vous éliminez ainsi tout risque au cas ou quelqu'un réenclencherait le disjoncteur principal. Déposez la rosace et repérez les conducteurs de neutre, phase et phase coupée.

Fixation de l'embase neuve

Dégagez les fils du circuit d'alimentation et de celui qui va à l'interrupteur. Crevez l'orifice de l'embase correspondant au passage de ces circuits, ainsi que les trous pour sa fixation.

Autant que possible, efforcez-vous de conserver les mêmes fixations que la rosace déposée. Si nécessaire, refaites un support en clouant une planchette entre deux solives (voir à droite). Passez les conducteurs dans l'embase et vissez celle-ci en place. Raccordez les conducteurs sur le bornier. Glissez le câble aboutissant à la douille de lampe dans le couvercle de l'embase. Nouez les fils du câble pour qu'ils ne fassent pas supporter le poids de la suspension aux bornes avant de raccorder les conducteurs au bornier comme expliqué ci-dessus.

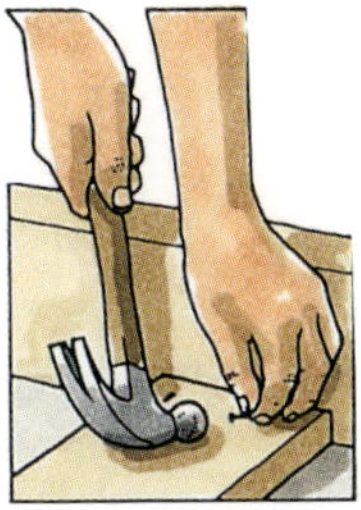

Support d'embase
Clouez une planchette entre deux poutres du plafond pour y visser la rosace.

VOIR AUSSI Circuits d'éclairage **88-89**

Implantation des lampes

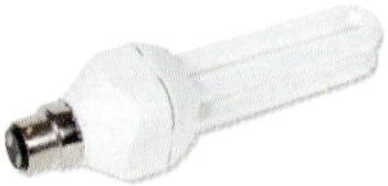

Ampoule à faible consommation
La nouvelle génération d'ampoules à fluorescence fournit jusqu'à près de cinq fois plus de lumière que les ampoules à incandescence de même puissance, apportant une économie de consommation qui atteint 80 %, alors que leur durée de vie est multipliée par 8 (elle dépasse souvent 10 000 heures).

Éclairage tableau
Ces petits éclairages discrets mettent en valeur une toile ou un sous-verre.

L'extrême diversité des appareils d'éclairage à usage domestique peut se répartir en six grandes catégories, en fonction du mode d'implantation et de la fixation des lampes.

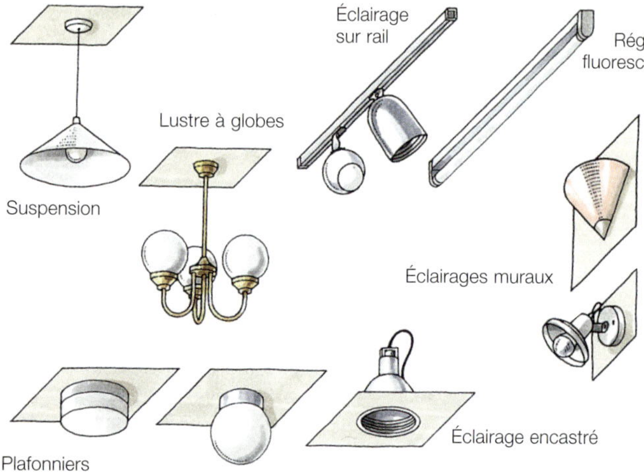

Suspensions

La suspension est probablement l'appareil d'éclairage intérieur le plus répandu dans les habitations. Dans sa configuration la plus simple, elle se compose d'une douille équipée d'un abat-jour pendant au bout de son câble d'alimentation, fixé dans une rosace d'embase.
Le lustre est une forme de suspension qui comporte plusieurs lampes. En général, son poids élevé interdit de le suspendre directement à l'embase et il doit être accroché à un point d'ancrage robuste.

Plafonniers

Un plafonnier est fixé directement au plafond, sans rosace, en général sur une embase qui intègre le culot de lampe. Cette embase, le plus souvent circulaire, mais parfois aussi carrée ou rectangulaire, porte un globe en verre opalisé, en vitrail ou en métacrylate.

Lampes encastrées

Un support d'ampoule encastré dans le plafond est fermé par un diffuseur plat ou en faible protubérance. Cet appareillage discret convient bien aux pièces basses de plafond.

VOIR AUSSI
Remplacer la douille d'une suspension **25**,
Le tableau électrique principal **26-27**

Lampes sur rail

Un rail d'éclairage peut prendre la simple forme d'un profilé fixé au mur ou au plafond, sur lequel sont vissés des spots individuels, ou former un système coordonné avec des ampoules fixées sur un rail intégrant les conducteurs, ou encore sur des rails conducteurs en fils rigides (système 12 V seulement).

Appliques murales

Les appliques murales, alimentées par un circuit encastré ou par des baguettes descendant de moulures sous plafond ou montant de plinthes, ont la forme d'un globe fermé, d'une vasque plate ou d'angle ou d'un demi-cylindre.

Réglettes fluorescentes

Les tubes fluorescents peuvent être placés, seuls ou par deux, sous un plafonnier ou une applique rectangulaire. Le diffuseur de ces appareils – généralement en métacrylate – adoucit la lumière crue émise par les tubes classiques.

La mise au point de mélanges gazeux donnant une lumière proche de celle du jour a permis d'utiliser en intérieur domestique des tubes apparents. Ceux-ci sont intégrés dans une embase plus ou moins décorative qui se fixe au mur ou au plafond, ou même à une suspension à hauteur réglable. Il existe de petites réglettes à monter sous une étagère ou dans un placard.

Éclairage ponctuel

Ces points d'éclairage sont conçus pour mettre en lumière une surface ou un volume restreint et bien défini, comme un tableau, un sous-verre, une statuette ou encore un miroir de maquillage. On les trouve également dans les placards, où ils sont généralement commandés par un contacteur à l'ouverture des portes.
Ces appareils utilisent des ampoules ou des tubes incandescents de 20 à 60 W maximum, ou des ampoules crayons halogènes de 10 à 40 W.

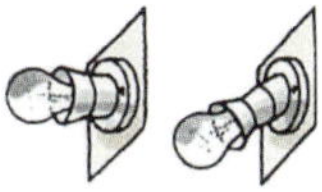

Plaques d'applique

Ces plaques se fixent directement au mur ou au plafond.
Elles s'emploient surtout là où l'esthétique est secondaire, comme dans une remise ou un grenier.

L'embarras du choix

Il est difficile de ressortir d'un magasin d'éclairage sans avoir trouvé un appareil correspondant exactement à ses besoins, tant l'offre est diversifiée en formes, fixations, puissances et styles.

VOIR AUSSI Tubes fluorescents **96-97**, Poser des appliques murales **104-105**

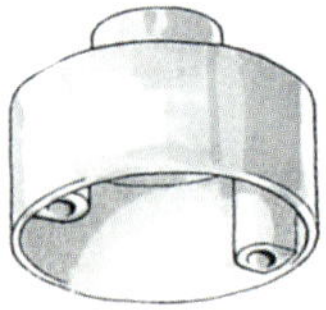

1 Boîtier d'encastrement
Si l'appareil d'éclairage est dépourvu d'embase fermée, montez-le sur un boîtier d'encastrement d'un modèle conçu pour l'encastrement des prises dans une cloison de doublage.

La plupart des plafonniers comportent une embase fermée qui se fixe à la place de la rosace d'une suspension. Si vous voulez remplacer une suspension ou un lustre par un plafonnier, coupez d'abord le courant au disjoncteur principal, puis déposez la suspension et libérez le circuit d'alimentation.

Comme un appareil fermé concentre la chaleur, protégez les conducteurs sous une gaine grise ou noire (incombustible) d'indice thermique 05. Raccordez les fils d'alimentation au bornier de l'embase du plafonnier. Si l'embase est métallique, n'omettez pas de la relier au conducteur de protection ; si celle-ci ne comporte pas de borne de terre, prenez l'extrémité du conducteur sous une vis de fixation.
Si le point lumineux était inclus dans un circuit en boucle, refaites les raccordements sur un bornier placé dans un boîtier de dérivation étanche, également en plastique incombustible. Si nécessaire, fixez ce boîtier sur une planchette clouée entre deux solives.

Montage sur boîtier d'encastrement
Fixez une planche entre les solives pour supporter le boîtier de dérivation et le boîtier d'encastrement.

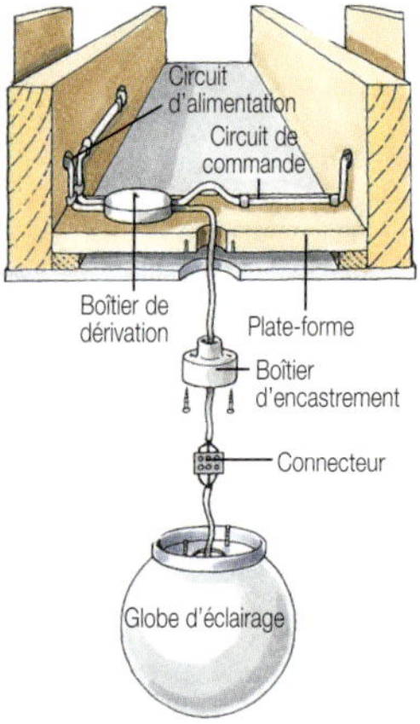

2 Raccordez le câble avec des connecteurs.

Plafonniers sans embase

Les plafonniers les moins chers sont souvent dépourvus d'embase fermée. De ce fait, les raccordements des conducteurs se situent forcément au-dessus d'une source de chaleur importante. Il faut donc les enfermer dans un boîtier de raccordement étanche et incombustible. Un boîtier d'encastrement prévu pour les appareils posés dans une cloison de doublage convient assez bien à cet office **(1)**, pourvu que vous le fixiez de manière qu'il affleure juste le plan du plafond (voir ci-dessus, à gauche) et que les colonnettes de fixation de son couvercle s'adaptent aux points de fixation du support du plafonnier.
Assurez-vous que le plafonnier ne tombe pas en plein milieu d'une poutre. Présentez le boîtier sur l'emplacement choisi et reportez son contour sur le plafond. Découpez le passage comme indiqué pour un spot encastré (voir page ci-contre).
Découpez un support dans une planche de 25 mm d'épaisseur et présentez-la entre deux solives, directement au-dessus du passage, en demandant à un assistant d'y tracer l'emplacement du passage. Percez au milieu de ce contour un trou pour le passage des câbles d'alimentation et de commande. Cet orifice doit correspondre à celui perforé au fond du boîtier d'encastrement. Placez celui-ci et vissez-le sur le support.
Tandis que votre assistant plaque une planche sur l'ouverture découpée dans le plafond, posez le support avec la boîte par-dessus et repérez

VOIR AUSSI Le tableau électrique principal **26-27**

l'emplacement des extrémités du support sur les solives de part et d'autre. Vissez un tasseau sur les solives pour y fixer le support au niveau ainsi repéré.

Les conducteurs du plafonnier sont généralement pris dans un bornier de dominos, ou, de plus en plus souvent, dans des connecteurs **(2)**. Parfois, le conducteur de terre reste libre, pour une fixation sous une des vis de l'embase. Celle-ci doit bien entendu être raccordée au conducteur de protection.

Maintenez la gaine de câblage avec des colliers en plastique plutôt que des cavaliers métalliques. Fixez le plafonnier sur le boîtier d'encastrement, dans les trous prévus pour le couvercle de celui-ci.

Si l'appareil remplace une suspension intégrée dans un circuit en boucle, reroutez les connexions à l'intérieur d'un boîtier de dérivation en plastique incombustible, fixé sur la planche support.

Encastrer un spot

Examinez l'emplacement où vous voulez encastrer le spot et assurez-vous qu'il tombe bien entre deux solives. Au moyen du patron de découpe fourni avec tout spot à encastrer, tracez le contour de la découpe sur le plafond. Percez une série de trous rapprochés tangents à l'intérieur du tracé, avec une mèche de 12 mm, puis finissez la découpe à la scie à guichet.

Raccordez les fils d'alimentation à un boîtier de raccordement, puis reliez le câble d'alimentation du spot.

Si l'appareil se trouve trop loin du circuit d'alimentation, réalisez un circuit de raccordement sous gaine étanche incombustible, avec un boîtier de dérivation intermédiaire.

Fixez le spot dans le plafond en veillant à ce que ses pattes portent bien à plat et que sa base soit alignée dans le plan du plafond.

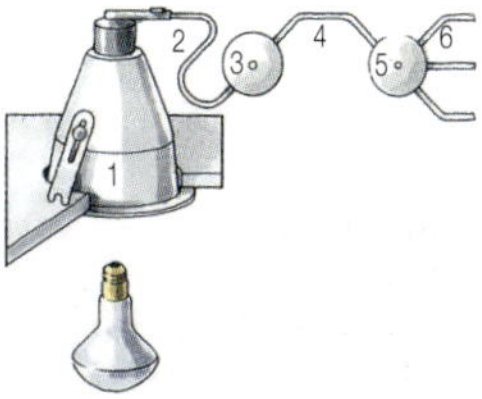

Câblage du spot
1 Spot
2 Câble incombustible
3 Boîtier de raccordement
4 Câble d'alimentation
5 Boîtier de dérivation
6 Circuits d'alimentation et de commande

Poser un rail d'éclairage

Tout rail d'éclairage est fourni avec les moyens de le fixer au plafond ou au mur. Implantez-le de manière que l'extrémité qui abrite le bornier de raccordement se trouve le plus près de l'arrivée d'alimentation. Glissez les conducteurs d'alimentation dans le passe-câble et raccordez au bornier ou aux connecteurs de l'appareil.

Dans le cas d'un circuit en boucle, reprenez les liaisons dans un boîtier de dérivation.

Veillez à ce que la puissance absorbée par cet appareil n'outrepasse pas les capacités maximales du circuit.

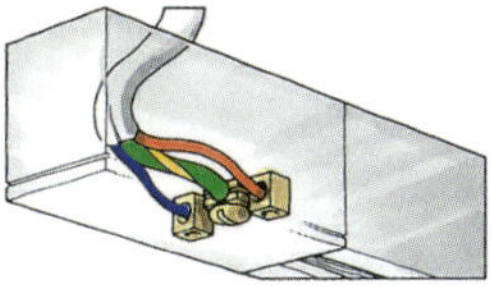

Câblage d'un rail d'éclairage

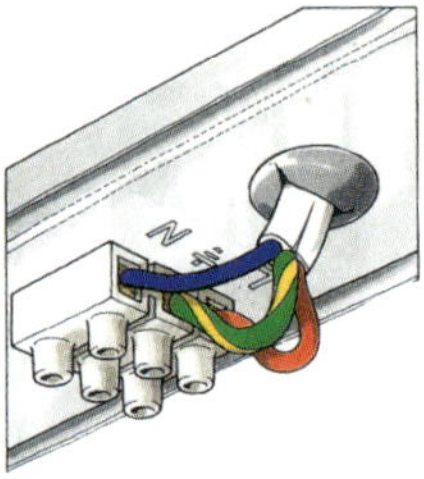

Câblage du support d'un tube fluorescent
Un bornier à dominos permet de raccorder le circuit d'alimentation au ballast du tube.

Tubes fluorescents

Compte tenu de son efficacité lumineuse, un tube fluorescent peut remplacer un appareil d'éclairage à incandescence d'une puissance supérieure d'environ 50 %.

Les supports des tubes comportent à une extrémité un bornier de raccordement à trois plots. Toutes les autres connexions – en particulier pour un circuit bouclé – doivent être conduites dans un boîtier de dérivation.
De plus, ces appareils doivent impérativement être raccordés à la terre. Si vous posez un tube à la place d'une installation ancienne qui ne comporte pas de conducteur de protection, vous devez donc absolument en ajouter un, relié à la barrette de terre principale du tableau de répartition.

Réglette fluorescente sous étagère
Le faible dégagement de chaleur d'un tube de puissance modérée (jusqu'à 60 W) permet de le placer sans problème sous une étagère ou un meuble mural. Vous pouvez associer deux petites réglettes en parallèle, la seconde étant câblée sur le bornier de la première. Commandez cet éclairage au moyen d'un interrupteur, à l'exclusion d'un variateur.

L'interrupteur est l'appareil de commande le plus employé pour l'éclairage. Il peut être complètement encastré au ras de la face du mur ou monté sur un boîtier en applique, ou encore intégré dans une goulotte. Les blocs de commutation peuvent comporter deux ou trois interrupteurs, certains en combinant jusqu'à six.

Les appareils à basculeur sont les plus utilisés, mais on trouve également des interrupteurs à effleurement ou à télécommande infrarouge. Un interrupteur à deux plots permet de commander un ou plusieurs appareils d'éclairage depuis un point. Les interrupteurs à trois plots sont montés en combinaison pour commander en va-et-vient le ou les appareils d'éclairage depuis deux ou trois points.
Les variateurs servent pour commander de manière progressive l'intensité lumineuse d'un appareil d'éclairage à incandescence ou halogène.
On peut également commander l'éclairage au moyen d'un télérupteur, relais bistable commandé à partir d'un bouton poussoir à rappel en position ouverte.
Ces appareils comportent une platine, sous laquelle le dispositif de coupure est fixé, qui ferme un boîtier. Les dimensions courantes des boîtiers sont 35 x 75 mm pour les appareils simples rectangulaires, 35 x 126 mm pour les appareils rectangulaires doubles et 60 x 60 mm pour les interrupteurs et variateurs carrés.
La plupart des appareils à encastrer sont constitués d'une simple platine à fixer sur un boîtier d'encastrement adapté, généralement au moyen de pattes fourchues qui s'écartent lorsqu'on serre deux vis.

VOIR AUSSI Volumes de la salle de bains **16-17**, Le tableau électrique principal **26-27**

Règles de montage

Les appareils de commande d'éclairage doivent toujours être placés hors d'atteinte d'une personne touchant l'eau : dans le volume 3 d'une salle de bains et à plus de 1 m d'un robinet dans la cuisine.

L'interrupteur se place de manière standard à 1,20 m du sol, mais peut être abaissé à 1 m dans une chambre d'enfants et jusqu'à 0,80 m pour un logement où habite une personne à mobilité réduite sur fauteuil roulant.

Interrupteur bipolaire

Cet appareil qui coupe la phase et le neutre en même temps ne s'utilise que pour commander un équipement tel qu'un ventilateur ou un radiateur.

Choix des commutateurs

Il existe une multitude d'appareils, certains de style moderne, d'autres décorés d'ornements colorés ou dorés et adaptés à un environnement de style. Les interrupteurs à couvercle métallique vissé sont formellement prohibés, de même que ceux dotés d'un socle céramique.

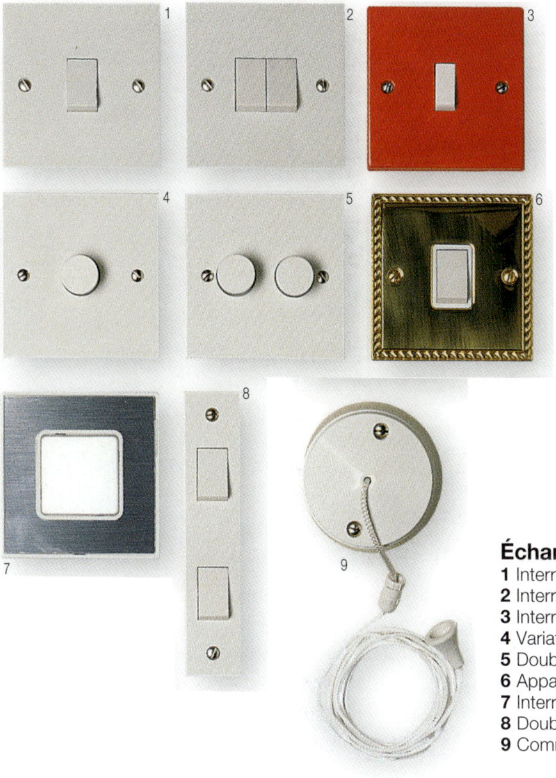

Échantillonnage de commutateurs

1 Interrupteur à bascule simple
2 Interrupteur à bascule double
3 Interrupteur de couleur
4 Variateur simple
5 Double variateur
6 Appareil décoré à l'antique
7 Interrupteur à effleurement
8 Double interrupteur de chambranle
9 Commutateur plafonnier à tirette

VOIR AUSSI Routage des circuits **40-41**

Remplacer les interrupteurs

Commandes sans fil
Il est possible de commander les appareils à partir de commutateurs n'ayant plus de liaison filaire avec ceux-ci. Les ordres d'allumage et d'extinction, ou même de variation, sont envoyés, soit par faisceau infrarouge, soit par radio, soit par courant porteur. La télécommande offre une solution pratique en cas de rénovation d'une installation à circuits encastrés quand on veut en même temps déplacer les points d'éclairage.

Il suffit de veiller à bien connecter chaque conducteur à la même borne pour remplacer un interrupteur par un autre fonctionnant de la même façon. Cette facilité n'exclut en aucun cas les précautions de sécurité classiques : coupez le courant avant de commencer. À moins que vous ne préfériez tout remplacer, choisissez de préférence un appareil qui se monte sur le boîtier de l'ancien, en utilisant les mêmes vis (vous êtes certain qu'elles iront parfaitement).
Le travail s'avère plus conséquent si vous voulez remplacer un appareil monté en applique par un interrupteur encastré. Tracez le contour du boîtier et creusez l'emplacement, en veillant à ne pas endommager les conducteurs. Selon la nature de la maçonnerie, vous pouvez être amené à sceller au fond de l'ouverture une planchette pour y fixer le boîtier.

Remplacer un interrupteur simple

L'interrupteur standard ne comporte que deux plots de raccordement. Quand il est connecté avec un circuit trifilaire, le conducteur de protection se raccorde à une borne du boîtier. Le fil de phase rouge, venant du tableau de distribution, est câblé sur une borne, et l'autre borne reçoit le conducteur de phase coupée, brun ou noir **(1)**.
Par convention, on raccorde habituellement le fil rouge sur la borne du haut, mais cela n'a rien d'impératif. Le marquage « haut » (parfois synthétise par une flèche) porté au dos de la platine de certains appareils ne constitue qu'une indication pour le sens de montage. Il est d'usage également de câbler l'interrupteur avec le bouton basculé vers le haut quand l'éclairage est allumé, de manière à repérer facilement une ampoule grillée.
Il arrive qu'on trouve un interrupteur inverseur à trois plots, donc prévu pour commander un va-et-vient, câblé en commande simple **(2)**. Cette configuration n'a rien de dangereux, pourvu que le conducteur rouge de phase soit raccordé à la borne « C » (commun) et le fil marron ou noir à la borne « 2 » **(2)**.

Remplacer un interrupteur inverseur

Chacun des trois plots des inverseurs qui commandent un éclairage en va-et-vient est raccordé à au moins un conducteur. Vous pouvez remplacer ce type de commutateur sans pour autant connaître le fonctionnement du va-et-vient, simplement en notant avec soin la position des fils sur l'appareil à remplacer et en la reproduisant à l'identique sur le nouvel interrupteur.

VOIR AUSSI Le tableau électrique principal **26-27**, Conduits en plastique **39**, Prises encastrées **52-53**

Vous pouvez aussi débrancher un seul des conducteurs de l'ancien appareil et le raccorder au nouveau, puis un deuxième, et enfin le troisième, en conservant toujours la même configuration sur les bornes.

Interrupteurs doubles

Les deux interrupteurs regroupés dans une même platine peuvent très bien être câblés différemment, par exemple l'un en interrupteur simple et l'autre en inverseur de va-et-vient **(3)**. Si vous remplacez un appareil de ce type, transférez le câblage d'un des interrupteurs, puis celui de l'autre ; vous ne risquez plus ainsi de mélanger les raccordements des deux commutateurs.

Remplacer un interrupteur par un variateur

Le raccordement d'un variateur – quel que soit son mode de commande, linéaire ou rotatif – est le même que celui d'un interrupteur simple **(4)**. Vous ne pouvez pas utiliser ce type d'appareil avec un va-et-vient, ni pour commander un tube fluorescent. Quand le circuit comprend un fil de terre vert/jaune, raccordez celui-ci à la borne de masse de la platine **(4)**.

Câblage des commutateurs

Qu'il s'agisse de remplacer un commutateur hors d'usage ou de remplacer un appareil par un autre plus moderne ou plus pratique, les opérations sont à la portée de tout amateur. Nous présentons ici les quatre configurations courantes d'interrupteurs monopolaires.

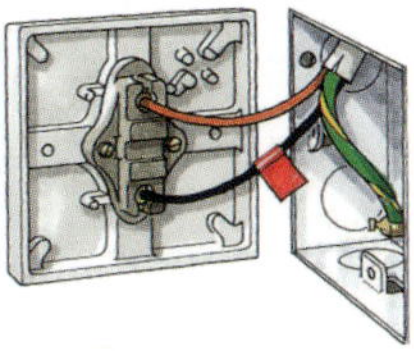

1 Interrupteur à bascule simple

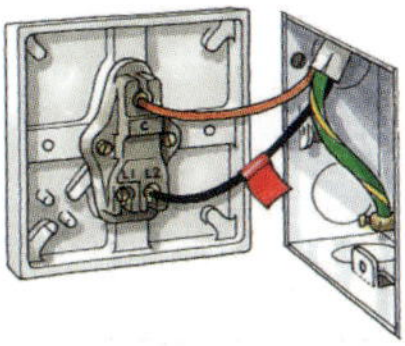

2 Commutateur de va-et-vient câblé en fonction interrupteur

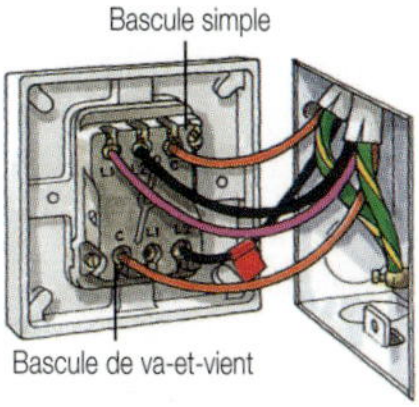

3 Interrupteur double câblé en commande simple et en va-et-vient

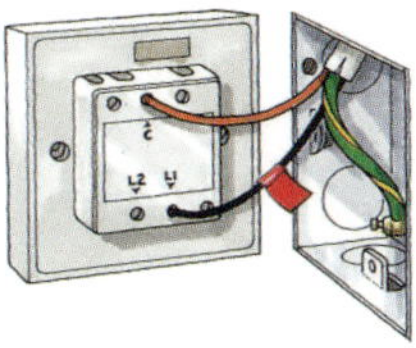

4 Variateur standard

VOIR AUSSI Interrupteurs et variateurs **96-97**, Va-et-vient, cage d'escalier **102-103**

Ajouter commutateurs et circuits

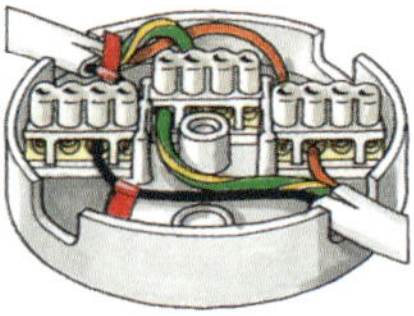

1 Raccord des circuits dans une boîte à bornes

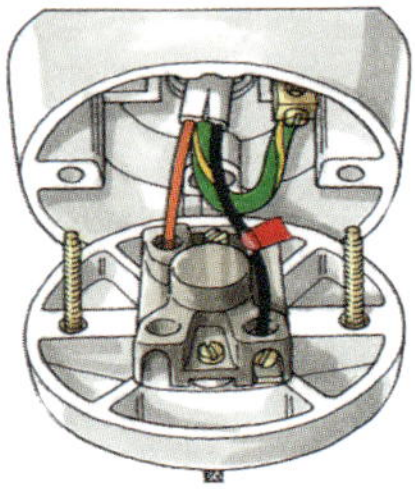

2 Câblage d'un commutateur plafonnier à tirette

Une modification importante ou une extension des circuits d'éclairage implique le reroutage des circuits, voire la création d'un nouveau circuit depuis le tableau de répartition.

Remplacer un interrupteur par un commutateur à tirette

Dans une salle de bains, où tout appareil électrique ne peut être situé que hors du volume 0, vous pouvez placer un interrupteur plafonnier à tirette à une distance minimum de 0,60 m du bord de la baignoire ou de la cabine de douche.

Coupez l'alimentation au disjoncteur principal avant de déposer l'interrupteur existant. Vous pouvez récupérer les conducteurs d'un circuit sous baguettes ou plinthes, à condition qu'ils soient suffisamment longs pour le nouveau cheminement au plafond. S'il faut rallonger le circuit, effectuez le raccordement à l'intérieur d'une boîte étanche placée en haut du mur, là où part la baguette allant jusqu'au commutateur à tirette **(1)**. Utilisez le même type de raccordement pour prolonger sur le plafond un circuit encastré, à moins que vous ne puissiez faire passer les conducteurs allant jusqu'au commutateur sous gaine dans le plafond (assez facile avec un plafond suspendu).

Placez le commutateur à un emplacement qui, outre le respect de la règle de sécurité par rapport à l'appareil de bains, permette de le fixer solidement, par exemple en le vissant sous une poutre.

Crevez l'orifice du boîtier de l'embase du commutateur à l'emplacement correspondant à l'arrivée du câblage. Raccordez les conducteurs, en n'omettant surtout pas le fil vert/jaune de protection relié à la borne de masse du couvercle **(2)**. Vous pouvez ensuite fixer l'embase, puis la fermer avec son couvercle avant de remettre le courant.

Extension d'un circuit lumière

Coupez le courant au disjoncteur d'abonne. Examinez le circuit que vous voulez étendre : si les conducteurs venant du tableau de répartition n'ont pas une section d'au moins 1,5 mm^2, il faut les remplacer. Changez aussi si nécessaire le calibre de l'appareil de protection si l'extension augmente de manière très substantielle l'ampérage maximal véhiculé par le circuit.

Guidez-vous sur le routage du circuit existant pour définir l'implantation des nouveaux appareils, afin que les travaux soient le plus réduits possible. Tracez leur emplacement et posez en conséquence les canalisations d'extension du circuit, ainsi que le boîtier de dérivation où le nouveau circuit se raccordera à l'existant.

VOIR AUSSI Le tableau électrique principal **26-27**, Routage des circuits **40-41**, Raccordement par boîte de dérivation **57**

Si le nouvel appareillage doit être commandé en même temps qu'un autre – en particulier en va-et-vient –, vous pouvez vous contenter de router un circuit en parallèle sur l'appareil existant, en respectant bien la continuité des conducteurs de phase **(1)**.
Passez les conducteurs jusqu'au nouvel appareil d'éclairage, et éventuellement jusqu'au commutateur ajouté, et repérez la phase vive et la phase coupée **(1)**.
Si le circuit existant comprend un conducteur de protection vert/jaune, raccordez celui-ci aux éléments métalliques des nouveaux appareils.
Si le circuit suit un cheminement compliqué, avec plusieurs interrupteurs et points d'éclairage, mieux vaut retracer son schéma après avoir repéré chaque conducteur au moyen d'une sonnette d'électricien ou d'un contrôleur universel.
Vous pouvez également utiliser l'embase d'un plafonnier comme boîtier de raccordement entre le nouveau point d'éclairage et son commutateur, à condition que son bornier ne soit pas saturé et que la canalisation qui la relie au commutateur permette d'ajouter deux conducteurs **(2)**. Dans ce cas, vous pouvez remplacer le commutateur existant par un interrupteur double.
Veillez bien à ce que le conducteur rouge ne soit utilisé que pour la phase vive, constamment sous tension. Si vous travaillez sur une installation ayant plus de dix ans, cette condition peut n'être pas remplie. Mieux vaut alors refaire le circuit. Si cette opération s'avère trop fastidieuse, vous pouvez vous contenter de repérer le conducteur de phase vive au moyen d'un morceau de ruban adhésif rouge, à chaque extrémité près d'une connexion **(1)**. De même, si le neutre n'est pas un conducteur bleu (il est parfois noir dans les vieilles installations), marquez-le d'un morceau d'adhésif bleu clair.
Testez l'ensemble du circuit ainsi modifié, à la sonnette ou au contrôleur, avant de remettre le courant.

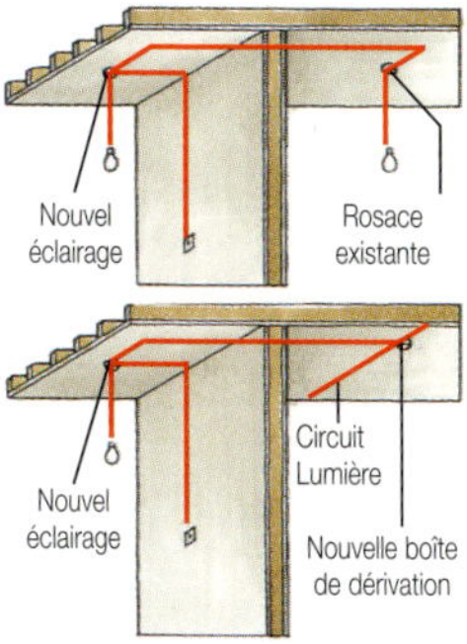

Nouveau circuit
Vous pouvez tirer un circuit depuis l'embase d'une suspension ou à partir d'un boîtier de dérivation inséré en coupure d'un circuit lumière existant.

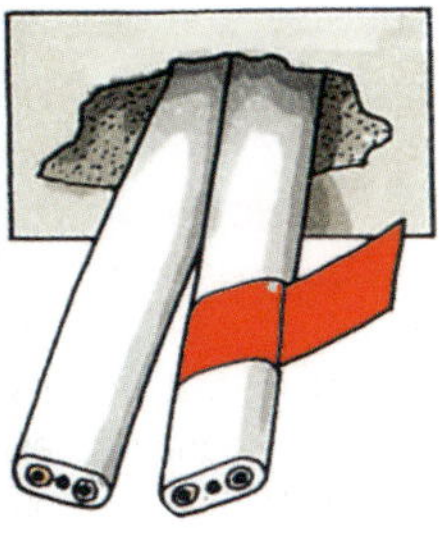

1 Fils de phase identifiés

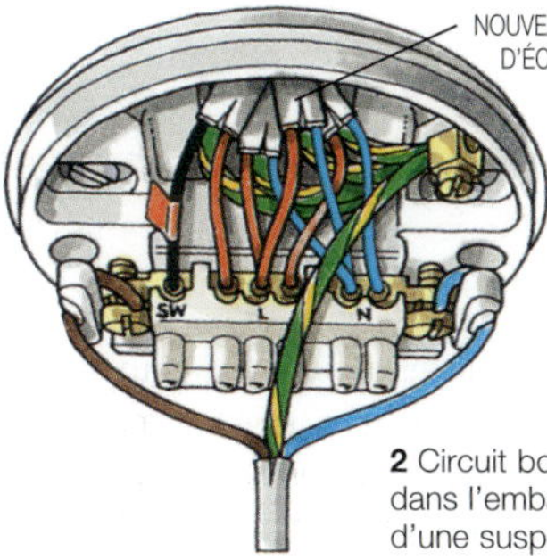

2 Circuit bouclé dans l'embase d'une suspension

VOIR AUSSI Circuits d'éclairage **88-89**, Remplacer les interrupteurs **98-99**

Câblages des commutateurs

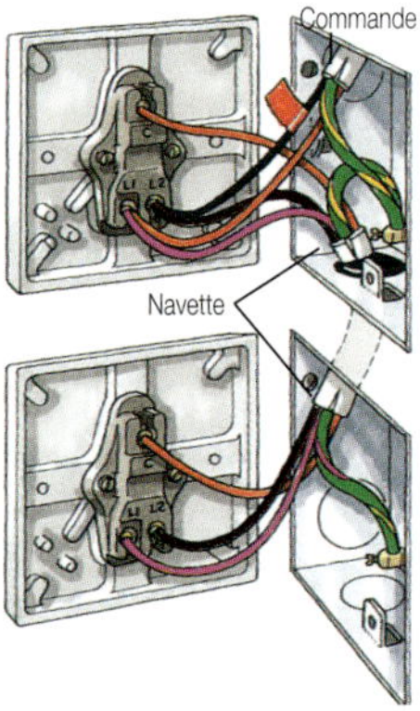

1 Câblage des inverseurs d'un va-et-vient

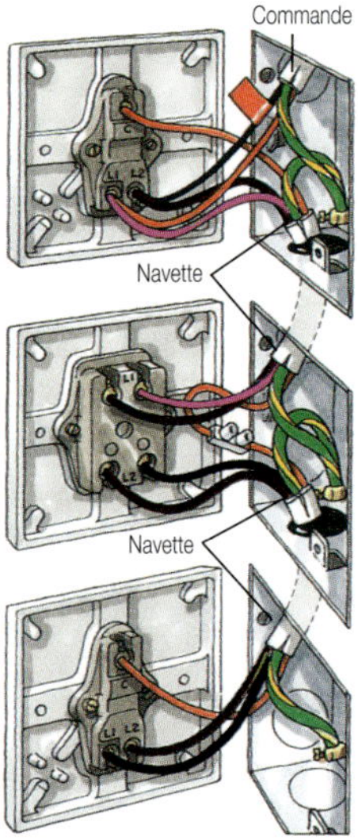

2 Câblage des inverseurs d'un circuit de cage d'escalier

Créer un va-et-vient

Les situations dans lesquelles il est plus confortable de pouvoir commander un ou plusieurs points d'éclairage sont nombreuses : dans un grand hall d'entrée ou un couloir, par exemple. L'éclairage du palier d'un escalier constitue un cas typique où il est nécessaire de pouvoir allumer et éteindre à volonté depuis le bas comme depuis le haut de l'escalier.

Par rapport à une commande simple, le va-et-vient ne demande qu'un peu plus d'attention ; si vous n'êtes pas sûr de vous, tracez un schéma du circuit en traits reprenant les couleurs normalisées des conducteurs et servez-vous-en de guide au fur et à mesure de l'installation.

Fixez d'abord l'embase de l'appareil d'éclairage et les deux inverseurs de commande, puis les canalisations réunissant ces appareils. Laissez l'arrivée de courant en l'air – vous ne la raccorderez au tableau de répartition que lorsque toute l'installation sera terminée et testée.

Depuis l'inverseur le plus proche de l'alimentation, tirez deux conducteurs de navette (marrons ou noirs) jusqu'à l'autre inverseur et raccordez-les respectivement aux bornes « 1 » (en général au centre) et « 2 » (en général la plus proche de la précédente) **(1)**.

Connectez le fil rouge de phase venant du tableau d'abonné – mais pas encore raccordé à ce dernier – sur la borne « C » (en général isolée des deux autres) du premier inverseur. Sur la borne « C » de l'autre inverseur, connectez un conducteur de liaison (noir ou marron) raccordé à son autre extrémité à l'un des plots de l'appareil d'éclairage. Raccordez sur l'autre plot de cet appareil le conducteur de phase (bleu) venant du tableau d'abonné (pas encore raccordé sur ce tableau). S'il y a un conducteur de protection, raccordez-le aux bornes de masse des éléments métalliques **(1)**.

Testez votre nouveau circuit, puis coupez le courant et raccordez les fils de phase et de neutre au tableau d'abonné, soit directement, soit au niveau d'un boîtier de dérivation.

Commande de cage d'escalier à trois points

Pour commander un point d'éclairage depuis trois endroits différents, on ajoute un commutateur au va-et-vient classique. Ce troisième appareil, qui coupe le circuit navette reliant les deux autres, présente la particularité d'avoir deux bornes « 1 » et deux bornes « 2 ».

Dans le boîtier du troisième commutateur, raccordez entre eux les deux fils venant des bornes « C » des deux autres inverseurs **(2)** – qui sont

VOIR AUSSI Raccordement par boîte de dérivation **57**, Circuits d'éclairage **88-89** d'une couleur différente de ceux de la navette – et raccordez les deux autres conducteurs de la navette aux bornes « 1 » et « 2 » correspondantes des mêmes bornes des deux autres inverseurs **(2)**. Testez le circuit en actionnant les trois inverseurs dans toutes les combinaisons, puis raccordez la phase vive (rouge) et le neutre (bleu) à l'alimentation dans un boîtier de raccordement.

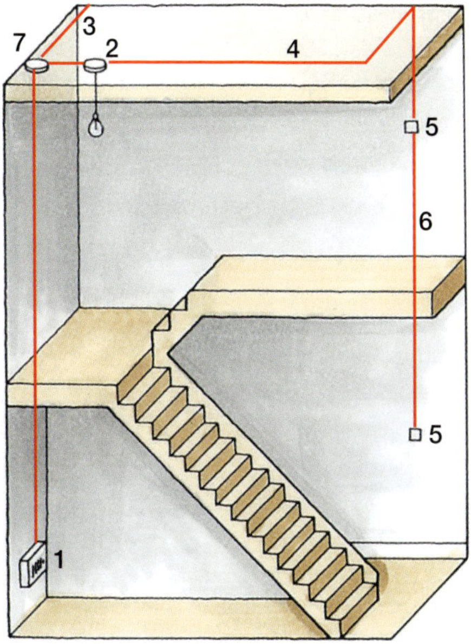

Circuit va-et-vient
1 Tableau de répartition
2 Embase de suspension
3 Circuit lumière
4 Circuit de commande
5 Inverseur
6 Navette
7 Boîtier de raccordement

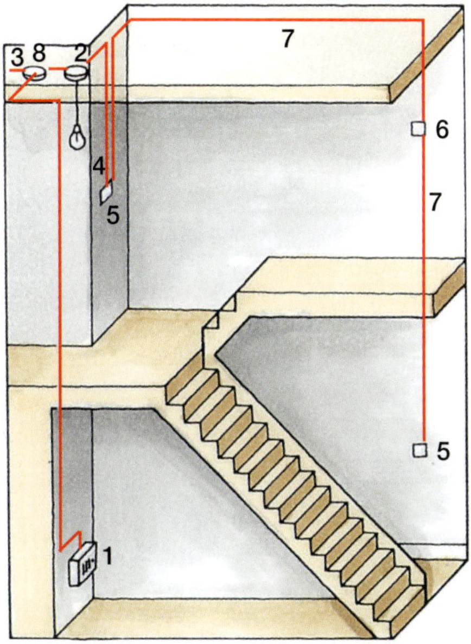

Circuit cage d'escalier
1 Tableau de répartition
2 Embase de suspension
3 Circuit lumière
4 Circuit de commande
5 Inverseur
6 Inverseur intermédiaire
7 Navette
8 Boîtier de raccordement

VOIR AUSSI Ajouter commutateurs et circuits **100-101**,
Rénovation des circuits **126-127**

Poser des appliques murales

En principe, les connexions d'une applique se logent dans son embase. Quand ce n'est pas le cas, vous devez monter l'appareil sur un boîtier d'encastrement à l'intérieur duquel vous pouvez effectuer les raccordements sur un bornier ou au moyen de connecteurs. La forme de ce boîtier dépend de celle de l'applique ; selon les cas, vous pouvez utiliser un boîtier circulaire ou celui d'un interrupteur double, placé verticalement.

Pensez à la chaleur dégagée par la lampe : si l'applique est équipée d'une ampoule à incandescence ou halogène, laissez un espace d'au moins 30 cm entre le haut de l'applique et le plafond.

Câblages et connexions

Raccordez le circuit des appliques au circuit électrique alimentant la pièce, tout simplement avec un boîtier de dérivation. Commencez par implanter les points d'éclairage et le commutateur qui les commande (ou les commutateurs si vous installez un va-et-vient).

Coupez l'alimentation électrique et câblez d'abord la liaison entre le boîtier de dérivation et le ou les interrupteurs, en conducteurs de 1,5 mm^2. Câblez ensuite les liaisons entre le boîtier et les appliques, avec des conducteurs de même section, en respectant bien le code des couleurs **(1)**.

Connectez les appliques en parallèle, à partir de la plus proche du boîtier de dérivation jusqu'à la dernière, sur laquelle ne doivent arriver que deux fils.

Vous pouvez profiter de ce travail pour ajouter un ou deux éclairages de tableau ou de sous-verre. Raccordez-les directement en parallèle aux bornes de l'applique la plus proche. Si vous voulez qu'ils puissent rester allumés quand l'éclairage de la pièce est éteint, câblez-les depuis le boîtier de dérivation.

Testez le circuit avant de remettre le courant au disjoncteur principal.

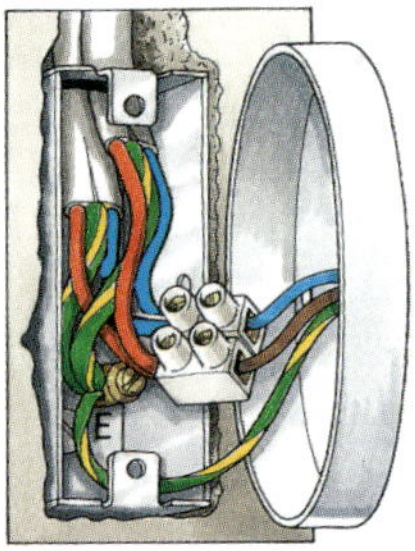

1 Câblage typique d'une applique

VOIR AUSSI Le tableau électrique principal **26-27**, Routage des circuits **40-41**, Prises encastrées **52-53**

Poser des appliques murales

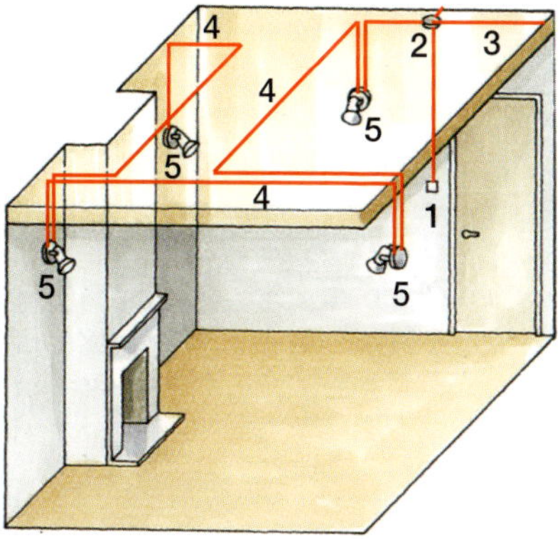

Circuit d'éclairage en appliques
Le détail du circuit est décrit page ci-contre.
1 Interrupteur
2 Boîtier de dérivation
3 Circuit lumière existant
4 Alimentation des appliques
5 Applique

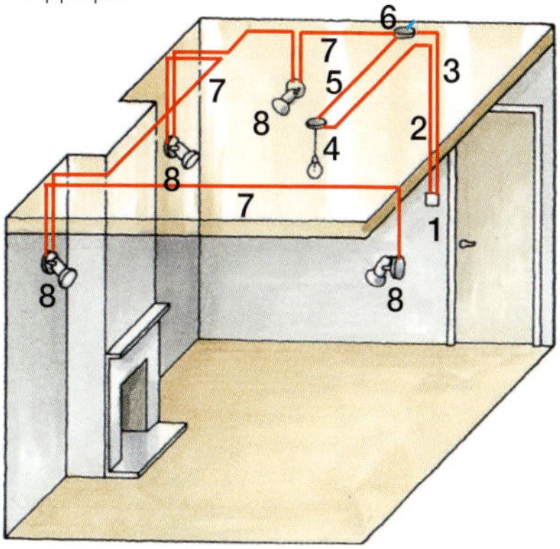

Plafonniers et appliques
Vous pouvez conserver le plafonnier ou la suspension en remplaçant l'interrupteur simple par un double et en raccordant le circuit existant à l'un des interrupteurs, l'autre commandant le circuit des appliques.
1 Interrupteur double
2 Circuit de commande existant
3 Nouveau circuit de commande
4 Suspension
5 Circuit lumière
6 Boîtier de dérivation
7 Alimentation des appliques
8 Applique

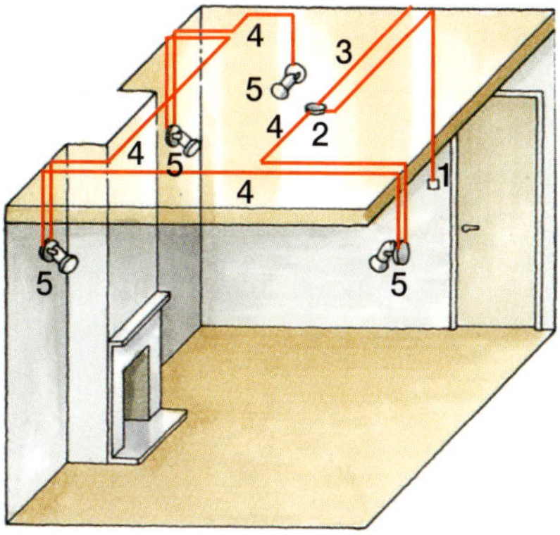

Remplacer un éclairage au plafond
Vous pouvez supprimer les points d'éclairage au plafond et les remplacer par des appliques alimentées par le câblage existant.
1 Circuit et interrupteur existants
2 Boîtier de dérivation à la place de la rosace
3 Circuit lumière existant
4 Circuit d'alimentation en conducteurs 1,5 mm²
5 Applique

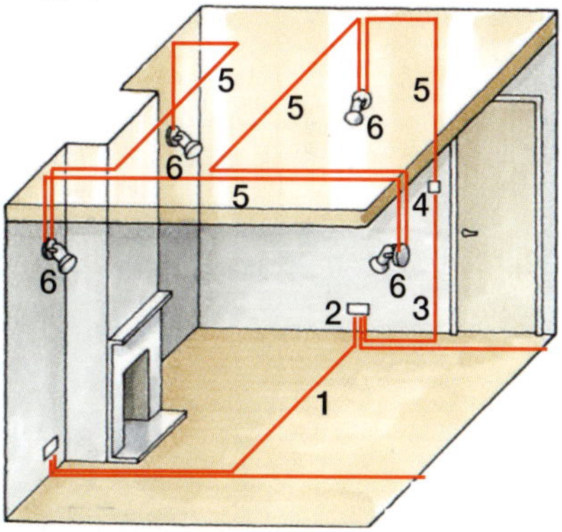

Bretelle de raccordement
Vous pouvez raccorder un nouveau circuit d'éclairage à un circuit lumière ou à un circuit prises existant, sous réserve qu'il soit suffisamment calibré, par l'intermédiaire d'un coffret d'extension.
1 Circuit lumière
2 Socle de prise
3 Bretelle
4 Coffret d'extension
5 Circuit d'alimentation en conducteurs 1,5 mm²
6 Applique

VOIR AUSSI Circuits d'éclairage **88-89**, Remplacer les interrupteurs **98-99**

Éclairage TBTS

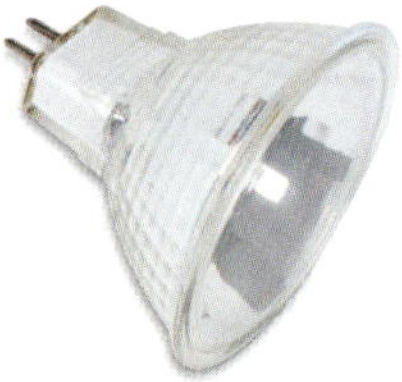

Ampoules halogènes
La brillance du flux lumineux émis par les ampoules halogènes et leur température de couleur les rendent très attractives pour des éclairages d'ambiance autant que pour des éclairages ponctuels. En TBTS, il existe trois formes d'ampoules : le spot à culot à fiches (G 635), la flamme à culot à vis (E14) et la miniature basse pression sans réflecteur à culot G 635.

Les éclairages halogènes ont été développés pour l'éclairage commercial, à cause de l'ambiance dynamique de leur lumière qui donne une bonne restitution des couleurs et de leur compacité qui permet de les implanter de manière discrète.
Les qualités de l'éclairage halogène ont d'abord été exploitées pour l'éclairage domestique 230 V. Mais on s'est vite rendu compte que cette technique offrait le meilleur moyen d'avoir un éclairage puissant avec une alimentation de sécurité sous 12 V.

Montage des lampes TBTS

L'alimentation sous 12 V est classée TBTS (très basse tension de sécurité), ce qui permet de l'implanter en salle de bains, hormis en volume 0, et plus généralement partout ou règne une ambiance humide. Les spots les plus utilisés comportent un réflecteur dichroïque qui combine un faisceau très puissant et riche en ultraviolets au milieu d'un éclairage plus diffus à la lumière très chaude.
Le plus souvent, les lampes halogènes sont montées en groupes sur des supports qui permettent d'orienter chacune pour organiser le flux lumineux d'ambiance. Ces supports sont souvent des rails sur lesquels se fixent des spots, ou des goulottes où s'intègrent de place en place des ampoules miniatures. Le transformateur 230/12 V peut être séparé ou intégré dans le support.

VOIR AUSSI Volumes de la salle de bains **16-17**

Réalisation du circuit

Le transformateur est alimenté en 230 V, souvent par dérivation sur le circuit lumière de la pièce concernée (voir page suivante), à l'intérieurd'un boîtier de dérivation. Respectez bien les contraintes d'installation pour conserver la haute sécurité assurée par ce type d'éclairage.

Section et longueur des câblages

Le circuit TBTS ne doit être mis à la terre en aucun point, et son isolement doit être le double de celui des circuits sous 230 V. Le cheminement des deux types de circuits dans une même canalisation est interdit. La faible tension nominale impose de limiter la chute de tension à 0,6 V maximum. Pour cela, un conducteur d'alimentation de 100 VA ne doit pas dépasser une longueur de 2,40 m.

Le transformateur 230/12 V

La puissance du transformateur doit être au moins égale à la somme des puissances des ampoules qu'il alimente, sans jamais dépasser de plus de 30 % cette somme sous peine de réduire la durée de vie des ampoules. Pour cette raison, il faut remplacer sans délai une ampoule grillée dans un ensemble qui en combine plusieurs. Cet appareil est obligatoirement protégé en interne contre les courts-circuits et doté d'une double isolation (classe II). De plus, s'il est intégré dans l'appareil d'éclairage, le transformateur est protégé contre les courts-circuits au secondaire par un dispositif incorporé coupant le courant en moins de 5 secondes.

Les transformateurs électroniques, – généralement intégrés dans le support des lampes – s'utilisent jusqu'à une puissance de 60 VA maximum, alors que les transformateurs ballast peuvent aller jusqu'à 100 VA. On trouve aussi des variateurs à transformateur torique, peu appréciés car ils émettent toujours un bourdonnement désagréable quand ils fonctionnent à niveau réduit.

Règles d'implantation

Dans une salle d'eau, le transformateur ne peut être installé qu'en volumes 2 et 3.

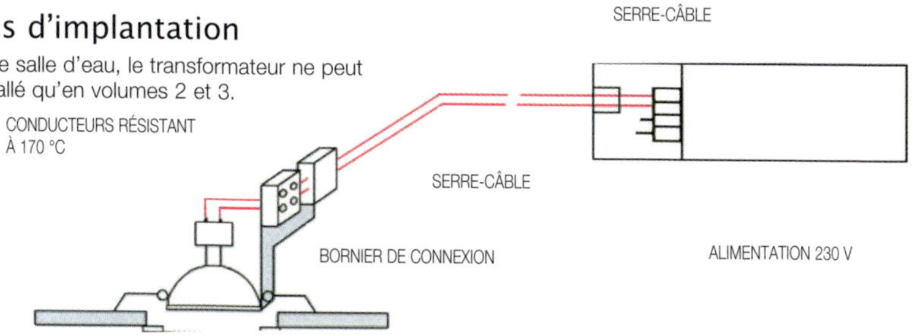

VOIR AUSSI Conduits en plastique **39**

Câblage du circuit

Nous décrivons ici une installation comportant deux ampoules de même puissance alimentées par un transformateur séparé. Celui-ci doit rester facilement accessible : vous ne pouvez donc l'installer dans un plafond que s'il est constitué de dalles amovibles.

Embases à lampes multiples
La plupart des appareils d'éclairage à spots halogènes combinent plusieurs ampoules. Tenez bien compte de la puissance totale des ampoules pour déterminer la section des conducteurs alimentant l'ensemble.

Connexion des appareils

Si les spots sont encastrés dans un plafond ou sous un meuble mural, respectez un volume pour l'aération et l'évacuation de la chaleur **(1)**.

Placez le transformateur au plus près des lampes, sous réserve du respect des critères d'implantation. Si la longueur du circuit 12 V est limitée (voir page précédente), il n'y a pas de limite pour l'alimentation du transformateur en 230 V. Vous pouvez d'ailleurs l'alimenter en dérivation sur le circuit d'éclairage, depuis l'embase d'une suspension ou un boîtier de dérivation inséré dans le circuit lumière de la pièce. Le circuit d'alimentation du transformateur doit être constitué de trois conducteurs de 1,5 mm² (phase, neutre et terre).

Coupez le courant avant de sectionner le circuit à l'emplacement où vous avez placé le boîtier de dérivation. Dans celui-ci, raccordez d'abord le circuit alimentant l'éclairage, que vous avez coupé, puis le circuit d'alimentation du transformateur **(2)**. Connectez l'autre extrémité de ce circuit aux bornes d'entrée 230 V du transformateur **(3)**.

Si le transformateur comporte une borne de terre, reliez celle-ci au conducteur de protection dans le boîtier de dérivation. Raccordez les bornes de sortie du transformateur **(4)** aux culots des ampoules **(5)**, au moyen de conducteurs placés dans une gaine incombustible d'indice thermique 90. Faites cheminer le câblage 12 V le plus longtemps possible bien à l'écart des ampoules pour le protéger de la chaleur.

Raccordez le circuit de commande à un interrupteur **(6)** et testez la continuité des circuits avant de remettre le courant.

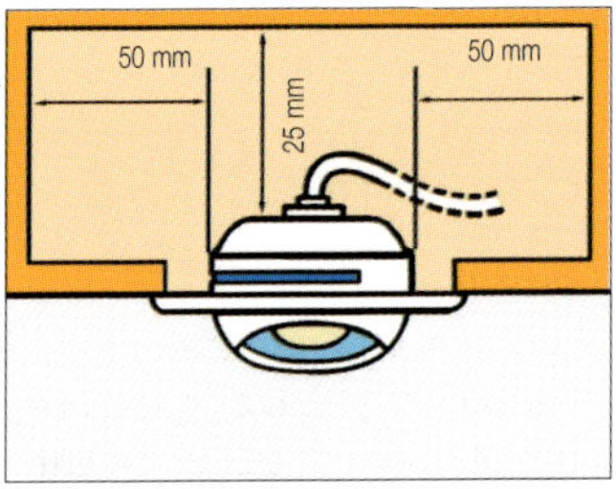

1 Volume minimum autour d'un spot halogène

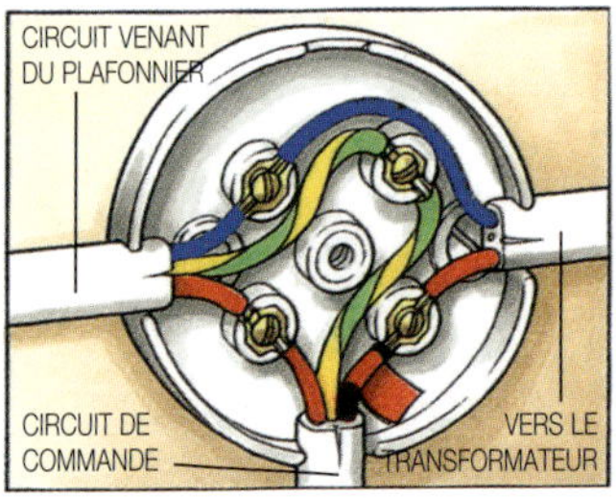

2 Raccordez les circuits dans le boîtier de dérivation.

VOIR AUSSI Le tableau électrique principal **26-27**, Routage des circuits **40-41**

3 Raccordez la phase et le neutre à l'entrée 230 V.

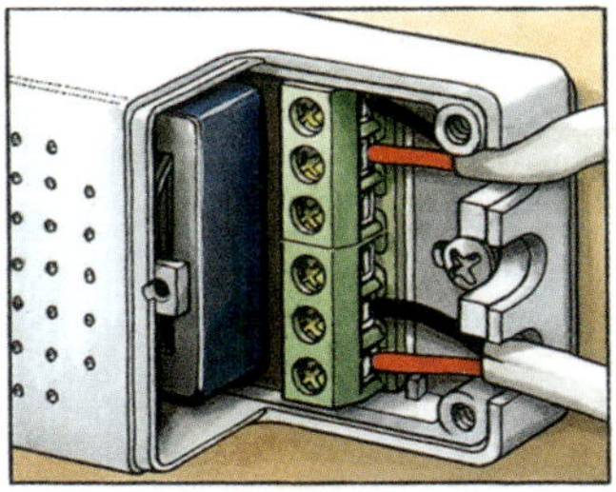

4 Raccordez les sorties phase et neutre 12 V.

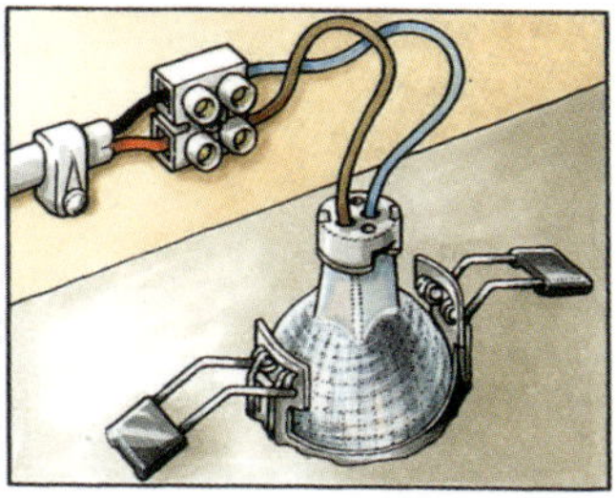

5 Raccordez le circuit 12 V à chaque lampe.

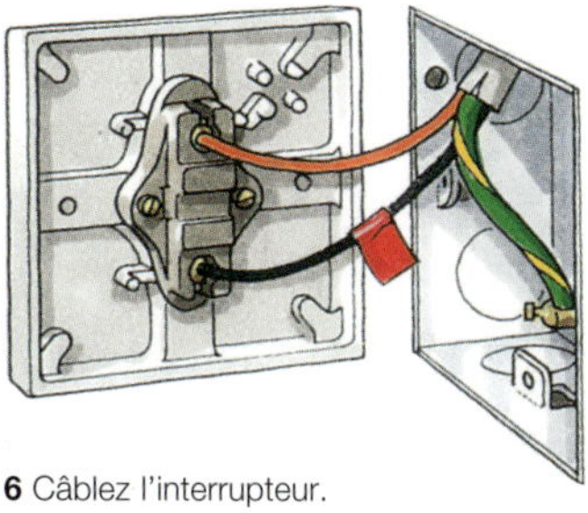

6 Câblez l'interrupteur.

Connexion à l'arrivée 230 V

Après avoir coupé le courant au disjoncteur principal, raccordez les trois fils du circuit alimentant le transformateur au bornier de l'embase de la suspension **(7)**.

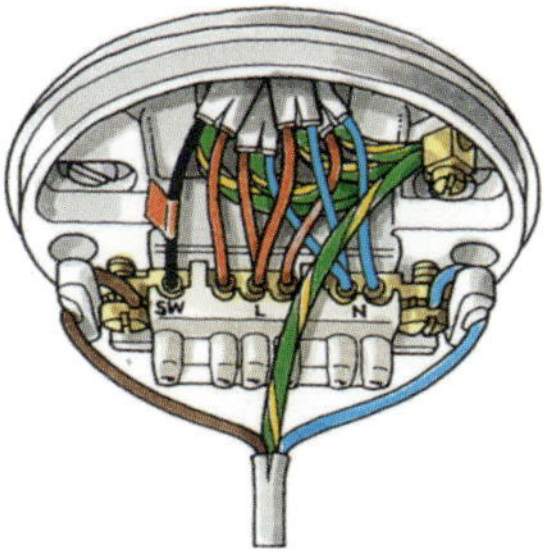

7 Coupez le courant et raccordez l'entrée 230 V.

Halogène 230 V

Les appareils d'éclairage halogène en 230 V offrent un plus large choix de lampes, avec même maintenant une ampoule flamme torsadée (25 ou 40 W). Lors de leur installation, n'oubliez pas de tenir compte de l'importante chaleur qu'elles dégagent, notamment en écartant de leur proximité tout élément combustible et tout conducteur électrique.

L'intérêt de l'éclairage halogène 230 V réside dans la simplicité de son installation, puisqu'il n'y a pas de transformateur. En fait, certaines lampes halogènes travaillent sous 12 V mais le transformateur est intégré dans leur culot. Les ampoules dotées d'un culot classique à vis ou à baïonnette (qui vont jusqu'à 150 W) peuvent remplacer les ampoules à incandescence, qu'elles surpassent largement en qualité d'éclairage. Les ampoules crayons sont réservées aux lampadaires et aux projecteurs, avec une puissance qui peut atteindre 1 500 W, intéressante pour l'éclairage extérieur.

VOIR AUSSI Raccordement par boîte de dérivation **57**

Installations à l'extérieur

Il existe de multiples raisons pour prolonger l'installation électrique hors de la maison. En premier lieu et par-dessus tout, pour une utilisation plus sûre des outils électriques de bricolage et de jardinage, au lieu d'abouter une série de rallonges.
Au garage et à l'atelier, il est également plus pratique et meilleur au plan de la sécurité de disposer d'un bon éclairage et de prises de courant bien dimensionnées pour l'emploi de l'outillage électroportatif.
Enfin, des éclairages judicieusement disposés ou encore des fontaines et jets d'eau alimentés par des pompes électriques, donnent à un jardin un charme incomparable, que l'on appréciera autour d'un barbecue ou en prenant un verre entre amis sous les ombrages.

Éclairer l'entrée

Outre qu'il assure à vos visiteurs un accueil plus agréable, l'éclairage de votre perron permet de les identifier plus facilement.
Implantez un appareil d'éclairage étanche, de préférence à double isolation ou à corps isolant en matière plastique. Raccordez au conducteur de protection la carcasse métallique de tout appareil dépourvu d'une double isolation. Alimentez l'éclairage extérieur par une ligne spécifique à trois conducteurs, sous gaine étanche.
Implantez le ou les appareils d'éclairage extérieurs de manière à ce que leur câblage d'alimentation soit le plus court possible, de préférence par le plafond, ou au moins en partie haute.

Installation et câblage

Vous pouvez alimenter un appareil d'éclairage extérieur unique en dérivation sur l'éclairage intérieur de l'entrée, à condition qu'il ne soit pas exposé à la pluie (auquel cas, il doit obligatoirement être protégé par un disjoncteur différentiel). Veillez aussi à ne pas trop surcharger le circuit lumière existant, car les éclairages d'extérieur sont souvent plus puissants que ceux de l'intérieur.
Après avoir déterminé l'emplacement de l'éclairage, percez le mur avec une mèche à béton ou un burin. Fourrez le passage pour le câblage avec une gaine étanche et comblez tout autour avec du mortier. Passez les conducteurs dans cette gaine aux extrémités munies de passe-câbles. Coupez le courant avant de raccorder le circuit sur une boîte de dérivation ou le bornier d'un appareil d'éclairage de l'entrée (plafonnier, suspension ou applique). Raccordez également le commutateur de commande, qui peut être temporisé à l'extinction.

Sécurité dehors
Inutile de souligner la nécessité de préserver la sécurité de toute installation électrique exposée aux intempéries, pour des personnes qui en manipulent les équipements avec les pieds dans l'herbe mouillée.

- Installez uniquement des appareils et des accessoires étanches à isolation renforcée.
- N'utilisez que des câbles trifilaires immergeables (type HO RNF).
- Alimentez tout appareil électrique utilisé à l'extérieur à partir d'un disjoncteur différentiel 30 mA.
- Débranchez toujours un équipement électrique ou un outil électroportatif avant d'effectuer une intervention (démontage, nettoyage, changement d'outil).
- Portez des chaussures à semelles épaisses en caoutchouc quand vous jardinez avec un outil électrique.
- À l'extérieur n'utilisez que des outils à double isolation.

VOIR AUSSI Informations de base **10-11**, Le tableau électrique principal **26-27**, La protection différentielle **28**

Prise pour les travaux d'extérieur

Il est fréquent de voir un bricoleur manipuler au dehors un équipement branché sur une prise située à l'intérieur de la maison, souvent même au bout d'une série de rallonges. On multiplie alors les risques de défauts d'isolement, sources de retours à la terre et de ce fait de contact indirect avec la tension.

De plus, il est interdit d'alimenter n'importe quel appareil électrique situé dans une ambiance humide autrement que par une prise protégée par un disjoncteur différentiel 30 mA, ce qui est loin d'être le cas de toutes les prises de l'installation domestique. Ainsi, vous ne risquerez pas de transformer un moment de loisir en catastrophe.

Dedans ou dehors ?

Vous pouvez alimenter vos appareils électriques à partir d'une prise située dans le garage, l'atelier ou un abri de jardin. Comme c'est l'utilisation finale qui dicte la protection du circuit, ces prises doivent donc être alimentées par un circuit partant d'un disjoncteur différentiel.

Si vous implantez une prise à l'extérieur, cette installation ne doit être faite qu'avec des composants étanches. Veillez également à placer la prise assez haut pour qu'elle ne risque pas d'être heurtée par le moyeu d'une roue de brouette. L'installation la plus simple consiste à monter une prise incorporant sa protection différentielle. Celle-ci ne dispense pas de placer un interrupteur au départ du circuit alimentant cette prise, de manière à ne jamais laisser le circuit extérieur sous tension quand il ne sert pas.

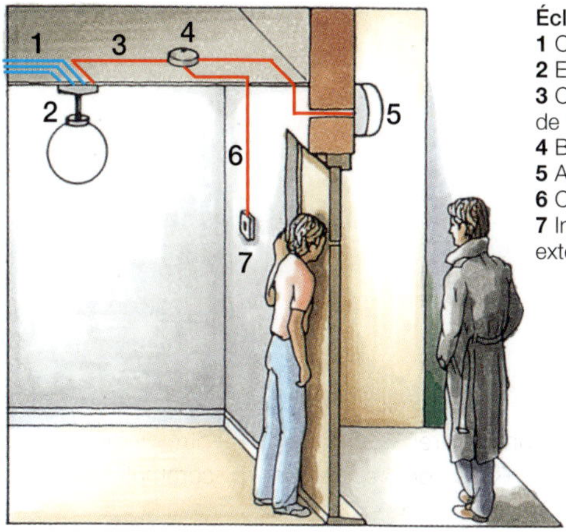

Éclairage d'une entrée
1 Circuit lumière
2 Embase de suspension
3 Circuit à conducteurs de 1,5 mm²
4 Boîte de dérivation
5 Applique extérieure
6 Circuit de commande
7 Interrupteur de l'éclairage extérieur

Câble sectionné

S'il vous arrive de sectionner par mégarde un câble souple alimentant un équipement à l'extérieur, arrêtez immédiatement l'appareil et ne touchez jamais le câble sectionné avant d'avoir débranché sa prise ou coupé le courant qui l'alimentait.

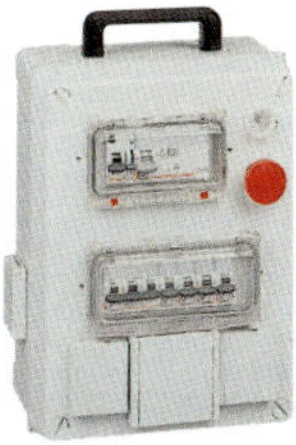

Coffret prises pour chantiers extérieurs

Ce coffret parfaitement mobile est conçu pour les chantiers et les travaux à l'extérieur. Il comporte 4 prises 2P + T 10 / 16 A avec une protection différentielle 30 mA et un bouton d'arrêt d'urgence.

VOIR AUSSI Routage des circuits **40-41**, Circuits d'éclairage **88-89**, Remplacer les interrupteurs **98-99**

L'éclairage des abords d'une demeure facilite l'accès nocturne, quand on cherche ses clés ou la serrure du portail. Mais c'est surtout son apport décisif pour la sécurité des abords qui justifie l'installation de cet équipement. Une commande automatique permet de diminuer la consommation d'électricité.

Organisation du réseau d'éclairage extérieur

Interrupteur crépusculaire commandé par cellule photoélectrique

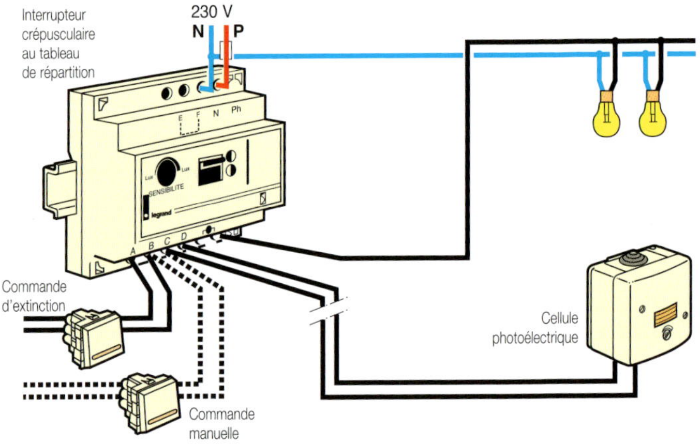

N'installez que des appareils prévus pour l'extérieur. Vous pouvez poser une applique sur le mur de la maison, ou bien des lampadaires ou des bornes lumineuses dans le jardin ou le long de l'allée menant du portail. Alimentez l'installation d'éclairage extérieur par un circuit dédié, protégé par un interrupteur différentiel.

Ne raccordez aucun autre circuit (prises, pompes, etc.) sur celui de l'éclairage.

Utilisez des lampes puissantes : il faut une ampoule à incandescence de 500 W pour éclairer parfaitement une surface de 10 m de diamètre. L'utilisation d'ampoules basse consommation se justifie donc pleinement pour un grand jardin.

Allumage automatique

L'interrupteur à témoin lumineux (que l'on oublie) et la minuterie qui s'éteint prématurément au moment ou l'on rentre à la maison les bras chargés ne sont que des pis-aller. Il est plus efficace de commander l'éclairage au moyen d'un système qui se met en marche dès que la lumière du jour diminue et l'éteint à l'aube (voir, à droite). Cette régulation peut être affinée avec une commande par détection de présence qui allume l'installation si quelqu'un se trouve dans une zone à éclairer et l'éteint – après une certaine temporisation – quand il n'y a plus personne. Un tel système peut être installé devant le perron d'entrée grâce à un projecteur dont le socle abrite un détecteur à infrarouge (voir ci-dessous).

VOIR AUSSI Le tableau électrique principal **26-27**, Routage des circuits **40-41**, Circuits d'éclairage **88-89**

Commande par détection de présence

Les détecteurs de présence sont de petits radars à infrarouge. Leur volume de détection varie entre une portée de quelques mètres et une douzaine. Sur certains détecteurs, le faisceau est réglable en élévation et en azimut.

Le détecteur peut commander directement un appareil d'éclairage de moins de 200 W. Au-delà, (et si l'éclairage comporte plusieurs lampes de forte puissance), il commande un relais de puissance.

Un détecteur à télécommande radio permet de commander une installation couvrant une grande distance, par exemple, l'éclairage d'une allée (voir ci-dessous).

Si la zone à éclairer est importante, on peut poser plusieurs de ces détecteurs le long d'une allée, de manière à ce que l'éclairage s'allume au fur et à mesure que le passant progresse.

Réglage du seuil d'allumage

Certaines cellules comportent une vis de réglage du seuil de déclenchement.
Le soir, quand vous estimez qu'il ne fait plus assez jour, placez le contacteur différentiel de commande du circuit d'éclairage en position « marche » (point vert).
Tournez ensuite la vis de réglage jusqu'à ce que la lumière s'allume.
Si la vis ne comporte pas d'écrou de blocage, marquez le réglage d'un petit trait de vernis à ongles.

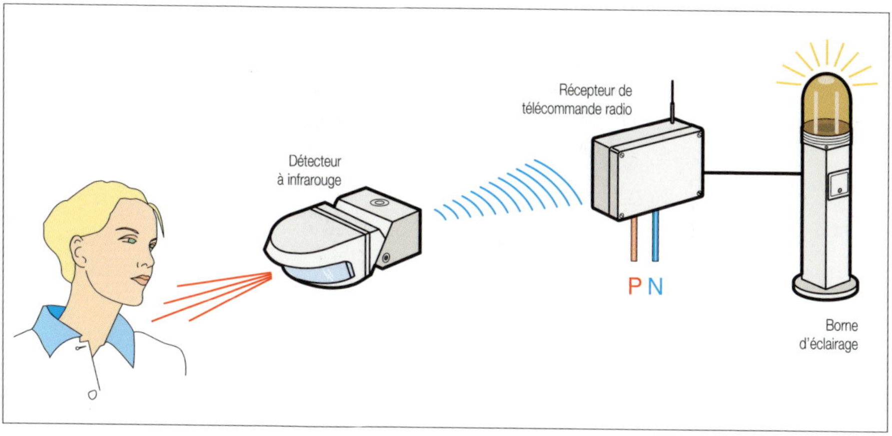

Commande au passage d'une personne

Les bornes d'éclairage ou les lampadaires d'une allée s'allument quand une personne passe dans le champ du détecteur de mouvements à infrarouge.
Celui-ci envoie par télécommande radio l'ordre d'allumage au relais de commande des appareils.

VOIR AUSSI Rénovation des circuits **126-127**, Télécommande infrarouge **132-133**, Commande par radio **134-135**

Commande à infrarouge passif

Réglage des détecteurs
Après avoir connecté l'alimentation du détecteur, remettez le circuit sous tension et procédez aux réglages de position ainsi qu'à celui du seuil de déclenchement de la cellule photoélectrique et de la sensibilité de détection du senseur infrarouge. Certains appareils comportent également une temporisation d'extinction réglable.

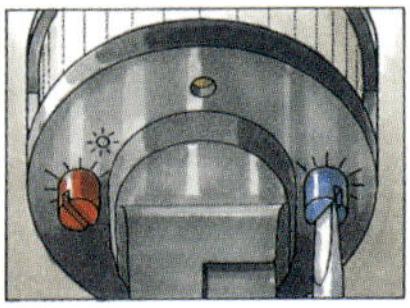

Après la pose de l'appareil réglez le seuil de sensibilité lumineuse (bouton de gauche) et la temporisation d'allumage (bouton de droite).

Un détecteur à infrarouge passif est un simple récepteur qui détecte la chaleur d'un gros animal ou d'un être humain (selon son seuil de réglage). Il peut donc commander l'allumage d'un éclairage (ou l'ouverture d'une porte) quand une personne entre dans son volume de détection. Cette détection a un double effet : éclairer l'approche d'un visiteur ou aussi effrayer un intrus soudain placé en pleine lumière pendant sa progression vers la maison. Mais si le détecteur à infrarouge passif évite d'allumer l'éclairage toute la nuit, il ne suffit pas pour économiser l'électricité. Pour que ce système de commande d'éclairage par présence humaine fonctionne uniquement la nuit, il faut l'associer à une cellule photoélectrique.

Montage des appareils

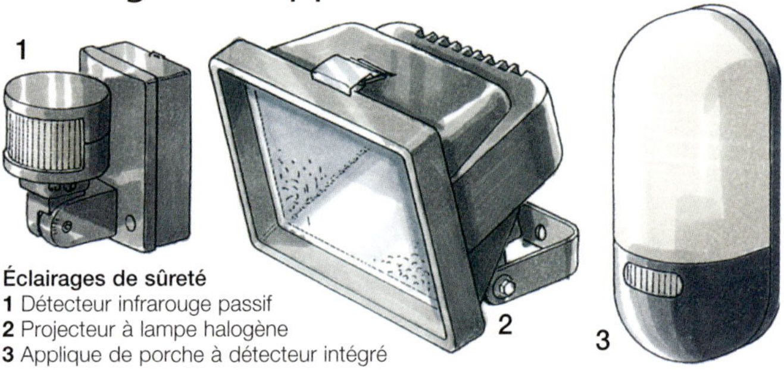

Éclairages de sûreté
1 Détecteur infrarouge passif
2 Projecteur à lampe halogène
3 Applique de porche à détecteur intégré

Les détecteurs des systèmes de sûreté doivent être implantés à 2,50 m de haut au moins, hors de portée d'un homme, et balayer tout l'espace enveloppant les murs de part et d'autre de l'entrée qu'ils protègent, pour dérouter tout intrus tentant de se faufiler le long du mur. Pour être assuré que le système fonctionne même en cas de panne de secteur (ou de sabotage), faites installer par un professionnel une alimentation de secours à batterie. L'éclairage automatique de porche, plus simple, comporte une temporisation qui l'éteint automatiquement après quelques minutes.

Implantation des détecteurs

Les détecteurs doivent bien couvrir les abords de l'habitation (surtout les ouvertures qui peuvent donner passage à l'effraction) sans se déclencher pour un animal domestique. Les allumages répétés peuvent devenir gênants pour vous et votre voisinage et neutraliser l'effet d'alerte recherché.

VOIR AUSSI Le tableau électrique principal **26-27**, Routage des circuits **40-41**

Le volume de détection se règle au niveau du support articulé. Positionnez la tête de détection selon l'ampleur de son faisceau (indiqué dans la notice livrée avec l'appareil). Procédez ensuite à un réglage fin avec un assistant qui tente de pénétrer le volume de détection sous tous les angles. Enfin, réglez le niveau de sensibilité suffisamment bas pour qu'il détecte toute présence à plusieurs mètres de distance, mais assez haut pour ne pas déclencher si un chat arrive par-dessous.
Pour éviter les déclenchements intempestifs, le détecteur ne doit pas regarder vers un projecteur, ni se trouver au-dessus d'une bouche d'évacuation d'air chaud.

Le circuit de commande

Le détecteur se câble comme tout appareil de coupure. Tout dépend ensuite de la puissance de l'éclairage qu'il commande. En pratique, au-delà de 200 W (vérifiez le pouvoir de coupure dans la notice de l'appareil), le détecteur commande les appareils d'éclairage par l'intermédiaire d'un relais de puissance. Dans ce cas, protégez l'alimentation du relais par un fusible séparé de l'appareil de protection du circuit d'alimentation de l'éclairage proprement dit, à moins que le détecteur ne comporte une sortie spécifique pour l'alimentation du relais.

Câblage d'un détecteur

Suivez le schéma de câblage fourni avec l'appareil. Si vous devez lui commander un relais, prenez avec vous le schéma du détecteur pour demander conseil lors de son achat.
Comme le détecteur est placé à l'extérieur, très souvent exposé à la pluie, son circuit de commande doit comporter un conducteur de protection. Son circuit d'alimentation part d'un coupe-circuit situé au tableau de répartition ou dans un coffret intermédiaire dédié aux installations électriques extérieures (dans lequel vous pouvez installer également le relais de puissance). Certains appareils comportent un circuit de test à câbler pour ramener le bouton de test à portée de main.

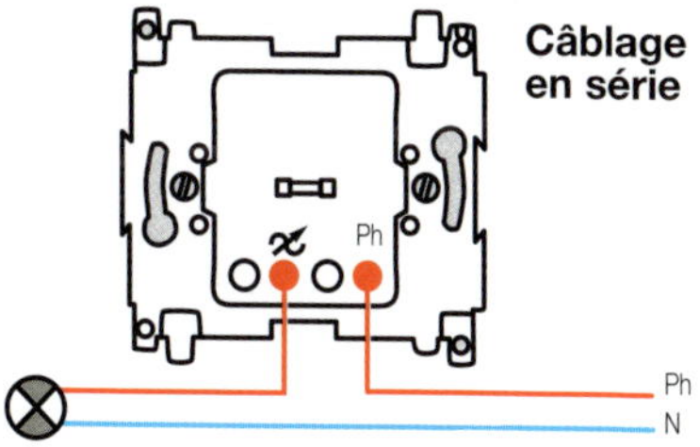

Câblage en série

Câblage en parallèle

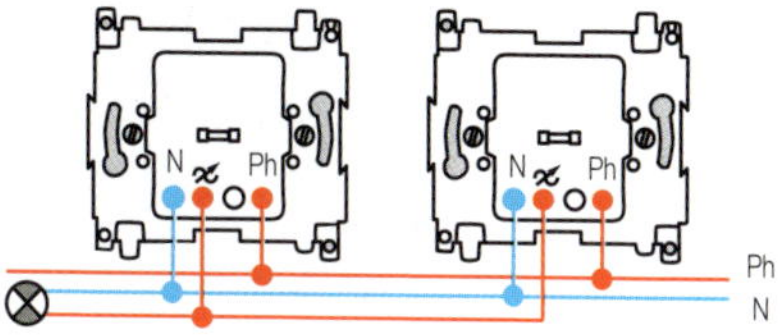

VOIR AUSSI Circuits d'éclairage **88-89**, Rénovation des circuits **126-127**

La vidéosurveillance

Caméras

Un système comporte en moyenne 4 caméras, le plus souvent monochrome, car elles donnent un meilleur contraste par faible luminosité. En général, elles sont équipées d'un micro et certaines comportent un détecteur infrarouge passif.

Alimentation

Le bloc d'alimentation se branche dans une prise 10 / 16 A. Les caméras doivent être alimentées en permanence, pour les résistances de désembuage interne, dont la consommation reste négligeable.

Boîtier de distribution

Cet équipement amène l'image au récepteur TV, soit par fiches à jacks, ou mieux par prise Péritel.

Boîtier de commande

Il n'est indispensable que dans un système à plusieurs caméras. Il se connecte entre celles-ci et le boîtier de distribution.

La caméra bien visible d'un circuit de vidéo a un effet dissuasif pour tout malfaiteur. De plus, en le couplant à un magnétoscope, vous disposez d'un moyen de preuve particulièrement intéressant à remettre à la police en cas d'effraction.

Sans aller jusqu'aux systèmes très performants et complexes utilisés dans les grandes surfaces, vous pouvez installer un équipement relativement simple qui sera suffisamment efficace pour assurer une bonne protection de votre demeure.

La commercialisation d'ensembles prêts à poser (en vidéo monochrome ou couleurs) permet à tout amateur soigneux d'installer cette protection lui-même.

Les kits

Voici une sélection d'équipements de vidéo conçus pour être installés par des non professionnels. En général, ces kits ne comprennent pas les supports pour la fixation des appareils, que tout bricoleur doit être capable d'imaginer et de confectionner en fonction de l'implantation des équipements, au moyen de profilés métalliques.

Ces matériels fonctionnent avec un téléviseur et un magnétoscope classiques. Vous pouvez affecter à ce service des équipements d'occasion.

Caméra avec son câble

Transformateur d'alimentation

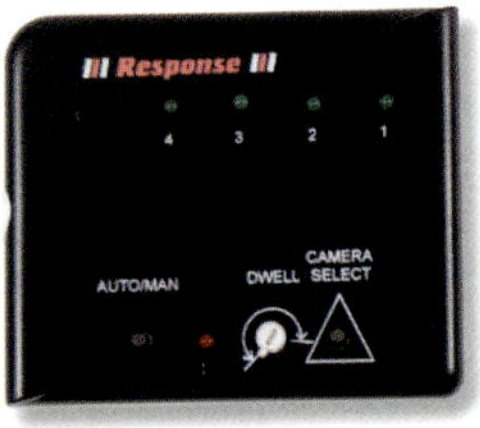

Boîtier de commande et de réglages

VOIR AUSSI Éclairage des abords **112-113**

Prise Péritel avec son cordon

Boîtier de distribution

Commande
de magnétoscope

Alarme lumineuse et sonore

Télécommande

Prolongateur
coaxial

Commande de magnétoscope
Il met le magnétoscope en marche quand une caméra détecte un mouvement à l'intérieur de son volume de surveillance.

Alarme sonore
Un vibreur émet une alarme avec clignotement d'une lampe, quand une caméra détecte un intrus potentiel, même si le récepteur est arrêté. L'appareil se connecte sur le boîtier de distribution.

Câbles
La liaison entre les caméras et le récepteur est assurée par des câbles multifilaires fournis dans des longueurs standard. Ils peuvent être rallongés avec des prolongateurs.

VOIR AUSSI Installer un réseau vidéo **118-119**

Installer un réseau vidéo

Éclairage d'appoint
À défaut de caméras équipées de capteurs infrarouges passifs, un éclairage d'appoint permet la vision nocturne.
La lumière halogène ou incandescente produisent beaucoup plus d'infrarouges – mieux captés par les caméras vidéo – que les tubes fluorescents. Illuminez le volume de surveillance de façon homogène, car la caméra accepte mal les contrastes trop violents. Vous pouvez implanter un projecteur autonome dont la batterie est rechargée pendant la journée par des cellules photovoltaïques.

Avant de fixer définitivement tous les équipements, raccordez le réseau sur table pour vous assurer que tout fonctionne correctement et que vous recevez une image de bonne qualité.

Implantation des caméras

Étudiez les alentours à surveiller pour déterminer les angles d'approche les plus probables de visiteurs indésirables. Chaque caméra doit couvrir un ou plusieurs passages sous un angle réduit, afin de suivre un intrus sous des angles différents pendant qu'il progresse ; cette séquence facilite son identification.
Placez les caméras hors de portée, entre 2,5 et 3 m du sol. Pointez chaque caméra vers le bas – jamais vers le soleil, ni un point d'éclairage. Si les caméras comportent des détecteurs infrarouges, réglez-les pour éliminer le risque de fausses alarmes au passage d'animaux domestiques ou sous l'effet de branches d'arbres agitées par le vent.
Pour trouver la meilleure implantation, connectez la caméra provisoirement à un récepteur TV et cherchez la position donnant la couverture la plus efficace.

Routage et raccordement du câblage

Réduisez au strict minimum les câblages passant à l'extérieur de l'habitation et masquez le plus possible aux regards depuis le sol. Pour cela, percez le mur juste derrière la caméra et au-dessus de son support. Connectez la caméra au récepteur en fixant le câble à intervalles de 1 m. Ce câble doit toujours être séparé d'au moins 20 cm de tout câblage électrique. Il est aussi déconseillé d'enrouler l'excès de longueur du câble. Coupez-le plutôt du côté de la caméra et enfilez cette extrémité dans le passe-câble ou le joint d'entrée de son support, puis dénudez et raccordez les fils de couleur en suivant le schéma de la notice de montage.

Installation du boîtier de distribution

Installez le boîtier de distribution derrière le récepteur de télévision. Branchez la prise Péritel et raccordez également la fiche DIN du câble venant de la caméra. Raccordez ensuite le boîtier de distribution avec l'alimentation et branchez la fiche de ce dernier dans une prise 10 / 16 A.

Enregistrer les intrus

Pour enregistrer les images fournies par les caméras, raccordez la prise Péritel sur un magnétoscope réglé sur « AUX » et relié au récepteur TV, réglé sur le canal Vidéo. Vous pourrez ainsi enregistrer tous ceux qui vous ont rendu visite en votre absence.

VOIR AUSSI Câbler les fiches d'antenne **80-81**

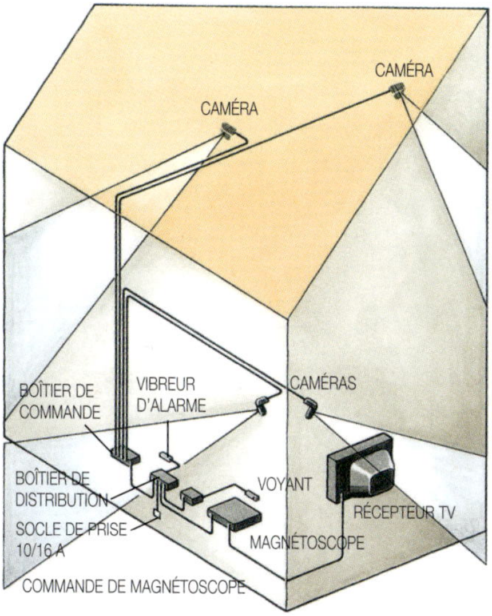

Enregistrement des images
Dans une installation plus complète, les caméras peuvent être raccordées à plusieurs magnétoscopes, afin de conserver le film complet du passage d'un intrus.

Raccorder plusieurs moniteurs
Tous les récepteurs de télévision de la maison peuvent servir de moniteur pour la vidéosurveillance, sous réserve que les signaux vidéo passent par l'entrée d'antenne. Cette faculté de multivision nécessite de raccorder le boîtier de distribution à un modulateur. Connectez l'antenne TV au modulateur, et celui-ci à la prise sur laquelle l'antenne était raccordée.

Le modulateur permet de raccorder le système à plusieurs récepteurs de télévision.

Commutation des canaux

Si le récepteur TV reste réglé sur le canal Vidéo, le programme que vous regardez sera interrompu chaque fois qu'une caméra détectera une présence dans son volume de surveillance. Vous pourrez toujours passer d'un canal télévision à un autre, simplement avec la télécommande du magnétoscope.

Enregistrements

Pour que le magnétoscope se mette à enregistrer dès que le senseur infrarouge d'une caméra détecte un mouvement, raccordez une télécommande de magnétoscope spéciale sur le boîtier de distribution et pointez son émetteur infrarouge vers la fenêtre de réception de votre magnétoscope. Vous pouvez aussi brancher une petite diode photo-émissive sur la commande, afin de la cacher.
Réglez la durée d'enregistrement du magnétoscope au bout de laquelle il s'arrête automatiquement.

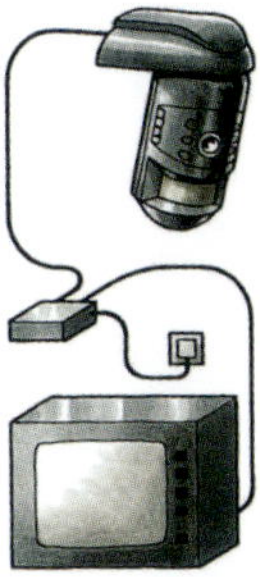

Système minimal
Le système le plus simple comporte une caméra, un boîtier de distribution et un récepteur de télévision.

Utiliser un second moniteur

Comme le magnétoscope réglé sur « AUX » ne vous permet plus de lire une cassette, vous pouvez affecter à la surveillance un appareil d'occasion que vous placerez hors de vue pour qu'un éventuel cambrioleur ne soit pas tenté de le détruire.

VOIR AUSSI Éclairage des abords **112-113**

Éclairage du jardin et pompes

Il suffit de quelques points d'éclairage bien disposés pour transformer radicalement l'aspect d'un jardin, en mettant en valeur certains aspects précis. L'éclairage des allées peut se combiner harmonieusement avec un fond lumineux coloré avec des guirlandes de lampions disposées dans les branchages.
Les éclairages immergés dans une piscine ou un bassin donnent toujours une ambiance particulièrement chaleureuse.

Éclairages BT et TBTS

L'installation d'un système immergé alimenté directement sur le secteur 230 V est du ressort d'un professionnel. En revanche, vous pouvez installer un éclairage de jardin avec des câbles enterrés ou des conducteurs à âme massive passant dans des conduits spéciaux U 1000 R, en n'utilisant que des composants homologués pour cet usage, avec tous les raccordements sous boîtiers étanches. N'oubliez pas de poser une bande de grillage avertisseur en plastique rouge électrique par-dessus les canalisations et câbles enterrés.
Mais on recommande de plus en plus de réaliser toutes les installations en milieu humide en TBTS (12 V), ce qui est simple quand l'installation n'est pas trop importante. Placez le transformateur à l'intérieur, près du départ du circuit 12 V. Ce genre d'installation s'effectue avec des câbles à isolant renforcé simplement posés au sol (là où vous n'irez jamais passer la tondeuse, ni jardiner) éventuellement raccordés entre eux par des prises étanches.

Basse tension et très basse tension

Pour les professionnels, le secteur 230 V est de la basse tenion (BT) et la très basse tension (TBT) commence au-dessous de 50 V. La très basse tension de sécurité (TBTS) est normalisée à 12 V.

Éclairage de bassin

Les projecteurs de bassin se placent généralement à environ 20 mm sous la surface de l'eau. On peut également utiliser des spots flottants qui resteront immergés par le blocage de leur câble d'alimentation sur le fond.
Quand le verre de ces projecteurs est sali par les débris charriés par l'eau, nettoyez-les simplement au jet, sans détergent et surtout pas avec une éponge abrasive. Si la glace est réellement très encrassée, coupez le courant, débranchez le spot et allez le laver à l'eau tiède savonneuse.
Faites passer le câble d'alimentation des projecteurs sous les pierres de rive, au fond d'un drain de trop-plein réalisé en liner plastique. Vous pouvez aussi le protéger en l'insérant à l'intérieur d'un tuyau d'arrosage. Ne cherchez pas le routage le plus court, mais celui où le câble n'est pas exposé au piétinement ou au passage d'une brouette ou d'une tondeuse

Calez les projecteurs immergés sur une dalle plane.

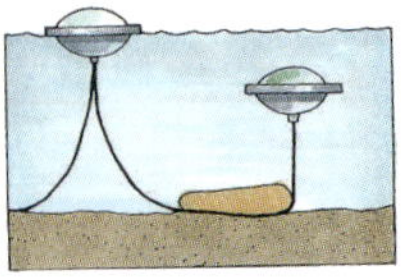

La pierre placée sur le câble immerge la lampe.

à gazon. Évitez également de l'enterrer partout où l'on risquerait de le couper avec une bêche. Maintenez le câble de place en place sous des pierres plates ou des arceaux en osier et raccordez ses éléments avec des prises étanches.

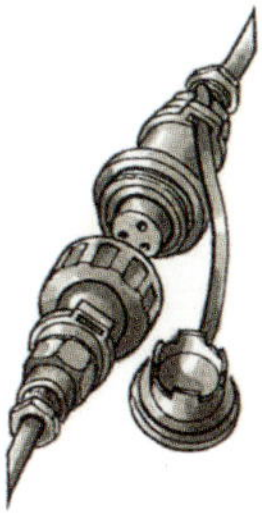

Prise étanche en immersion
Les vendeurs de pompes et de piscines proposent une gamme complète de prises étanches à l'immersion.

Pompes

Pour animer un bassin avec une cascade ou un jet, il suffit d'y immerger une pompe électrique étanche. Il existe des équipements qui envoient un jet vertical tout en éjectant de l'eau dans un tuyau que vous pouvez placer derrière des pierres, d'où elle retombera en cascade dans le bassin.

L'installation d'une pompe immergée alimentée sur le secteur 230 V doit impérativement s'effectuer avec un transformateur d'isolement alimenté au moyen d'un disjoncteur différentiel 30 mA.

Il est souvent plus simple d'utiliser un équipement fonctionnant en TBTS, avec un transformateur placé à l'abri (voir ci-dessous) et dans un endroit facilement accessible (mais hors de portée des enfants) afin de pouvoir arrêter facilement la pompe sans avoir à déconnecter le câblage 12 V.

L'hiver, il est recommandé de faire fonctionner la pompe au moins une heure par jour, puis de la sortir à l'arrivée du printemps pour la nettoyer soigneusement. Ne la laissez pas à l'air libre, mais remettez-la en place après l'avoir débarrassé des algues et débris qui la recouvrent.

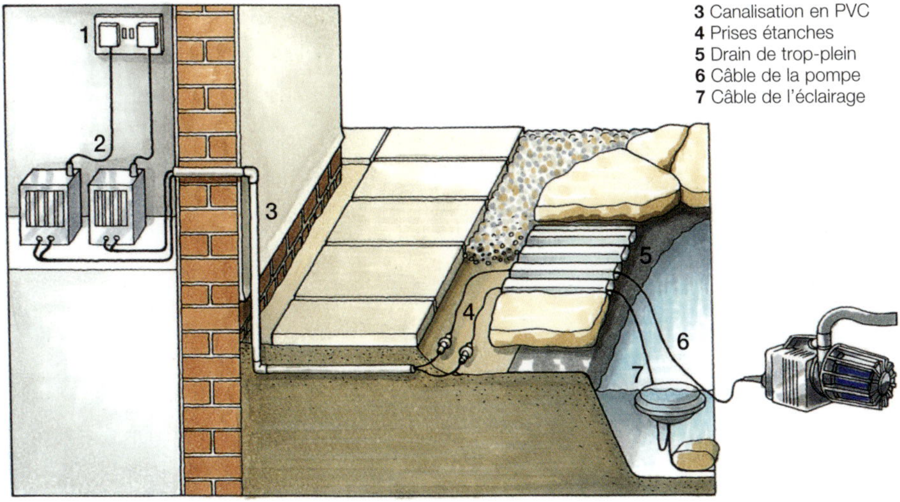

Circuits de pompe et d'éclairage
1 Socle de prise
2 Transformateurs d'isolement
3 Canalisation en PVC
4 Prises étanches
5 Drain de trop-plein
6 Câble de la pompe
7 Câble de l'éclairage

Alimenter un bâtiment annexe

Protection d'un câble enterré
Toute canalisation électrique 230 V enterrée doit être recouverte d'un dispositif avertisseur qui prévient de son emplacement lors d'une fouille ultérieure. Il s'agit en général d'une bande de grillage de couleur rouge électrique.

L'installation électrique d'un bâtiment séparé de la maison ne peut en aucun cas être alimentée en dérivation sur l'un des circuits de l'habitation, pas même avec un circuit extérieur. Cela doit toujours être un circuit spécifique partant du tableau de répartition où il est protégé par un disjoncteur. à son arrivée dans l'annexe, le circuit doit passer par un appareil de coupure et de protection différentielle.

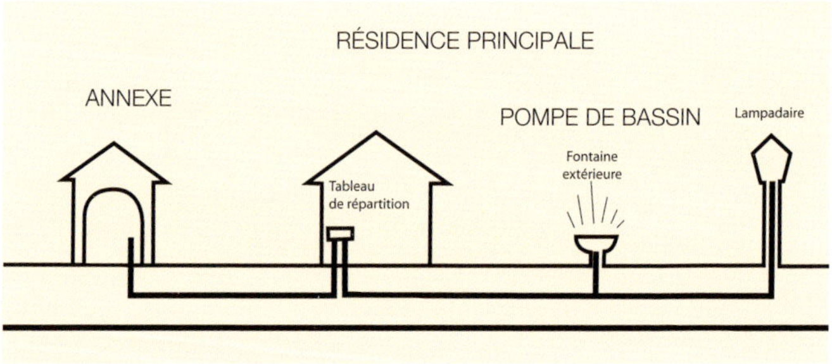

Ligne enterrée

S'il est réalisé selon les règles, le routage souterrain reste la technique la plus sûre pour la liaison électrique entre une maison et une annexe.
La ligne doit être réalisée, soit avec un câble multiconducteur de type VFVB (HN 33-53) protégé sous un blindage en feuillards d'acier, soit avec des conducteurs à âme massive passés dans une canalisation rigide de type ICD ou souple annelée de type ICT (orange).
La ligne doit être enterrée dans une tranchée au fond garni d'un lit de sable, puis recouverte d'un mélange de terre et de sable d'environ 10 cm d'épaisseur. La profondeur minimale de la tranchée dépend de l'utilisation du sol au-dessus (voir page ci-contre, en haut). Un dispositif avertisseur (voir en haut, à gauche) est posé sur cette couche avant de combler la tranchée avec de la terre meuble.

VOIR AUSSI Conduits en plastique **39**

La tranchée doit relier les deux bâtiments par le plus court chemin, compte tenu des obstacles éventuels (mur, bassin, pieds de poteaux, etc.) et ne jamais passer à moins de 20 cm d'une tuyauterie, d'un réservoir ou d'un piquet métallique.

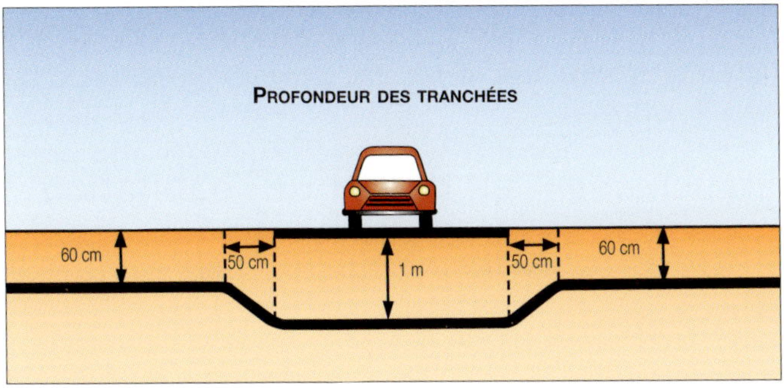

Ligne aérienne

Une liaison aérienne entre deux bâtiments privés dépendant du même raccordement au réseau public doit passer à une hauteur d'au moins 3,5 m (en son point le plus bas) et même de 5,2 m au-dessus d'une voie de circulation de véhicules.

Les lignes en conducteurs nus ne sont plus de mise et il est recommandé d'employer un câble souple multiconducteur isolé en caoutchouc (type HO7 RNF) soutenu au moins tous les 3 m. Ce câble peut passer dans un tube en PVC rigide ou un tube métallique si la liaison dépasse 3 m de long ; dans ce dernier cas, le tube doit être raccordé à la terre.

Le câble peut également être suspendu sous un filin caténaire métallique, notamment si la liaison est très longue. Ce filin en câble d'acier toronné (type « câble de frein ») est scellé dans les murs des deux bâtiments, avec un tendeur à une extrémité. Il doit être relié à la terre du côté du départ de l'habitation principale.

1 - Câble non soutenu hauteur sur allée :
3,5 m minimum
Hauteur sur passage de véhicules :
5,2 m minimum
Distance :
3 m maximum

2 - Câble sous caténaire hauteur sur allée :
3,5 m minimum
Hauteur sur passage de véhicules :
5,2 m minimum
Distance :
illimitée

3 - Câble sous tube d'acier hauteur sur allée :
3,5 m minimum
Hauteur sur passage de véhicules :
5,2 m minimum
Distance :
illimitée

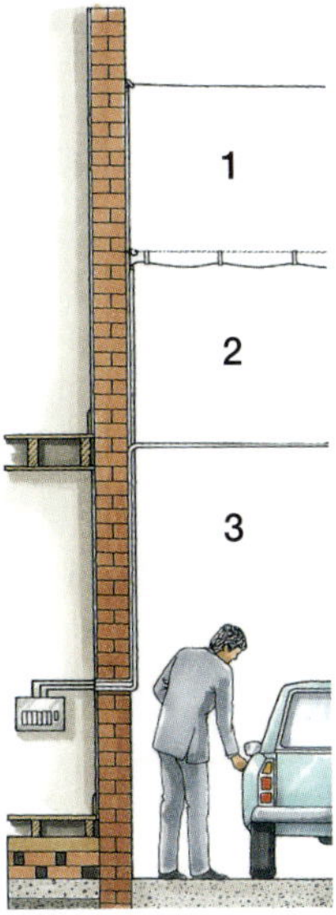

Câble de liaison aérienne.

VOIR AUSSI Installation dans un atelier **125**

Extrémités d'une liaison

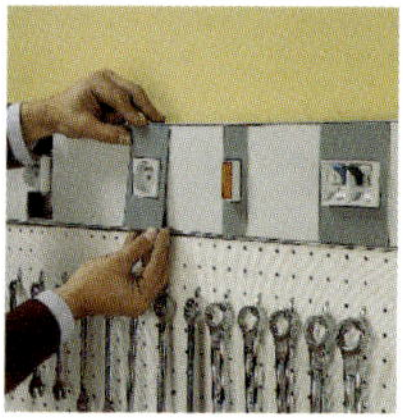

Équipement d'une goulotte sur établi
Cette vue avant pose des couvercles montre de gauche à droite : le disjoncteur différentiel, le voyant témoin, et deux prises 2P + T 10 / 16 A.

Éclairage de l'atelier
Préférez un éclairage halogène qui respecte les couleurs, ou des lampes à incandescence, mais évitez les tubes fluorescents qui sont à l'origine d'un dangereux phénomène optique donnant l'impression qu'une machine tournante est arrêtée.

L'installation alimentant un bâtiment ne doit pas plus être « bricolée » (au sens péjoratif du terme) que celle de l'habitation. En pratique, considérez l'installation annexe comme celle d'une pièce de la maison, ligne de terre et protections incluses. Il ne faut donc jamais alimenter l'annexe sur une ligne desservant une autre pièce, ni en dérivation sur une alimentation extérieure ; à l'inverse, ne raccordez jamais une alimentation extérieure sur celle de l'annexe.

Branchement au départ de l'habitation

Tous les circuits partant du disjoncteur d'abonné doivent être traités de la même façon au plan des protections. Ceci signifie que l'extension alimentant un bâtiment annexe doit être complètement câblée depuis le tableau de répartition, ligne de terre incluse. Rien n'indique en effet que la valeur de la résistance de la terre au pied de l'annexe est identique à celle de la prise principale ; et toute différence peut provoquer le déclenchement du disjoncteur.
Câblez la ligne à partir d'un interrupteur différentiel placé au tableau de répartition, avec trois conducteurs (phase, neutre et terre), la terre étant raccordée au bornier du tableau.
Pour la section des fils, tenez compte de la longueur de la ligne. Par exemple, pour véhiculer une intensité de 15 à 45 A, un conducteur de 10 mm^2 ne peut excéder 33 m ; il faut une section de 16 mm^2 jusqu'à 52 m et de 25 mm^2 jusqu'à une longueur de 82 m.

Branchement d'arrivée dans l'annexe

Si l'installation ne comporte que de l'éclairage, vous pouvez vous contenter de la protéger par un coupe-circuit à l'entrée dans le bâtiment. Mais si elle comporte une ou plusieurs prises (ou si vous prévoyez d'en ajouter) vous devez absolument la doter d'un disjoncteur différentiel. La solution la plus simple pour respecter la norme consiste à faire arriver la liaison sur le bornier d'entrée d'un coffret d'extension ou d'un coffret bricolage. Dans le second cas (voir page ci-contre), séparez l'alimentation lumière avec son coupe-circuit.

VOIR AUSSI Routage des circuits **40-41**, Extension d'un circuit **58-59**

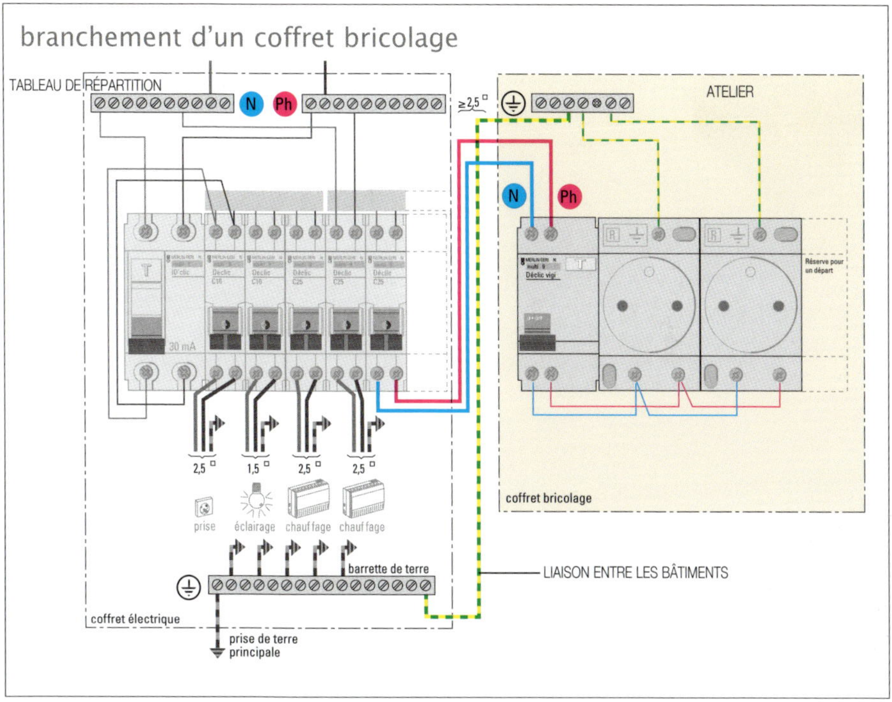

Installation dans un atelier

Compte tenu de la puissance des outils électriques qu'on y utilise et du milieu souvent favorable au retour à la terre, l'installation de l'atelier doit être réalisée avec soin.

Sauf pour la lumière, évitez les installations en câble multiconducteur courant sur les murs, que vous risquez à tout instant d'endommager, par exemple en manipulant une cornière ou une échelle. Distribuez plutôt l'électricité par une goulotte, avec un témoin lumineux qui indique si les prises sont sous tension.

VOIR AUSSI Circuits d'éclairage **88-89**, Remplacer les interrupteurs **98-99**

L'investissement consenti pour rénover une installation électrique vieille de plus d'une vingtaine d'années – surtout si elle a subi de nombreuses modifications – est récompensé d'une assurance de sécurité. Il peut d'ailleurs ouvrir droit à certains avantages fiscaux.

Étude et préparation

Avant d'entamer un chantier de rénovation complet, étudiez avec soin le déroulement des opérations car, si une intervention dans une seule pièce peut s'effectuer avec une gêne minimale, une reprise de toute l'installation implique que la maison n'est plus habitable pendant les travaux. Cette réflexion peut vous amener à confier les opérations les plus lourdes à un professionnel, pour réduire la durée d'indisponibilité.

Cette étape doit également servir à dresser la liste de tous les matériels et ingrédients à prévoir, ainsi que celle de l'outillage à mettre en œuvre ; vous pouvez toujours louer les outils les plus spécialisés surtout s'ils vous font gagner du temps.

Pose d'un coffret de rénovation

Le coffret tout équipé, conforme à la norme est livré câblé avec un interrupteur différentiel 30 mA / 40 A et 8 coupe-circuits à cartouche ou 8 disjoncteurs. Il convient pour un logement de moins de 100 m^2 sans chauffage électrique. Il comporte 3 réserves également précâblées qui permettent de desservir d'autres circuits ou d'ajouter des appareils de tableau, comme un délesteur ou un contacteur heures creuses.

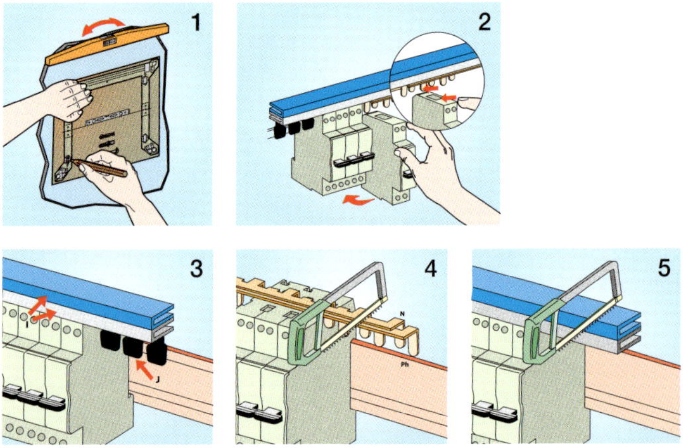

1 Reportez les points de perçage avec le gabarit.
2 Encliquetez les disjoncteurs sur le rail.
3 Retirez les deux isolants (I) et les cache dents (J).
4 Sciez le peigne du neutre et celui de la phase.
5 Replacez les deux isolants et sciez-les au ras des dents.

VOIR AUSSI Le tableau de répartition **30-31**, Répartition et constitution des circuits **36-3**

Sortez le coffret de son emballage et dévissez les 4 vis qui retiennent le capot. Le fond de l'emballage sert de gabarit pour tracer l'emplacement des trous à percer dans le mur **(1)**, après vérification de l'horizontalité.
Pour ajouter un disjoncteur ou un coupe-circuit, retirez le protecteur isolant sur l'un des trois emplacements, dévissez les bornes supérieures des appareils en place, puis engagez les dents du peigne dans les bornes du dessus de l'appareil et encliquetez-le en le rabattant sur le rail **(2)**.
Pour poser un appareil de tableau, déshabillez les peignes et ôtez les cache-dents **(3)**. Sciez ensuite les peignes au ras de leur avant-dernière dent **(4)**. Remettez les deux isolants sur les peignes et coupez-les au ras des dents **(5)**, puis installez l'appareil en suivant la notice.

Choix technique

Quand on aborde un chantier important, on peut être tenté de chercher systématiquement les matériels les moins chers. Comme dans bien d'autres domaines, cette démarche s'avère souvent plus coûteuse à terme, quand elle ne conduit pas à des impasses dangereuses en matière d'électricité.

Choix du tableau d'abonné

Même s'il semble en bon état, un tableau vieux de 10 ans a besoin d'être remplacé. Pour travailler plus facilement, optez pour un coffret tout équipé.

Constitution des circuits

Partez du principe que tous les circuits doivent être câblés à trois fils (phase + neutre + terre), même si tous les appareils ne se mettent pas à la terre. Ainsi vous pourrez mettre à la terre les carcasses métalliques des appareils et câbler sans problème un équipement à trois bornes ajouté ultérieurement au circuit. Mettez hors service et remplacez tous les circuits encastrés sous tubes métalliques et bouchez les orifices de sortie des tubes pour qu'on ne les utilise plus. Pour éviter de défoncer les murs, remplacez cette installation par des circuits sous baguettes ou plinthes.

Possibilités d'extension

Prévoyez d'emblée des réserves pour compléter l'installation si un besoin nouveau apparaissait. En particulier, si vous réalisez une installation sous plinthes ou moulures, équipez chaque pièce de manière à pouvoir y placer les cinq prises prévues par la norme, et câblez avec des conducteurs de section correspondante.
Vous aurez une grande souplesse d'évolution en câblant les plus gros consommateurs à partir de coffrets spécialisés, en particulier pour la cuisine et le chauffe-eau à accumulation.

Techniques sans câbles

Les techniques de télécommande permettent aujourd'hui de mettre en marche des appareils – prises ou points d'éclairage – sans circuit physique entre l'interrupteur et l'appareil. Il suffit d'alimenter d'une part les appareils et d'autre part les interrupteurs ou variateurs, ce qui se réalise aisément avec des plinthes et des moulures, en réduisant au minimum les percements et scellements dans la maçonnerie et les plafonds.

VOIR AUSSI Appareils fixes **62-63**, Circuit cuisine **70-71**, Télécommandes **132-137**

Moderniser la protection différentielle

Quand on cumule les appareils de protection différentielle, le disjoncteur différentiel 30 mA obligatoire risque de déclencher intempestivement, même à partir de 15 mA. On évite ce défaut en combinant des protections 30 mA sur les circuits les plus sensibles ou les plus chargés.

Deux solutions sont recommandées, avec un disjoncteur de branchement sélectif, selon que la surface du logement est comprise entre 35 et 100 m² (voir dans la marge, page ci-contre) ou supérieure à 100 m². Dans le premier cas, le dispositif différentiel 30 mA protège les circuits autres que les prises de courant et la salle de bains.

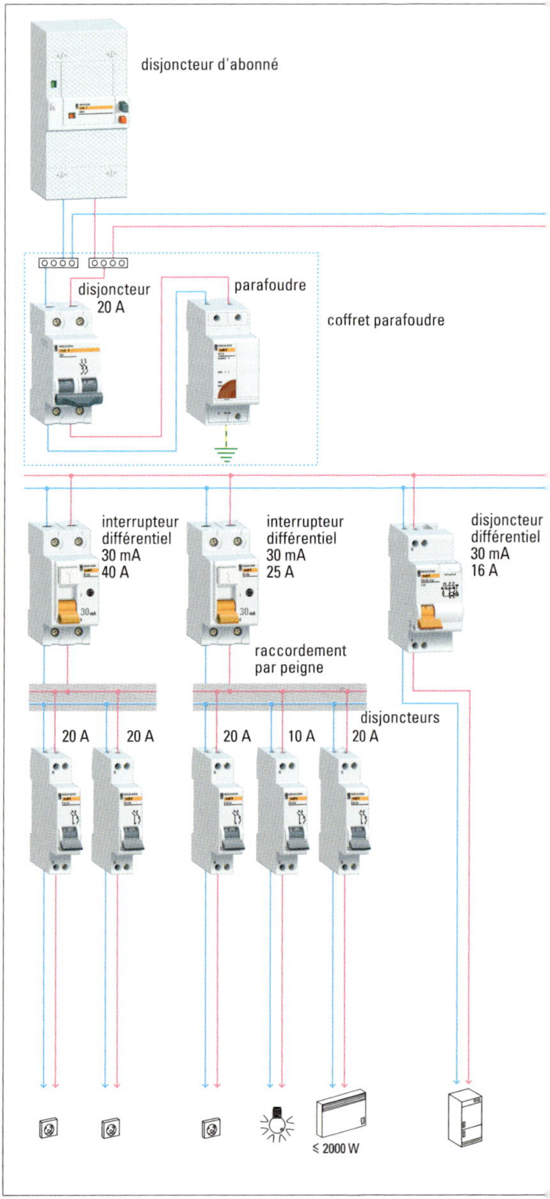

VOIR AUSSI La protection différentielle **28**, Le tableau de répartition **30-31**

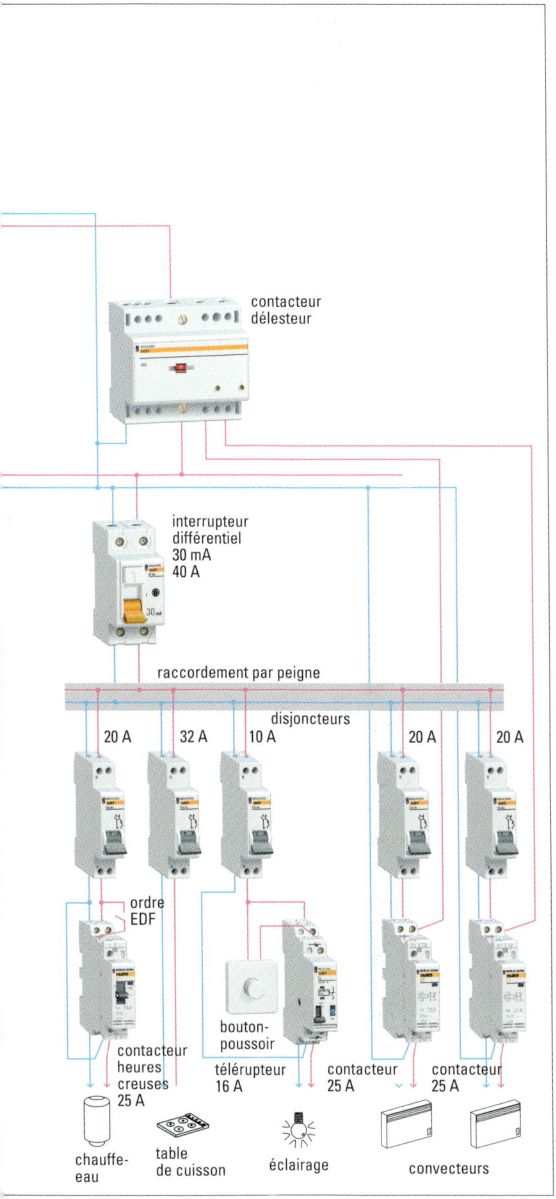
contacteur
délesteur
interrupteur
différentiel
30 mA
40 A
raccordement par peigne
disjoncteurs
20 A
32 A
10 A
20 A
20 A
ordre
EDF
contacteur
heures
creuses
25 A
bouton-
poussoir
télérupteur
16 A
contacteur
25 A
contacteur
25 A
chauffe-
eau
table
de cuisson
éclairage
convecteurs

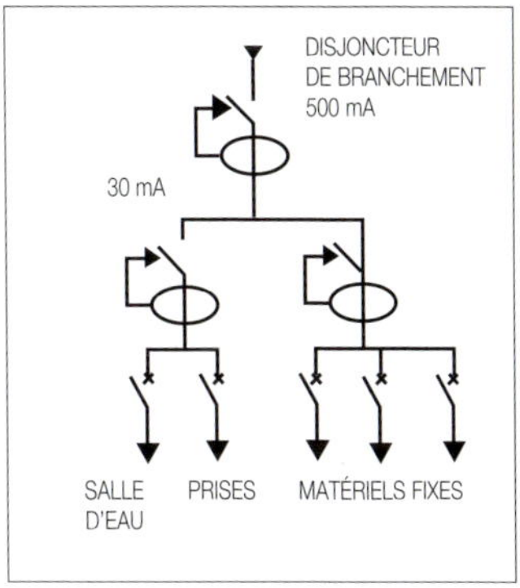
DISJONCTEUR
DE BRANCHEMENT
500 mA
30 mA
SALLE
D'EAU
PRISES
MATÉRIELS FIXES

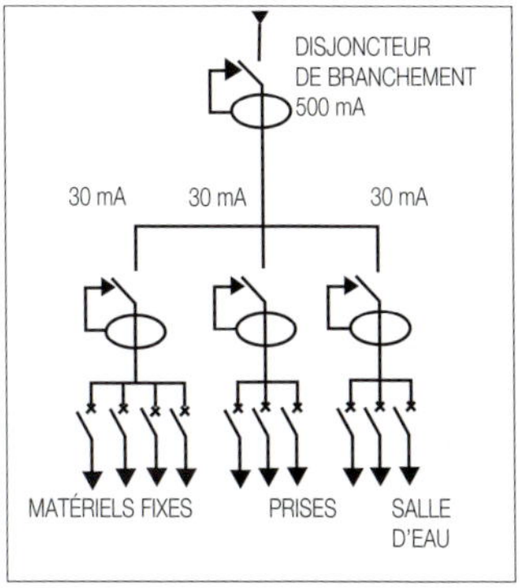
DISJONCTEUR
DE BRANCHEMENT
500 mA
30 mA
30 mA
30 mA
MATÉRIELS FIXES
PRISES
SALLE
D'EAU

Commande par téléphone

Télécommande téléphonique à 4 canaux

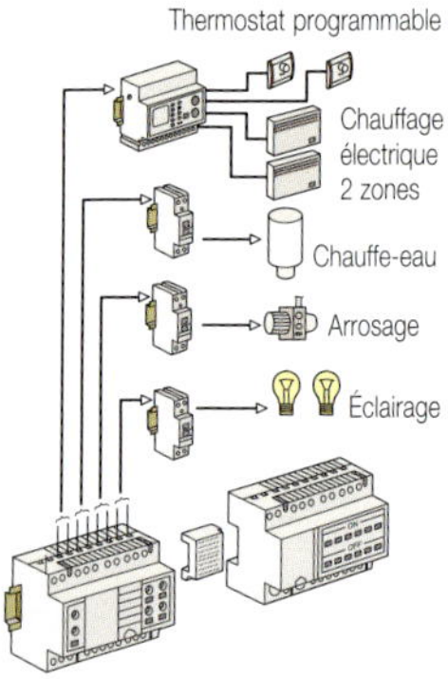

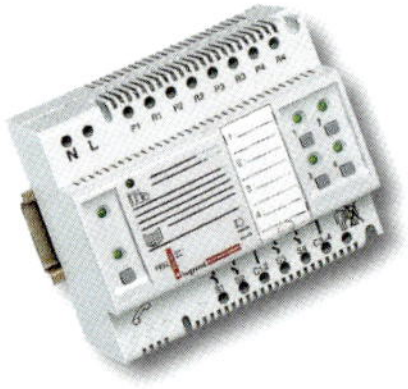

Boîtier de télécommande à 4 canaux et synthèse vocale

Avant même le Minitel et Internet, le téléphone a connu une remarquable extension des services qu'il peut rendre, grâce à un appareil qui relie la ligne téléphonique de l'habitation avec les installations électriques de confort. On peut alors, depuis un téléphone fixe ou portable, donc n'importe où dans le monde, commander la mise en route, l'arrêt ou le réglage du chauffage, de l'éclairage, de l'arrosage, etc.
La pose du boîtier de télécommande téléphonique est d'autant plus aisée qu'il s'intègre dans un tableau d'abonné moderne. Il suffit ensuite de le raccorder à une ligne téléphonique à fréquence vocale.

Installation

Veillez à n'installer qu'un appareil homologué par l'Administration des télécommunications. Tirez un prolongateur raccordé sur une fiche multiple sur le socle du combiné principal et branchez l'autre extrémité sur la prise du boîtier.
Câblez l'alimentation du boîtier derrière un disjoncteur 2 A. Pour commander les radiateurs électriques, posez (toujours au tableau de répartition) un contacteur de puissance.
Raccordez-le à la sortie du boîtier et alimentez-le avec une protection 20 A.

Utilisation

Suivez les instructions de mise en route dans la notice d'installation, en particulier pour la détermination et l'enregistrement du code secret.
Faites fonctionner le système à partir d'une ligne téléphonique différente (un portable, par exemple). Composez le numéro de la ligne fixe, puis le numéro du canal correspondant à l'équipement que vous voulez commander ; par exemple : 1 = chauffe-eau, 2 = chauffage du séjour, 3 = chauffage des chambres, 4 = arrosage du jardin. Composez ensuite le code confidentiel (4 chiffres), puis l'ordre que vous donnez (1 = marche, 0 = arrêt).
Un message vocal émis par l'appareil confirme l'exécution de chaque ordre.
Vous pouvez interroger l'appareil à tout moment pour connaître l'état de chaque canal commandé.

VOIR AUSSI Le tableau électrique principal **26-27**, Le tableau de répartition **30-31**

La télésurveillance

Quand vous êtes absent de votre domicile, non seulement vous pouvez télécommander certains réglages de vos équipements électriques, mais vous pouvez aussi obtenir des informations sur ce qui s'y passe, et même être alerté automatiquement s'il s'y produit quelque chose d'anormal qui met en jeu la sécurité.

Bien que différent de celui de télécommande, le boîtier dédié à la télésurveillance d'un logement fonctionne sur le même principe, et les deux peuvent être placés côte à côte.

Centrale de réception radio

Toutefois, vous pouvez simplifier l'installation avec un transmetteur téléphonique relié aux détecteurs d'alarme par liaison radio, ce qui supprime toute liaison filaire et permet de placer l'appareil à côté du poste téléphonique ou de le cacher au fond d'un placard, pour qu'un intrus ne le trouve pas lorsqu'il est en alerte.
S'il reçoit un signal d'alarme, le système appelle le numéro de téléphone programmé selon l'urgence (les pompiers si c'est une alarme incendie ou fuite de gaz ou la police si c'est une intrusion). L'appareil enregistre ainsi 4 numéros avec un ordre de priorité.

Télésurveillance technique
1 Centrale d'alarme
2 Capteur congélateur
3 Détecteur d'inondation
4 Détecteur de fuite de gaz
5 Détecteur de fumée
6 Transmetteur téléphonique

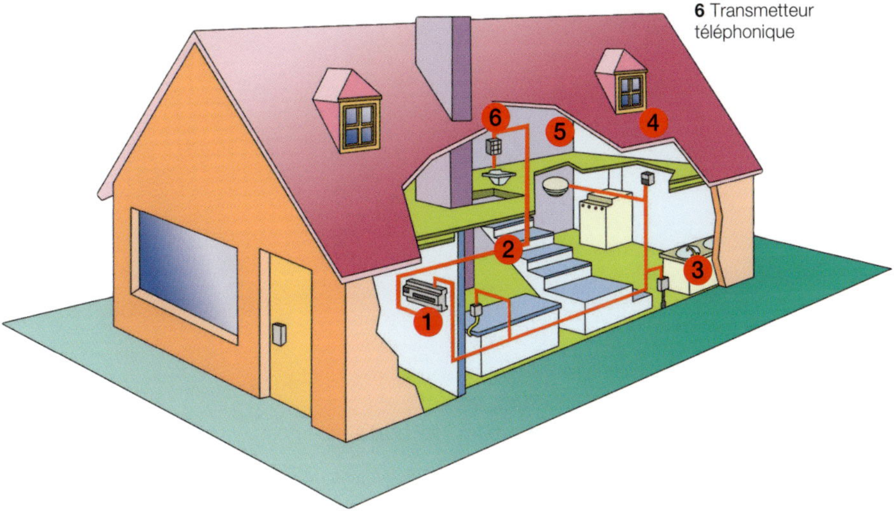

VOIR AUSSI Réseau de téléphone **82-83**, Commande par radio **134-135**

Télécommande infrarouge

Un rayon de lumière infrarouge (donc invisible à l'œil humain) transmet des ordres au moyen d'une modulation codée. Cette technique est utilisée pour régler à distance un téléviseur, un magnétoscope, une chaîne hi-fi. Elle permet également de commander les points d'éclairage ou les appareils électriques à l'intérieur d'une pièce, car le faisceau infrarouge ne traverse pas les murs.

L'émetteur de télécommande
Comme il est alimenté par des piles, l'émetteur de télécommande peut même être utilisé depuis la baignoire, pour régler à distance la lumière, le chauffage, les stores ou le volume sonore de la chaîne hi-fi.

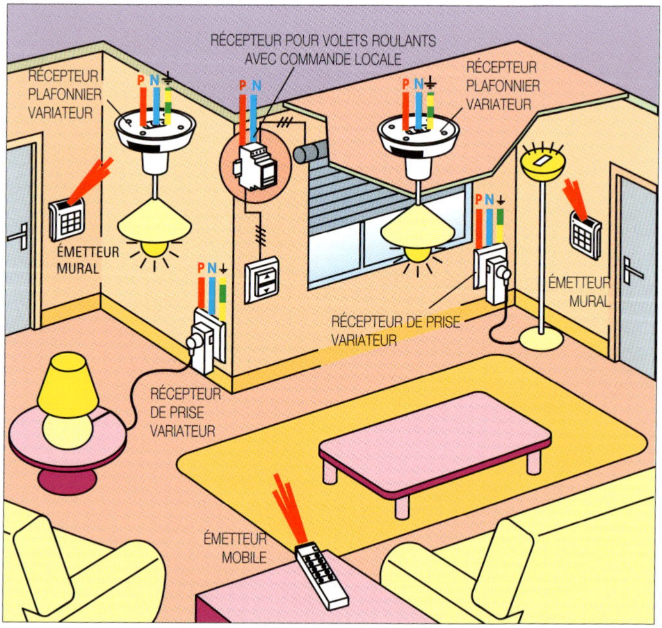

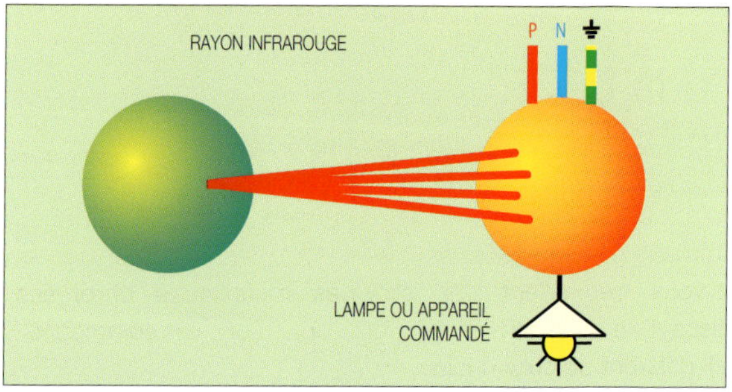

VOIR AUSSI Le tableau électrique principal **26-27**

Réglage du champ de détection

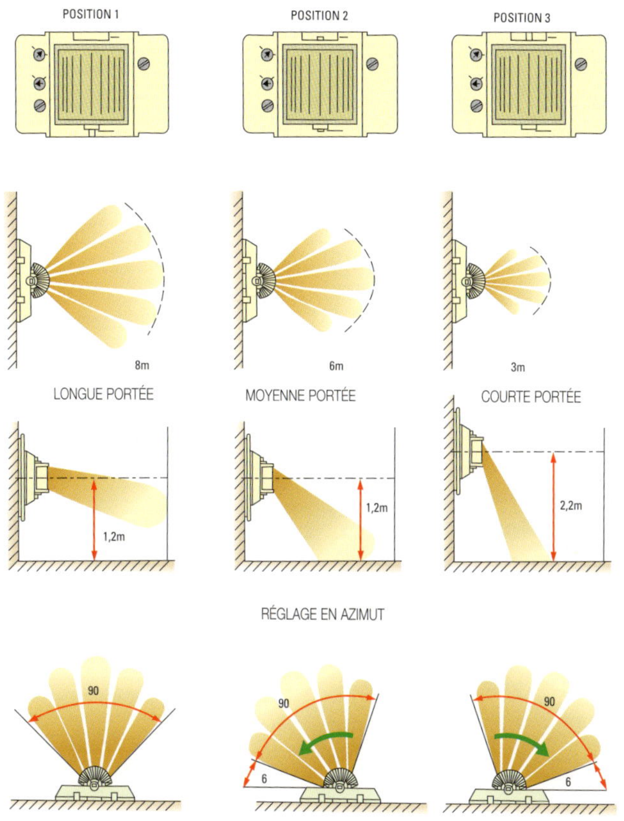

Pose en rénovation

Pour remplacer la commande manuelle des points d'éclairage par une télécommande à infrarouge, coupez d'abord le courant au disjoncteur, puis démontez l'embase de l'éclairage pour accéder à son câblage. Débranchez les fils. Posez l'embase réceptrice et branchez le fils sur son bornier. Adaptez l'appareil d'éclairage sur l'embase réceptrice. Déposez également l'interrupteur manuel et reliez au moyen d'un connecteur ou d'un domino, le fil d'arrivée de la phase active avec le départ de la phase coupée. Le récepteur se trouve alimenté en permanence, prêt à recevoir l'ordre de télécommande pour alimenter l'appareil qu'il commande.

Position des récepteurs

La directivité du faisceau infrarouge impose de viser un récepteur. Il convient donc d'étudier soigneusement l'implantation des récepteurs. Dans le cas d'un interrupteur ou d'un variateur, l'appareil télécommandé par infrarouge peut se placer au même endroit qu'un appareil classique. Méfiez-vous cependant des surfaces métalliques chromées qui réfléchissent le faisceau et peuvent provoquer la commande d'un appareil différent de celui choisi.

VOIR AUSSI Routage des circuits **40-41**

Commande par radio

Les progrès apportés par la modulation de fréquence et le codage numérique ont éliminé les inconvénients de la télécommande radio liés aux interférences. Aujourd'hui, avec la fréquence normalisée de 433,92 MHz, la télécommande radio est parfaitement fiable. On peut ainsi commander les appareils électriques les plus divers, à l'intérieur comme à l'extérieur de la maison, puisque les ondes passent à travers les murs.

Mise en œuvre du système

Le système de télécommande radio se compose d'un ou plusieurs émetteurs d'ordres codés et de récepteurs. Les seconds apprennent à reconnaître le code de l'émetteur (inscrit à sa fabrication) dès la première émission. Comme les ondes se propagent dans toutes les directions, un émetteur peut commander plusieurs appareils situés dans son volume de propagation, qu'ils se trouvent à un étage différent, dans une autre pièce, ou même à l'extérieur. De la même façon, un récepteur peut recevoir un ordre envoyé sans le viser.

L'émetteur est alimenté par une pile, avec une autonomie typique de l'ordre de 10 000 manœuvres. Il peut être intégré dans un boîtier de télécommande classique, un porte-clés, un pendentif ou un appareil de commande (interrupteur ou variateur).

Les récepteurs peuvent être placés dans les équipements à commander ou accolés à ceux-ci. On peut aussi implanter un récepteur à plusieurs canaux dans le tableau de répartition pour commander par exemple le chauffage ou la climatisation.

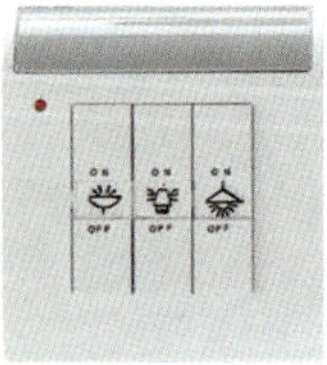

Émetteur
L'émetteur à 3 canaux codés de ce triple interrupteur peut commander trois appareils d'éclairage situés à l'intérieur ou à l'extérieur.

VOIR AUSSI Le tableau électrique principal **26-27,** Le tableau de répartition **30-31**

Portée et utilisations

La télécommande radio fut d'abord développée pour les applications industrielles, car elle fonctionne en tous milieux, poussiéreux ou humides. Dans l'habitation, on peut ainsi l'utiliser avec des points de commande à l'intérieur des volumes 1 et 2 d'une salle de bains, ou, au dehors, sur le bord de la piscine, par exemple.

Par ailleurs, comme les ondes radio passent à travers les meubles, la végétation et même les murs (plus ou moins selon leur constitution, voir ci-dessous à gauche) on peut commander depuis l'intérieur un appareil situé à l'extérieur, et inversement.

Le récepteur peut commander directement un dispositif de coupure ou de réglage proportionnel (variateur), jusqu'à des puissances de quelques kilowatts. Pour commander des circuits véhiculant une plus forte puissance (chauffage, par exemple), le signal de commande est repris par un relais.

Les récepteurs à canaux multiples (voir ci-contre, dans la marge) qui se montent au tableau de répartition permettent de commander certains des circuits partant du tableau. Ces récepteurs sont alimentés par une batterie interne maintenue en charge par une alimentation 230 V protégée par un disjoncteur 2 A.

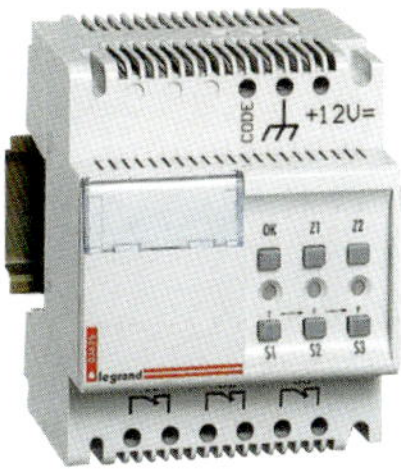

Récepteur
Ce récepteur à 3 canaux s'installe au tableau d'abonné.

Cloison creuse
Atténuation : 5 à 20 %

Briques, parpaings
Atténuation : 20 à 40 %

Béton armé
Atténuation : 40 à 90 % selon l'armature métallique et la disposition de l'émetteur

Bardage métallique, pare-vapeur aluminium
Atténuation : 90 à 100 %

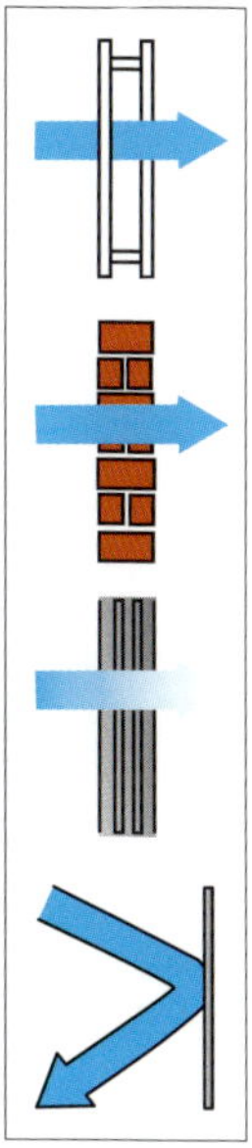

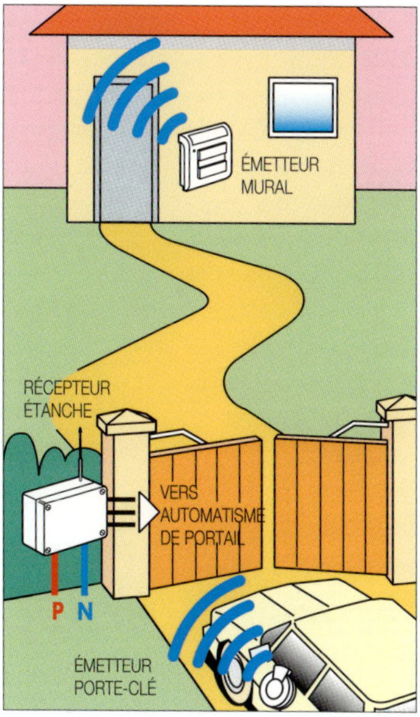

Commandes multiples
Avec une télécommande radio, on peut par exemple commander l'ouverture du portail, soit depuis l'intérieur avec un interrupteur fixe ou mobile, soit depuis la voiture, avec un émetteur porte-clés.

VOIR AUSSI Circuits d'éclairage **88-89**

Commande par courant porteur

Les fils qui alimentent les appareils électriques peuvent leur transmettre des ordres de commande au moyen d'une modulation du courant alternatif 50 Hz. Cette technique est particulièrement intéressante dans les habitations de grande surface ou construites en béton armé, où les ondes radio se propagent mal. De plus la commande par courant porteur peut facilement être combinée avec la télécommande infrarouge ou radio.

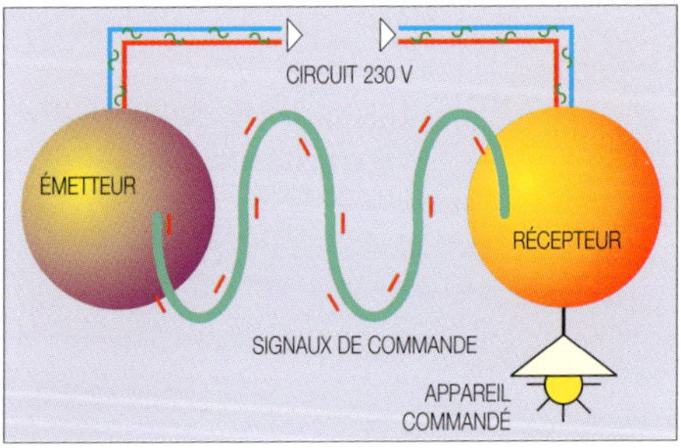

Principe du courant porteur
L'appareil de commande envoie son ordre sous forme d'une modulation du courant 50 Hz qui alimente l'appareil commandé.
Aucun raccordement physique particulier n'est à ajouter entre l'appareil de commande et l'équipement commandé.

Méthode de mise en œuvre

Il suffit de relier au circuit de l'appareil à commander, d'une part un émetteur de modulation, d'autre part un récepteur-décodeur associé à l'équipement. L'émetteur peut être intégré dans la platine d'un interrupteur ou d'un variateur. Il peut également être mobile, sous forme d'un boîtier à clavier de commande (voir ci-dessous) qu'il suffit de raccorder sur une prise électrique, par laquelle il enverra ses ordres. Il existe également des émetteurs combinés avec une réception d'ordres par radio ou infrarouge (voir en bas, page de droite).

Le récepteur est connecté sur l'alimentation de l'appareil commandé, soit dans son dispositif de commande (volets roulants, par exemple), soit dans une fiche insérée dans une prise de courant et sur laquelle s'enfiche la prise du cordon d'alimentation de l'appareil.

Des filtres modulaires permettent de délimiter les parties des circuits électriques où les courants porteurs peuvent circuler librement. Ces filtres servent également pour protéger le système des perturbations émises par la télévision ou les ordinateurs.

VOIR AUSSI Le tableau de répartition **30-31**, Réseau de téléphone **82-83**

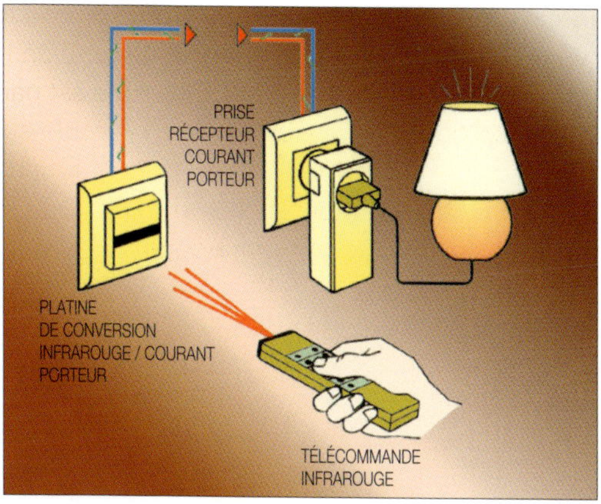

Les combinaisons

Les commandes par courant porteur peuvent parcourir l'ensemble des circuits délimités par les filtres. On peut ainsi commander un équipement situé dans une annexe depuis l'intérieur de l'habitation principale, ou encore un appareil domestique depuis un clavier de commande raccordé sur une prise du jardin.

Toutefois, il s'agit d'une commande manuelle qui nécessite la présence d'une prise de courant à proximité. Pour élargir le volume dans lequel ce type de commande est exploitable, on peut aisément combiner courant porteur et télécommande hertzienne, au moyen d'un émetteur d'ordres courant porteur intégré avec un récepteur infrarouge (voir ci-dessus) ou radio (voir ci-dessous).

Par ailleurs, la commande par courant porteur s'interface très facilement avec la télécommande téléphonique. Il suffit de placer côte à côte (au tableau de répartition) le récepteur téléphonique et un émetteur de courant porteur à plusieurs canaux.

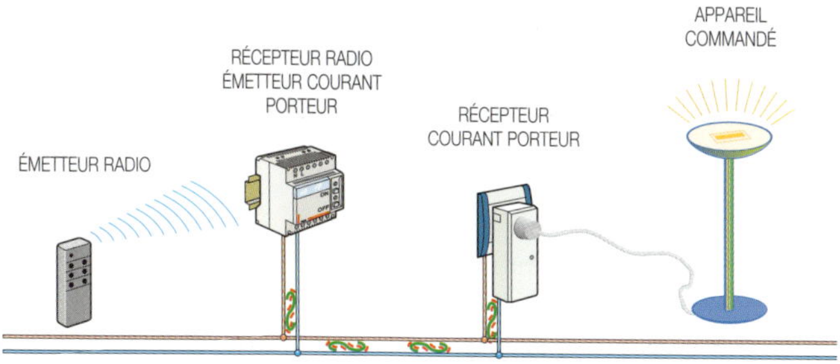

VOIR AUSSI Télécommande infrarouge **132-133**, Commande par radio **134-135**

Ouvrir les portes à distance

Commande d'ouverture et sécurité

Un système de télécommande radio permet de commander l'ouverture depuis le véhicule, alors que l'on arrive près de la porte. Pour intégrer ce système dans la protection anti-intrusion de la propriété, il suffit que son alimentation soit soumise à un ordre de mise en route par télécommande téléphonique, donné depuis un téléphone portable. Le même système peut être commandé depuis l'intérieur de la maison, par radio ou par l'intermédiaire d'un portier vidéo.

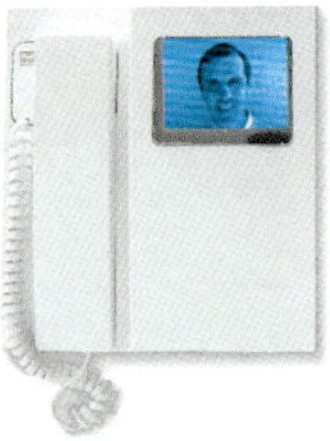

Commande par portier de villa

Quand le portail se trouve hors de vue depuis la maison, installez un portier, de préférence à caméra vidéo intégrée, qui permet d'identifier un visiteur et qui comporte un circuit pour commander l'ouverture. Reliez ce circuit au boîtier de commande du vérin de portail (à droite).

Au désagrément de devoir quitter son véhicule pour ouvrir un portail ou une porte de garage par mauvais temps s'ajoute la gêne occasionnée aux autres usagers quand on doit laisser son véhicule et ainsi bloquer la circulation.

Motoriser un portail à vantaux battants

Grâce aux kits vendus dans les magasins spécialisés, un amateur peut motoriser un portail à vantaux.

Le système à parallélogramme déformable motorisé par l'intermédiaire d'un réducteur à engrenages, convient aux portails légers et à l'abri des vents violents, du fait de la faible puissance de la motorisation (150 à 200 W par vantail).

Le système à vérin linéaire, le plus employé, utilise soit un vérin mécanique à vis / écrou, soit un vérin oléo-électrique où le moteur entraîne une pompe qui fournit la pression hydraulique au vérin.

Installation d'un vérin linéaire

Un boîtier de commande reçoit l'ordre d'ouverture et fournit l'alimentation aux vérins entraînant chaque vantail, en contrôlant leur synchronisme à partir des capteurs de butées.

1 Posez le support du pied de vérin sur le poteau.

2 Vissez le rail du coulisseau sur le vantail.

3 Fixez le boîtier de commande du moteur près du poteau.

4 Disposez la chape du vérin sur l'axe du coulisseau.

5 Vantail fermé, bloquez le coulisseau.

6 Raccordez le récepteur de télécommande.

VOIR AUSSI Le tableau électrique principal **26-27**, Alimenter un bâtiment annexe **122-12**

Au moyen d'un cordeau, tracez l'axe horizontal d'implantation du vérin et de son coulisseau. Posez le support fixe du vérin sur le poteau du portail **(1)** et le rail du coulisseau sur le vantail **(2)**, en respectant la distance indiquée dans la notice de pose. Fixez le boîtier de commande le plus près possible du pied du vérin **(3)**.

Placez le vérin sur son support et insérez le coulisseau dans son rail, puis amenez l'extrémité du vérin sur le coulisseau et assemblez celui-ci dans l'œil de chape **(4)**. Fermez le vantail et bloquez le coulisseau **(5)**.

Dans le boîtier de commande, raccordez la liaison avec la télécommande **(6)**, puis l'alimentation électrique par un circuit trifilaire (phase + neutre + terre) protégé par un disjoncteur différentiel.

Porte de garage

La plupart des portes de garage peuvent être motorisées, mais cette opération est relativement complexe pour une porte à vantaux.

Règles d'installation

Une porte ouvrant directement sur le trottoir d'une rue doit comporter un dispositif lumineux (clignotant orange) qui avertit les passants pendant toute la durée des mouvements d'ouverture et de fermeture. De plus, il est interdit de motoriser une porte qui empiéterait sur le passage public pendant la manœuvre.

Fixez solidement le moteur d'entraînement, au besoin sur un profilé métallique en U boulonné par des vis fixées dans des inserts sertis dans la maçonnerie.

N'implantez jamais directement un moteur sur une cloison de doublage ou un faux plafond.

Portes motorisables

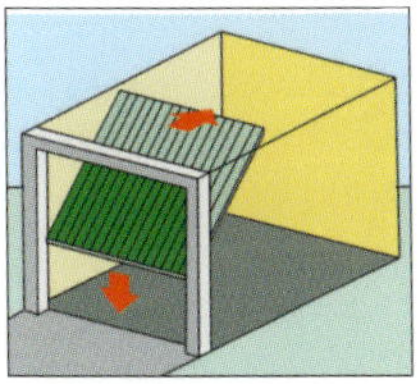

Basculante
Entraînement linéaire de puissance modérée

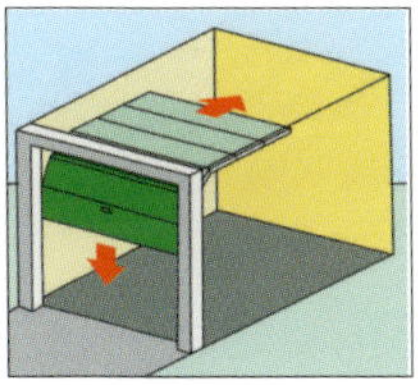

Sectionnelle
Entraînement linéaire ou éventuellement rotatif ; manœuvre douce et silencieuse

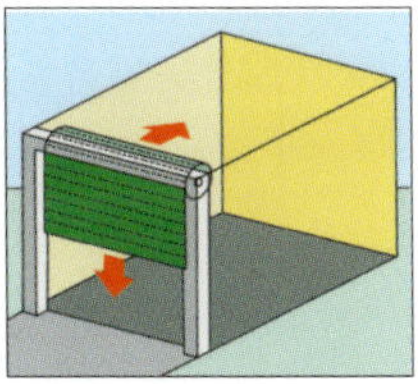

À enroulement
Dégage complètement la hauteur sous plafond avec entraînement de l'axe d'enroulement

Dispositifs de sécurité
Les portes sectionnelles comportent un dispositif antipince-doigts et le mécanisme est équipé d'un détecteur de coincement qui doit arrêter la fermeture si la porte heurte même un petit animal domestique. Alimentez le moteur par un circuit spécifique, protégé par disjoncteur différentiel, et ajoutez un bouton d'arrêt d'urgence à côté de l'ouverture.

Antipince-doigts
Le système le plus simple comprend une caméra, un boîtier de distribution et un récepteur de télévision.

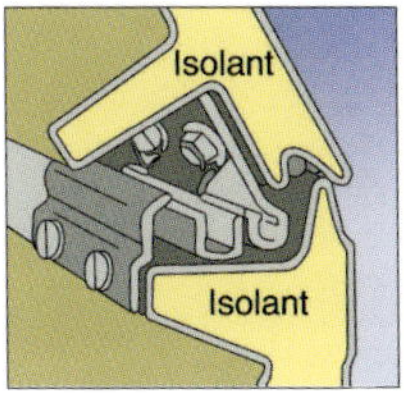

VOIR AUSSI Commande par téléphone **130-131**, Commande par radio **134-135**

Tout appareil à moteur électrique peut être télécommandé, soit simplement en marche / arrêt, soit parfois en variation de vitesse. L'ordre peut être véhiculé par courant porteur, infrarouge ou radio. Il peut également émaner d'un système de commande qui décide des ordres en fonction de paramètres programmables et / ou fournis par des capteurs d'ambiance. On peut ainsi commander automatiquement la position de stores en fonction du vent et de l'ensoleillement, ou encore l'arrosage dans une serre ou un jardin.

Commande des volets ou des stores

Les volets roulants sont normalement commandés par un interrupteur spécifique. Cette opération peut être télécommandée par téléphone, ou encore par un programmateur qui les ouvre et les ferme en agissant aussi sur l'éclairage pour laisser croire aux passants que la maison est occupée. Pour les stores bannes, il existe un système automatique qui relève les stores quand il n'y a plus de soleil ou quand le vent dépasse une valeur de sécurité. Ce système fonctionne à partir d'un anémomètre et d'un capteur d'ensoleillement. Il intervient en parallèle sur la commande manuelle, laquelle peut conserver la priorité à la fermeture, mais perd toute autorité pour une ouverture par vent fort.

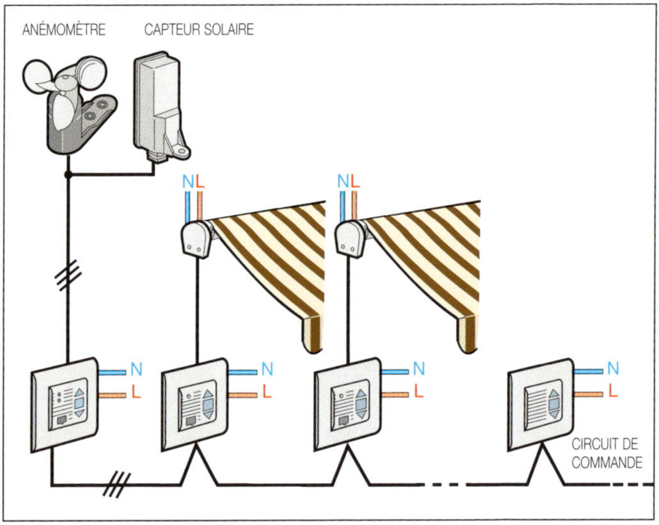

VOIR AUSSI Éclairage du jardin et pompes **120-121**

Règles générales d'installation

La logique de commande programmée dans le système compare les valeurs de consigne affichées pour chaque manœuvre avec les valeurs constatées fournies par les capteurs. Si un paramètre sort des limites programmées, le système élabore un ordre de commande pour ramener la situation à la normale. Ces ordres sont tout-ou-rien (marche / arrêt) ou proportionnels (variation continue).

Dispositifs de sécurité

Tout automatisme qui risque de mettre en jeu la sécurité des occupants doit être « bouclé », c'est-à-dire rendre compte de la bonne réalisation de chaque ordre et, si le constat est négatif, déclencher une alarme. Celle-ci, sonore et / ou visuelle peut être transmise à un système de gestion centrale des alarmes, qui peut éventuellement la relayer vers un équipement de télésurveillance. De plus, ces systèmes doivent comporter une fonction en « mode dégradé » qui place l'équipement en position de sûreté quand la commande est défaillante.

En outre, les fermetures qui peuvent coincer un membre d'adulte ou un enfant comportent un limiteur d'effort qui fait patiner l'entraînement si le mécanisme est arrêté dans sa course.

Commande de volets

L'esthétique de cette platine de commande pour les volets roulants s'harmonise avec l'ambiance d'une chambre ou d'un séjour.

Commande d'arrosage

Le jardinier amoureux de son travail est toujours inquiet quand il doit s'absenter pour plusieurs jours pendant la belle saison. À moins d'avoir un voisin serviable, on risque de retrouver les plantations assoiffées.

Il existe une gamme d'appareils vendus dans les jardineries pour commander automatiquement l'arrosage. Les plus simples fonctionnent sur un cycle programmé qui détermine la fréquence, l'heure de début d'arrosage et la quantité d'eau à débiter à chaque fois – éventuellement une quantité différente pour 2, 3 ou 4 zones – avec possibilité d'annuler un cycle pendant 24 heures en cas de pluie.

Les systèmes les plus performants prennent en compte la pluviométrie ou l'hygrométrie ambiante (notamment installés dans les serres horticoles) et l'ensoleillement pour déterminer le moment et la durée d'un arrosage.

VOIR AUSSI Commande par téléphone **130-131**

Protection contre la foudre

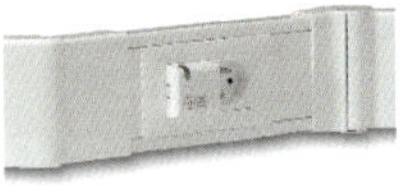

Parafoudre intégré
Il est possible d'intégrer un parafoudre dans une goulotte pour protéger spécifiquement une prise destinée à alimenter un appareil sensible (ordinateur) ou dont l'arrêt de fonctionnement du fait d'une surtension aurait de sérieuses conséquences (congélateur).

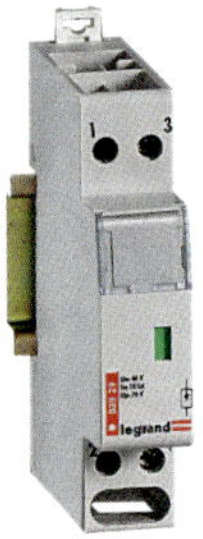

Parafoudre au tableau
Le tableau d'abonné peut recevoir un parafoudre principal chargé de protéger l'ensemble de l'installation. Des parafoudres modulaires (ci-dessus un parafoudre pour ligne téléphonique) placés sur le tableau principal ou sur les tableaux auxiliaires ont pour mission de protéger individuellement les circuits sensibles. L'idéal est qu'ils soient à cassette de rechange, remplaçables en cas de coup de foudre.

Chacun connaît la foudre, phénomène atmosphérique lié à l'orage, et qui se manifeste par un violent éclair, parfois par la formation d'une boule de feu. Personne ne sait vraiment l'expliquer. On ne connaît que trop, en revanche, les effets de la brusque décharge d'électricité à très haute tension qu'elle génère, et sa propagation dans tout élément conducteur, en particulier la terre. Même sans phénomène spectaculaire, il en résulte de brutales surtension capables d'endommager les appareils raccordés à l'installation, surtout les plus sensibles comme les ordinateurs. Il est donc nécessaire de se protéger contre la foudre.

Les surtensions d'origine atmosphérique

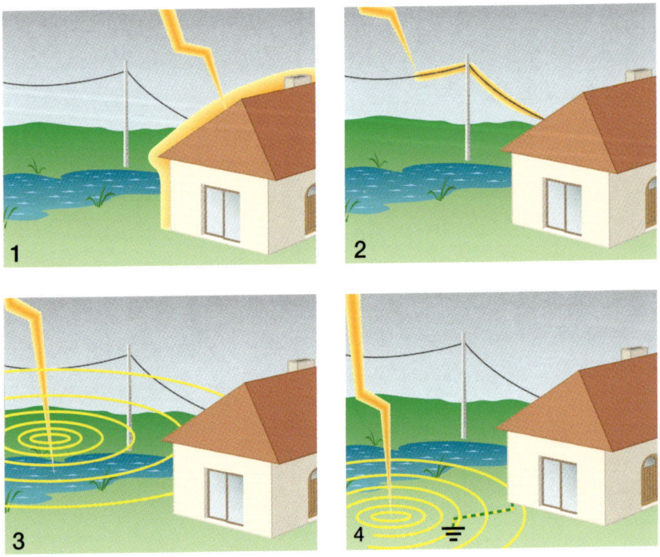

Toutes liées à l'orage, ces surtensions résultent de la propagation de la foudre qui se fait de différentes façons.

Les agressions directes
Elles se produisent au point d'impact de la foudre (par exemple sur la maison) et ont pour conséquence l'écoulement de courants électriques de forte intensité, dans les éléments plus ou moins conducteurs rencontrés **(1)**.

VOIR AUSSI Circuit cuisine **70-71**, L'eau chaude sanitaire **74-75**

Les agressions indirectes

Elles résultent d'une agression directe, qui se propage diversement sur le réseau électrique, jusqu'à l'intérieur du bâtiment où elles peuvent endommager l'installation et tous les appareils raccordés à celle-ci.

- **Les surtensions sur les lignes.** Elles sont le résultat de l'impact de la foudre sur une ligne aérienne haute ou moyenne tension **(2)**, pouvant créer une surtension de plusieurs milliers de volts et un courant de plusieurs milliers d'ampères.
- **Les surtensions par couplage électromagnétiques.** Elles proviennent du rayonnement électromagnétique issu du choc de la foudre à proximité d'un réseau électrique **(3)**, créant une surtension qui se propage directement par le bâtiment ou par l'intermédiaire du réseau à l'installation électrique de la maison.
- **Les surtensions par remontée de terre.** Elles sont liées à une élévation du potentiel du réseau de terre qui se propage à l'installation lorsque la foudre frappe le sol **(4)**.

Conséquences des surtensions

- **Les surtensions entre le réseau électrique et une structure métallique** du bâtiment ou le réseau de terre entraîne une destruction du tableau électrique (avec de sérieux risques d'incendie).
- **Les surtensions entre phase et neutre** endommagent les appareils eux-mêmes.

Parafoudre sur la ligne de terre

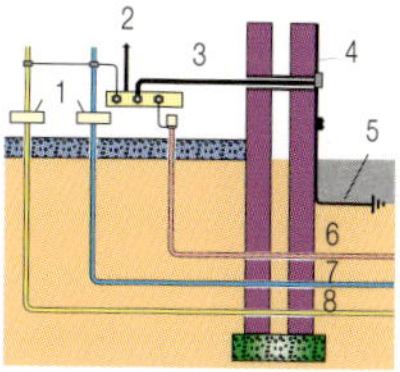

1 Compteurs
2 Vers le tableau d'abonné
3 Barre de terre principale
4 Descente du paratonnerre
5 Vers le réseau de terre
6 Câble électrique
7 Eau
8 Gaz

Dans les zones (ou les sites) à très forts risques d'impact de foudre, il peut être nécessaire d'installer un parafoudre sur la ligne de terre, de type paratonnerre. Cette solution offre une garantie classique optimale mais passe aussi par l'installation d'un dispositif aérien important. Elle suppose aussi une prise de terre de qualité irréprochable.

La foudre en France

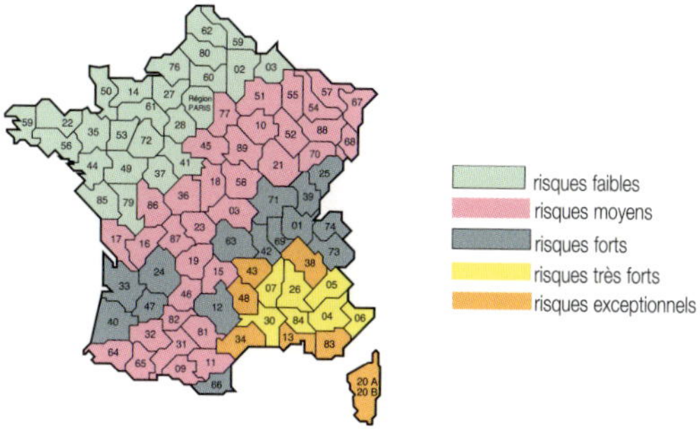

L'enregistrement des impacts de foudre fait l'objet d'une statistique précise permettant d'établir une véritable cartographie nationale de l'exposition aux risques de foudroiement. Vous pouvez en tirer les conséquences quant à l'intérêt de doter votre installation d'une protection parafoudre plus ou moins importante.

VOIR AUSSI Régulation du chauffage central **160-161**

Protection contre la foudre

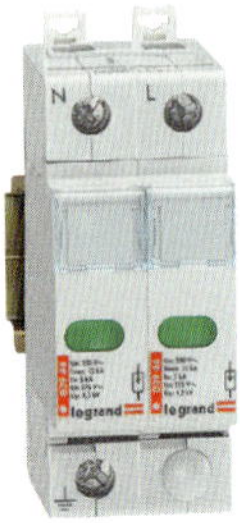

Parafoudre à modules débrochables
Installé directement au tableau principal, ce genre de matériel possède des modules de rechange débrochable qui permettent une remise en service rapide de l'installation après un incident.

Facile à réaliser sans connaissances particulières en électricité, l'installation de parafroudre général ou de parafoudres sur les circuits sensibles garantit une protection optimale contre les surtensions d'origine atmosphérique.

L'installation d'un parafoudre

Plusieurs solutions se présentent en fonction de la nature du risque (voir la carte page 143), de l'installation existante et des matériels à protéger :

- une simple barrette de prises à parafoudre (et généralement à dispositif antiparasite) intégré ;
- un parafoudre de proximité sur le ou les circuits à protéger ;
- un parafoudre de tableau, dont le type lui-même, sera fonction du niveau de protection que vous souhaitez obtenir ;
- un parafoudre par ligne sensible au tableau ou sur les tableaux auxiliaires.

SCHÉMA DE PRINCIPE D'INSTALLATION D'UN PARAFOUDRE AU TABLEAU

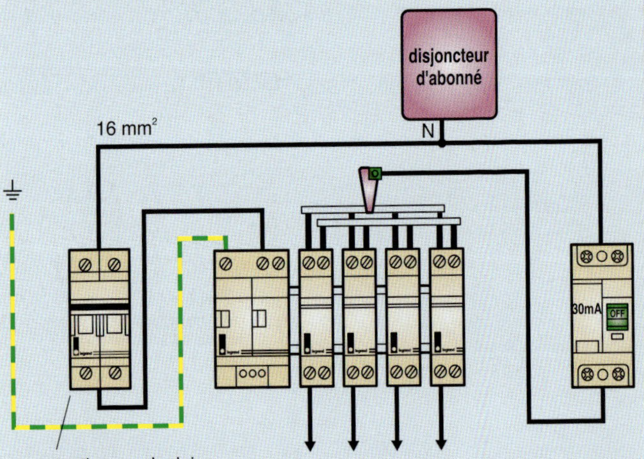

Parafoudre de tableau
L'installation d'un parafoudre de tableau offre une protection générale de l'installation suffisante dans les zones où les risques sont faibles ou moyens, et lorsqu'elle n'alimente pas d'appareils particulièrement sensibles.

VOIR AUSSI Alimentation de chauffage d'appoint **64-65**, Équipement de la cuisine **66-6**
Cuisinières et fours **68-69**

SCHÉMA DE PRINCIPE D'INSTALLATION D'UN PARAFOUDRE DE TABLEAU

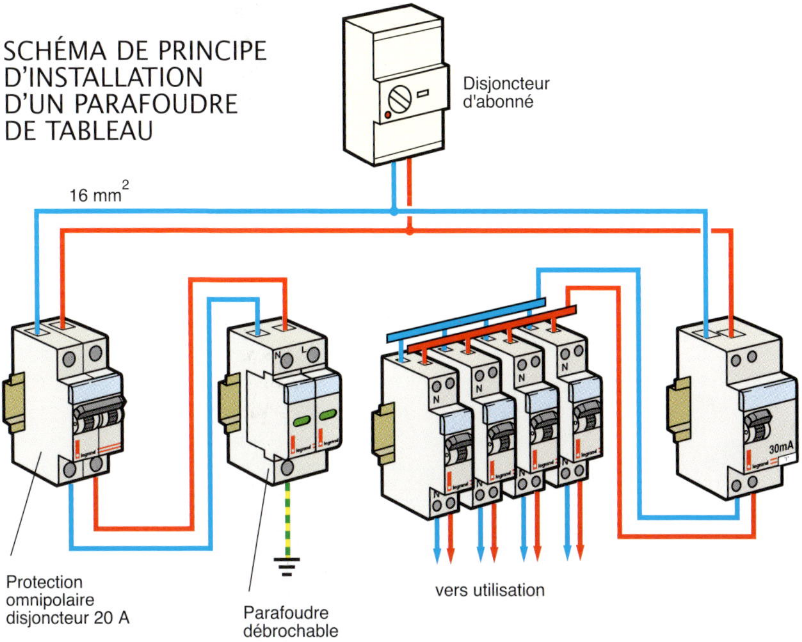

PROTECTION D'UNE LIGNE SENSIBLE

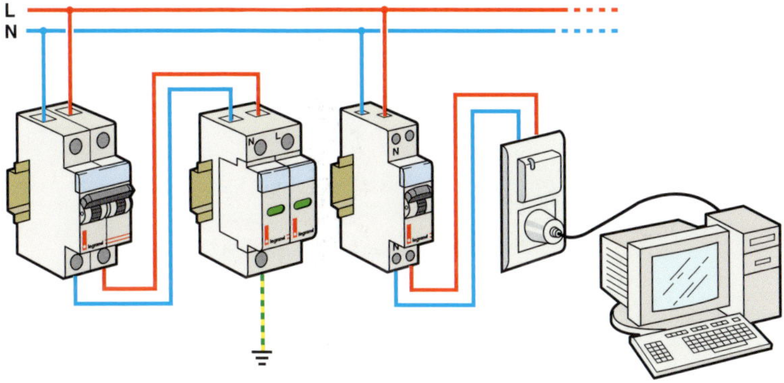

Protection des lignes sensibles
Lorsque l'installation alimente des appareils sensibles (ordinateurs), de prix important (téléviseur de haute qualité) où dont l'arrêt a des conséquences importantes (congélateur), on peut être conduit à protéger plusieurs parafoudres en cascade ou individualisés en fonction des lignes à protéger.

VOIR AUSSI Circuit cuisine **70-71**, L'eau chaude sanitaire **74-75**, Circuits d'éclairage **88-89**

Protection contre les parasites

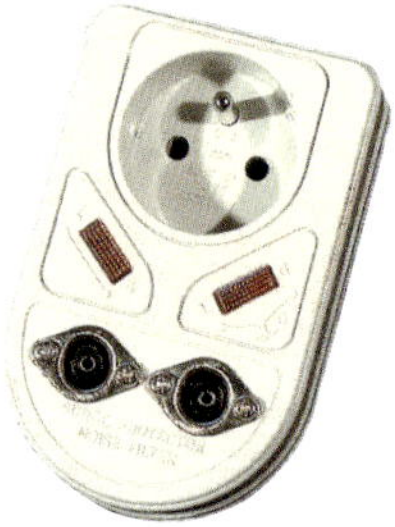

Les fiches antiparasites interposées entre le réseau d'alimentation et l'appareil à protéger possèdent des filtres intégrés qui protègent contre la progression des parasites. Ce sont des moyens simples et efficaces de protection.

Parasites électriques, les interférences peuvent perturber le fonctionnement des appareils informatiques, mais aussi radiophoniques et télévisuels.
Il en est de même pour tous les appareils pilotés par télécommande, système qui tend aujourd'hui à se répandre, même dans le domaine de l'installation domestique. Tout appareil intégrant un microprocesseur peut aussi en souffrir.

L'origine des parasites

Les parasites électromagnétiques proviennent de différentes sources allant d'un éclairage au néon usé au téléphone portable, en passant par le cyclomoteur mal antiparasité ou le matériel de bricolage défectueux. Les parasites constituent une véritable pollution qui peut perturber le fonctionnement des appareils sensibles comme les micro-ordinateurs, les télécommandes et, bien sûr, la télévision.
On distingue les parasites électriques et ceux électromagnétiques, les uns pouvant engendrer les autres, et vice-versa, d'où la difficulté de les identifier, d'en trouver l'origine et d'en faire disparaître la cause.
Filtrage et blindage sont parmi les moyens de protection les plus simples.
Le label CE certifie les appareils électriques ou électromagnétiques dont les émissions polluantes sont très réduites.

La propagation des parasites

Les parasites de conduction voyagent dans les fils électriques et perturbent le fonctionnement des appareils qui y sont raccordés.
Les parasites d'induction sont des ondes et, à ce titre, voyagent dans l'atmosphère et concernent surtout les appareils comme la radio et la télévision, mais aussi toutes les télécommandes radio.
La lutte contre les parasites d'induction se limite à éviter leur production et leur émission.
On peut, par exemple, s'attacher à raccorder la carcasse des appareils électriques sensibles (tubes fluorescents) à la terre pour éviter que, dysfonctionnant, ils ne se transforment en véritable antenne à parasites d'induction. Le blindage des câbles de certains appareils informatiques est aussi une bonne solution.
La meilleure façon de protéger les appareils les plus sensibles, comme les ordinateurs ou la télévision reste cependant le filtrage, qui s'obtient par l'intermédiaire de prises de protection.

VOIR AUSSI Câble souple **20-21**, Les coupe-circuits **32-33**,
Répartition et constitution des circuits **36-37**

Sécurité sur le toit

Qu'il s'agisse d'une antenne hetrzienne ou d'une parabole, l'installation d'une antenne TV passe presque toujours par un travail en hauteur. Il faut donc prendre un certain nombre de précautions pour travailler en toute sécurité.

- Ne travaillez jamais seul : c'est inconfortable et pénible car vous devrez redescendre de l'échelle ou du toit à chaque fois que vous aurez besoin d'un outil ou d'un matériel, mais surtout personne ne pourra vous venir en aide s'il vous arrive quelque chose.
- Ne montez jamais sur le toit par temps de pluie, à plus forte raison s'il fait orageux.
- Donnez du « pied » à votre échelle, en écartant convenablement celui-ci du bas du mur (pour éviter que l'échelle ne se renverse), mais pas trop (pour faire en sorte qu'elle ne chasse pas du pied). Sur un sol meuble, assurez-en le bas des montants avec des piquets et attachez éventuellement le haut de ceux-ci à la gouttière.
- Ne travaillez sur le toit qu'avec une échelle de couvreur (à montants et barreaux plats), munie si nécessaire d'un paillasson d'extrémité pour ne pas abîmer les ardoises ou les tuiles.
- Ne montez jamais sur une toiture dont la charpente n'est pas en bon état.
- Ne travaillez jamais sur une installation sans avoir, au préalable coupé le courant au disjoncteur principal et pris la précaution supplémentaire d'enlever le fusible du circuit concerné.
- Si, comme c'est fréquent, l'antenne est à fixer sur une souche de cheminée, contrôlez d'abord la solidité de celle-ci (on a souvent des surprises), car l'antenne offrira une prise au vent qui peut la déstabiliser.
- Assurez le haut de l'échelle avec une corde.
- Portez un harnais de sécurité, relié à une corde solide, elle-même passée en rappel autour de la souche de la cheminée.
- Portez de bonnes chaussures, si possible à bout renforcé.
- En montant à l'échelle, engagez bien les pieds sur les barreaux, en longeant les montants (jamais au milieu des barreaux).
- Portez des gants de bricolage pour éviter les échardes avec les échelles en bois, et pour ne pas vous couper avec le feuillard de fixation de l'antenne.
- Inventoriez tout le matériel, les outils et accessoires dont vous aurez besoin et placez-les dans une musette de plombier, bien fermée.

Cette barette d'alimentation multiprise intègre une protection HF et garantit contre les surtensions modérées sur le réseau. C'est un accessoire indispensable pour l'alimentation d'un ordinateur personnel.

VOIR AUSSI Conduits en plastique 39, Routage des circuits 40-41

La télévision par satellite

Il n'y a pas si longtemps encore, l'installation de télévision se limitait à un câble, éventuellement un répartiteur, une ou deux prises, et, à l'autre bout, une antenne hertzienne de toit. Si l'architecture reste la même, la multiplication des chaînes, la cohabitation de systèmes de réception hertzien et satellite, parfois le câble en ville, impose de nouvelles méthodes de collecte et de répartition des signaux.

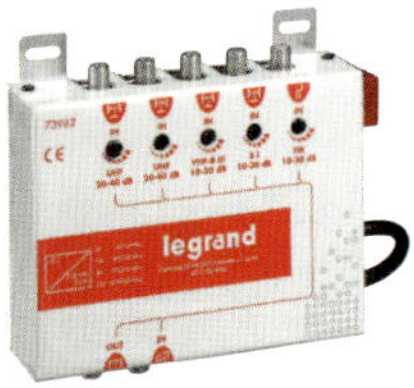

Centrale de réception
Il existe différents modèles de centrales de ce genre en fonction des options retenues (plus ou moins grand nombre d'entrées satellite).

Les centrales de réception

On pense souvent que la parabole se substitue simplement à la bonne vielle antenne hetzienne. En fait il est souvent plus intéressant de conserver la première et de dédier la seconde aux programmes spécifiques qu'elle peut offrir, pour ne pas l'encombrer des chaînes du domaine public (lesquelles, d'ailleurs, peuvent bénéficier d'une transmission hertzienne numérique sous certaines conditions). Le système permet en outre de véhiculer les signaux FM et d'avoir ainsi une excellente réception radiophonique. Enfin, grâce à ce genre de centrale, on peut procéder à une répartition entre les différents appareils de même type qui équipent aujourd'hui une maison.
La centrale présentée ici offre cinq entrées hertziennes et une entrée satellite alimentant plusieurs prises de télévision.

Prise télévision sur plinthe électrique
Les plinthes électriques peuvent accueillir les réseaux très basse tension de hi-fi, téléphone et télévision. Une seule contrainte : ne pas faire cohabiter ces conducteurs avec les fils électriques 240 V sans la même rainure.

La fiche d'antenne

Lorsque la télévision marche mal et que la réception devient mauvaise, on a vite fait d'incriminer la chaîne, puis l'émetteur, ensuiten l'antenne et enfin le poste de télévision lui-même, sans penser que le défaut peut tout simplement provenir d'un raccordement défectueux au niveau de la fiche coaxiale de branchement du fil d'antenne au poste ou à l'antenne. On hésite souvent à intervenir à ce niveau, imaginant quelque raccordement de précision, une soudure. Il n'en est rien. Il suffit d'être méthodique et d'avoir un minimum d'adresse pour démonter et remonter l'ensemble, en veillant tout particulièrement à l'ordre des pièces. Les dénudages de la tresse et du conducteur central doivent être précis, en s'efforçant de ne pas entamer le métal.

VOIR AUSSI Le tableau électrique principal **26-27**

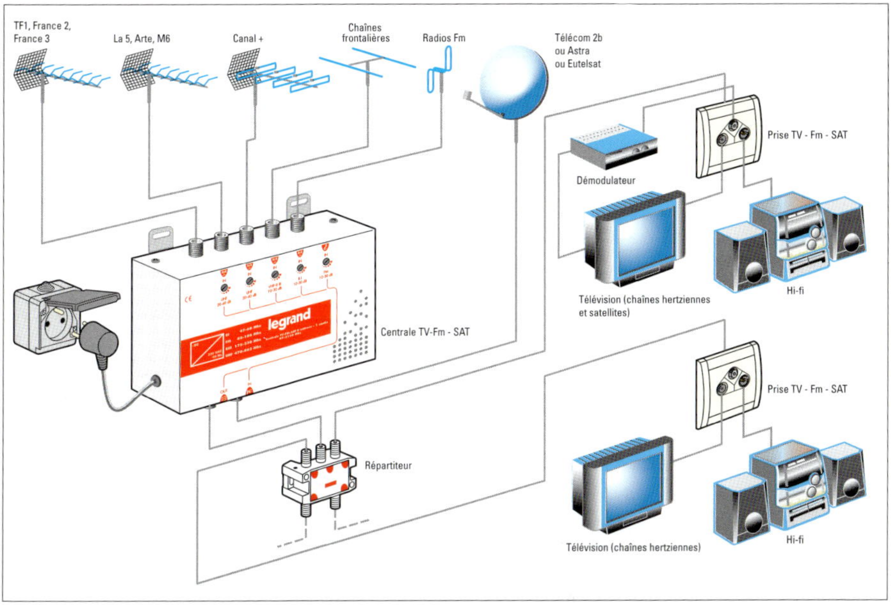

Raccordement du câble coaxial sur un boîtier d'antenne

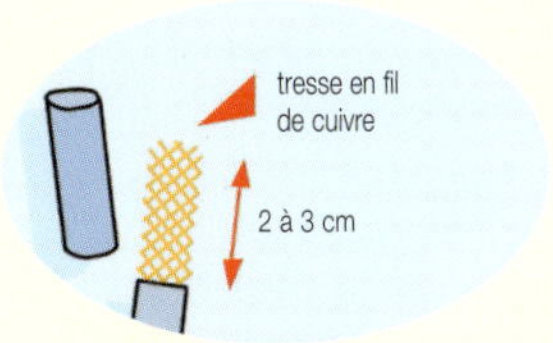

1 - Coupez la gaine extérieure à 2 ou 3 cm de l'extrémité, sans entamer la tresse.

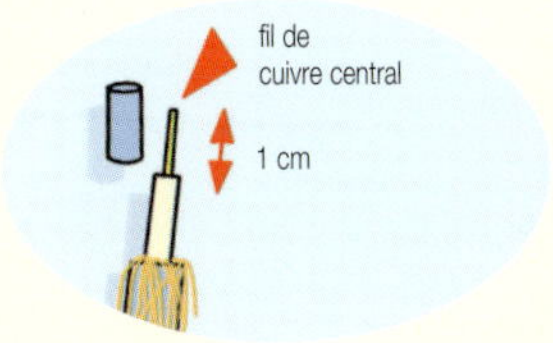

2 - Roulez la tresse vers l'arrière pour la rabattre complètement et la serrer autour de la gaine extérieure.

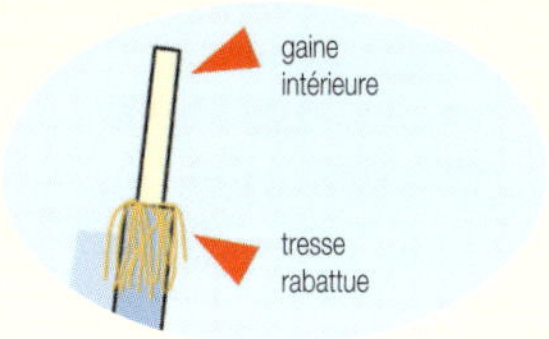

3 - Coupez la gaine intérieure à 1 cm de l'extrémité de l'âme et dénudez-la.

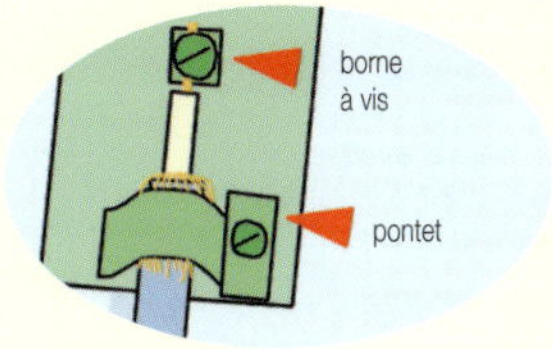

4 - Enfilez le câble sous le pontet, bloquez l'âme sous la vis de la borne, puis serrez le pontet sur le rabat de la tresse.

VOIR AUSSI Les coupe-circuits **32-33**

Pompe à chaleur intégrée
Cet équipement peut remplacer la chaudière de chauffage central ou simplement la compléter ; dans ce dernier cas, on dit que la pompe à chaleur travaille en « relève » de la chaudière. Le bloc comprend le condenseur et l'évaporateur, la chaleur est alors envoyée au chauffage central par le gros tuyau sortant à gauche.

Il faut consommer beaucoup moins d'énergie pour transporter de la chaleur que pour la générer *in situ*. Mais s'il paraît relativement simple de prélever de la chaleur d'un milieu chaud pour la transférer dans une enceinte plus froide, on comprend que l'inverse nécessite de « pomper » la chaleur. La pompe à chaleur est une machine dont le principe est connu depuis près de deux siècles et qui est mis en œuvre dans les réfrigérateurs. Cette machine peut servir pour chauffer un logement, mais, quand elle est réversible (les spécialistes disent « renversable »), elle chauffe l'hiver et rafraîchit l'été.

Choix de la technique

La pompe à chaleur peut fournir le chauffage de fond, un appoint étant apporté si nécessaire par des convecteurs électriques.
Le système le plus simple est celui de la pompe air/air **(1)**, le premier à avoir été utilisé pour le chauffage des logements. La chaleur peut être prélevée à l'extérieur ou, plus souvent, dans l'air vicié extrait du logement par un système de ventilation mécanique.
Quand on dispose d'une source hydraulique abondante, une rivière ou un plan d'eau à proximité, on peut recourir à la pompe à chaleur air/eau **(2)**, qui fournit la chaleur à un système de chauffage par air pulsé.
La pompe eau/air **(3)** prélève toujours sa chaleur dans l'air extérieur ou celui évacué du logement, mais elle la cède à un circuit de chauffage central. Celui-ci peut comporter des radiateurs classiques et/ou un plancher chauffant.
Dans ce dernier cas, en utilisant une machine réversible, l'été on peut faire circuler de l'eau froide au lieu d'eau chaude dans le réseau de tuyaux noyés dans le plancher, pour rafraîchir le logement.

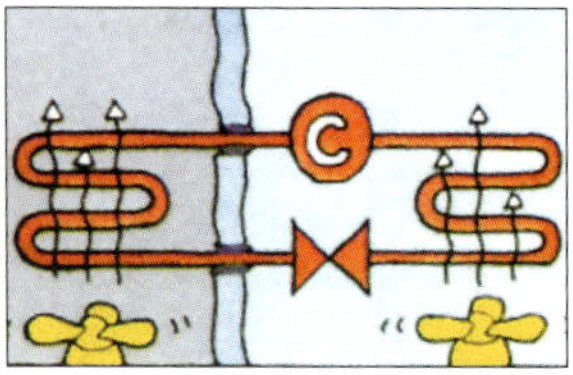

1 Pompe à chaleur air/air

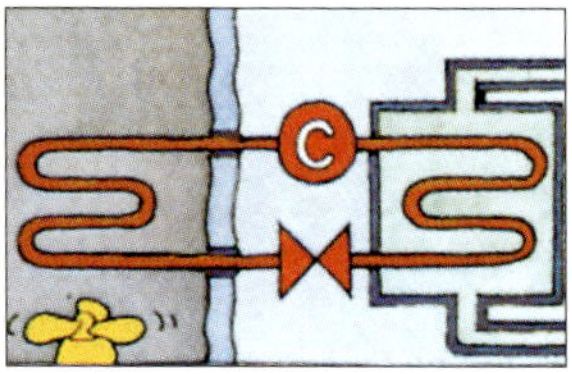

2 Pompe à chaleur air/eau

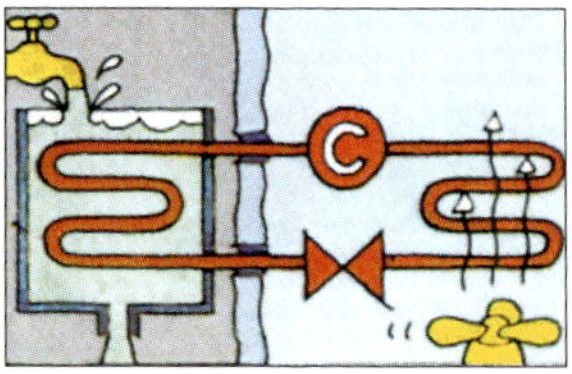

3 Pompe à chaleur eau/air

La climatisation réversible

La climatisation des habitations progresse régulièrement. Le phénomène s'est amplifié avec la mise sur le marché de systèmes réversibles pouvant fournir aussi bien de la chaleur par temps froid que de la fraîcheur les jours de canicule.

Les appareils que les spécialistes appellent « thermo-frigopompe » vont des simples climatiseurs split réversibles à des générateurs thermodynamiques complets. Les premiers sont des appareils très discrets (voir ci-contre), mais n'apportent qu'un chauffage d'appoint, qui se révèle cependant très intéressant au plan de l'économie d'énergie, surtout pendant la mi-saison. Le générateur thermodynamique quant à lui constitue le cœur d'un véritable système de régulation climatique d'un logement (voir en bas). Ces systèmes fonctionnent, soit par inversion du cycle du fluide frigorigène, soit en renversant le sens de circulation du fluide caloporteur (eau ou air selon les appareils).

Un climatiseur réversible

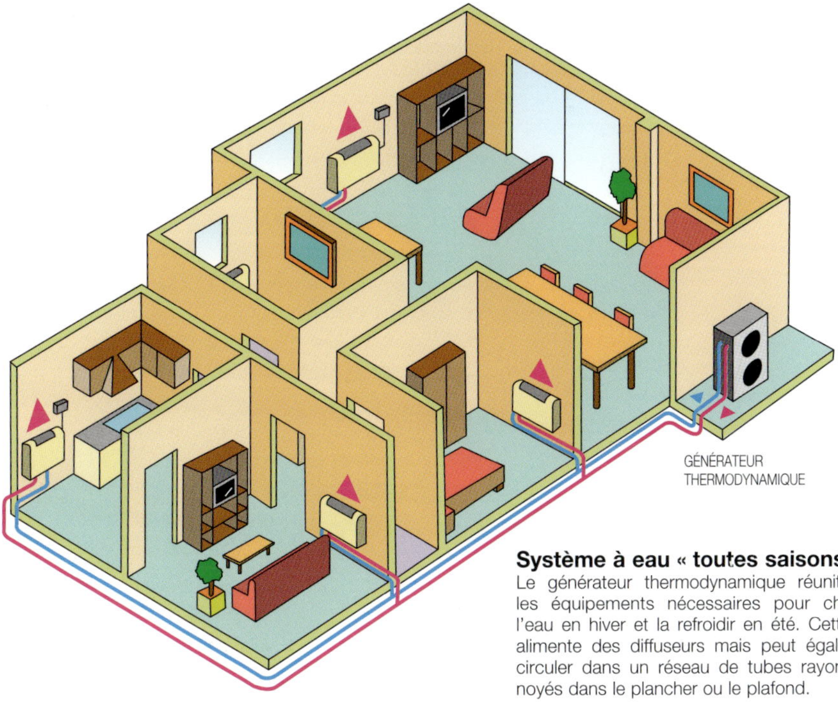

Système à eau « toutes saisons »
Le générateur thermodynamique réunit tous les équipements nécessaires pour chauffer l'eau en hiver et la refroidir en été. Cette eau alimente des diffuseurs mais peut également circuler dans un réseau de tubes rayonnants noyés dans le plancher ou le plafond.

VOIR AUSSI Le tableau électrique principal **26-27**

Système thermodynamique

Le système de chauffage thermodynamique offre la méthode la plus performante pour réduire l'énergie consommée en chauffage au minimum du possible, compte tenu des technologies disponibles pour le chauffage domestique. Le principe consiste à combiner plusieurs techniques de chauffage, avec un système central réversible (pompe à chaleur ou climatiseur), le tout piloté par des appareils électroniques performants.

Les options techniques

Le concept consiste à associer un générateur thermodynamique qui donne le chauffage de fond avec des dispositifs en appoint. L'ensemble doit être régulé par un système de gestion pièce par pièce.
Le chauffage de fond peut être fourni par une pompe à chaleur, un climatiseur réversible split ou multisplit ou un générateur thermodynamique.
L'appoint peut être assuré par des radiateurs (électriques ou du chauffage central),des ventilo-convecteurs, un plancher ou un plafond chauffant / rafraîchissant, ou encore une bouche d'insufflation sur réseau aéraulique.
Ce concept bénéficie du nouveau label PROMOTELEC habitat existant décerné aux installations qui apportent simultanément une amélioration du confort et une maîtrise des dépenses d'électricité.
Cette technique peut être implantée lors d'une opération de modernisation du système de chauffage existant.

Chauffage par les parois

Le chauffage par rayonnement basse température a d'abord été appliqué aux planchers, puis plus récemment aux plafonds et même aux murs. Ces systèmes émettent des infrarouges à très grande longueur d'onde qui ne chauffent que les corps qu'ils arrosent. Comme ils laissent toute sa fraîcheur à l'air, ces systèmes apportent une très grande sensation de confort.

Les émetteurs rayonnant, la chaleur intégrée dans les parois donne aux occupants du local ainsi chauffé l'impression d'être exposés au soleil. Il peut s'agir de tubes parcourus par l'eau chaude, de câbles électriques ou de films chauffants.

Les planchers chauffants
Pour éviter certains errements du début du chauffage par le sol, un arrêté (23/06/1978) a limité à 28 °C la température de surface fournie par un

VOIR AUSSI Les pompes à chaleur **150-151**

chauffage intégré au plancher, c'est-à-dire une température voisine de celle de la peau. Avec une régulation pièce par pièce, et une température de surface entre 20 et 23 °C, pour une température ambiante de 19 °C, le Plancher rayonnant électrique (PRE) constitue aujourd'hui une technique parfaitement maîtrisée. En l'implantant dans une dalle réfractaire, on réalise un émetteur accumulateur de chaleur (alimenté en tarif heures creuses), qui en fait un système d'une remarquable efficacité énergétique.

Les plafonds chauffants

Technique récente, le plafond rayonnant utilise un film résistant posé sous un isolant d'au moins 40 mm d'épaisseur qui empêche la chaleur de s'évader par le haut. Grâce à une répartition très homogène de la température (moins de 3 °C de différence entre le sol et un plafond à 6 m de haut) et une inertie quasiment nulle, ce mode de chauffage convient particulièrement bien aux locaux de grand volume, comme pour une pièce avec mezzanine. Le succès des premiers essais et la mise au point de procédures de pose simplifiées ont donné à cette technique des atouts indéniables pour les logements individuels.

Les combinaisons

Les techniques employées pour les planchers et les plafonds peuvent être combinées. En particulier, l'association d'un plancher à accumulation avec un plafond rayonnant assurant l'appoint de chaleur atteint une remarquable efficacité énergétique.

Les nouvelles techniques de chauffage peuvent être intégrées dans un logement ancien à l'occasion d'un chantier de rénovation.

VOIR AUSSI Régulation et gestion globale **156-157**

Commande par fil pilote

Logement inoccupé plusieurs jours
Tous les appareils de chauffage fonctionnent au minimum, sur leur fonction hors gel.

Logement occupé pendant la journée
Les chambres et la salle de bains sont chauffées au minimum au contraire des autres pièces (salon, cuisine, salle à manger).

Logement inoccupé pendant la journée
Le chauffage fonctionne en mode économique, réglé pièce par pièce pour assurer une remise en température rapide quand besoin est.

Matin et soir
Toutes les pièces sont chauffées de manière à éliminer les variations pendant la période où les occupants se lèvent ou vont se coucher.

La nuit
Le chauffage des chambres est privilégié et celui des autres pièces est réduit au minimum.

L'implantation de radiateurs électriques dans les pièces d'un logement ne constitue qu'une utilisation médiocre des possibilités de l'électricité. Pour valoriser la souplesse et la rapidité d'adaptation du chauffage électrique, on a imaginé un dispositif qui pilote individuellement les radiateurs à partir d'une centrale comprenant tous les paramètres nécessaires pour fournir juste le chauffage nécessaire à chaque instant, sans gaspillage.

Fonctionnement du système

Une centrale de régulation programmée règle à distance le fonctionnement du ou des radiateurs de chaque pièce afin d'y maintenir la température à une valeur correspondant à la situation du moment. Ce système peut également être régulé pour fonctionner en appoint d'un chauffage de fond, par pompe à chaleur, climatiseur réversible ou plancher thermodynamique. Les ordres sont envoyés aux radiateurs par un fil spécial sous basse tension, ce qui permet de le faire passer en zone humide en toute sécurité. Ils sont émis sous forme de quatre signaux de commande : mode confort (absence de signal) ; mode réduit (signaux alternatifs) ; arrêt (demi-alternatif positif) et forçage hors gel (demi-alternatif négatif). On peut ainsi commander jusqu'à 15 radiateurs avec des signaux d'une intensité maximale de 0,1 A. Les radiateurs commandés sont regroupés par zones, avec au moins deux zones (vie diurne, vie nocturne), ou gérés pièce par pièce. Les radiateurs, (convecteurs ou panneaux rayonnants) doivent être équipés d'un thermostat de type électronique, également adapté à cette régulation.

La régulation selon l'activité

Le pilotage de chaque radiateur individuellement permet de maintenir dans chaque pièce une température assurant le confort maximum en fonction de l'activité qui s'y déroule.
Une centrale de régulation mémorise les consignes sur la température à assurer dans chaque pièce, selon qu'elle est occupée ou non. On affiche ensuite les horaires d'occupation pendant 24 heures, ainsi que la répartition des journées sur la semaine. Par exemple, on demande que les chambres des enfants ne soient chauffées que pendant la journée du mercredi et du week-end.
Cette programmation peut être modifiée manuellement quand les conditions changent inopinément, par exemple pour un jour férié non programmé ou un jour de congé exceptionnel des enfants. Lors d'un départ pour plusieurs jours, on affiche la mise en position hors gel. Ces modifications peuvent évidemment être envoyées par télécommande téléphonique.

VOIR AUSSI Commande par téléphone **130-131**, Commande par radio **134-135**

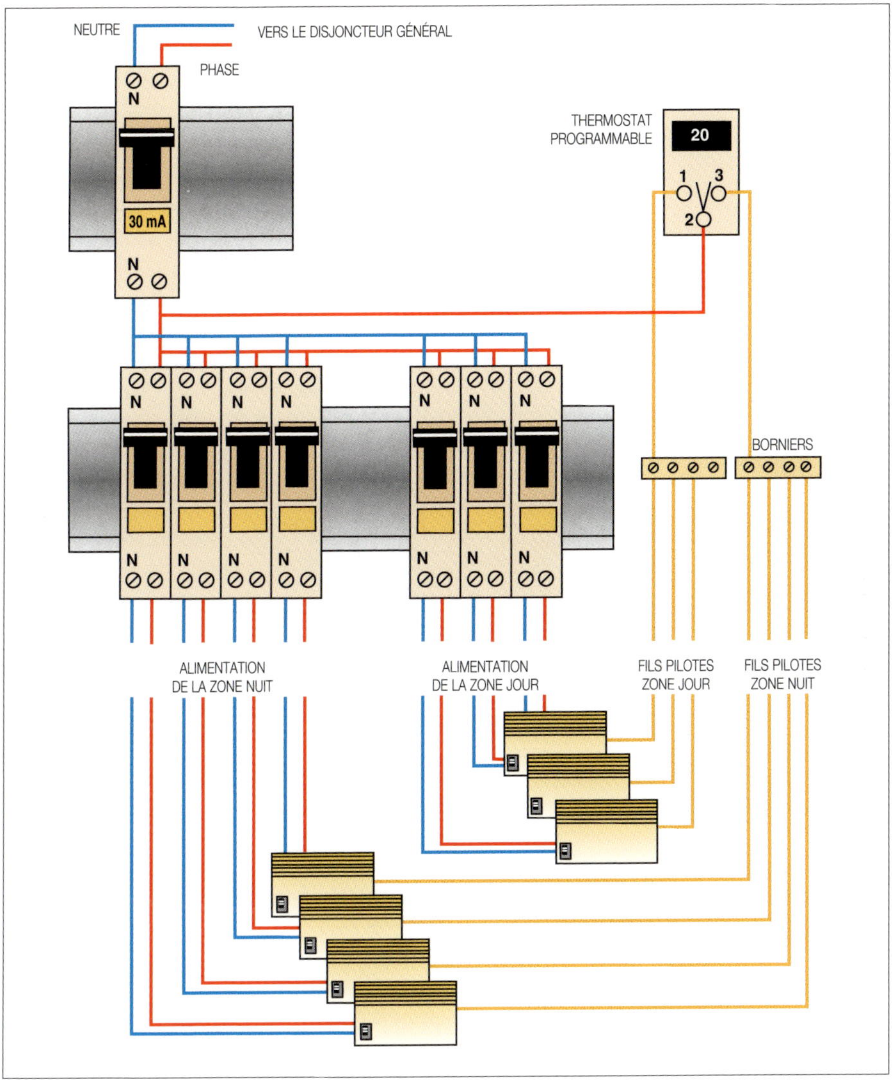

Commandes par radio

Le mariage de la commande individuelle des radiateurs et de la télécommande radio permet d'accroître les performances d'une installation existante pour un investissement et des travaux réduits au minimum, puisqu'il n'y a plus de fils à ajouter. Il suffit en effet d'équiper chaque radiateur d'un récepteur d'ordres et de placer un émetteur relié à la centrale de programmation.

VOIR AUSSI Régulation et gestion globale **156-157**

Régulation ponctuelle
Destiné à commander un radiateur de salle de bains, ce régulateur est commandé par infrarouge, la télécommande peut donc être actionnée par une personne dans son bain.
Ce système permet d'adapter la température dans la salle de bains quand le système de gestion centrale régule cette pièce en mode de chauffage minimum.

Les systèmes de gestion informatique permettent aujourd'hui de surveiller presque heure par heure l'utilisation de l'énergie pour assurer un confort optimal en toutes conditions.

Gestion au tarif minimum

L'intérêt d'investir dans un système de gestion intelligente de l'énergie s'exprime en matière d'économies réalisées. Ces dernières sont d'autant plus importantes que le système gère un ensemble de chauffage combiné de plusieurs énergies. En effet, les équipements de gestion centralisée peuvent tenir compte de l'évolution tarifaire de chaque énergie consommée (heure par heure pour l'électricité) pour privilégier le recours à la moins coûteuse à chaque instant, et ceci sans rien concéder au respect des autres paramètres programmés.
L'ouverture progressive à la concurrence du marché de toutes les énergies (électricité et gaz inclus) dans le cadre de l'Union européenne va accroître l'intérêt de tels équipements.
D'ores et déjà, certains constructeurs de chaudières de chauffage central biénergie (électricité + gaz ou fioul) proposent en série un tel système.

Position des capteurs

La régulation de la température exige de connaître la valeur de ce paramètre dans chaque pièce et à l'extérieur. Les capteurs de température doivent être implantés de manière à donner une indication fiable.
Une sonde de température extérieure doit être située sur le mur le moins ensoleillé, à l'abri de la pluie battante, et ne jamais risquer d'être occultée par une végétation grimpante. À l'intérieur, les sondes doivent être implantées hors des courants d'air et le plus loin possible des radiateurs. Veillez à ne jamais placer un capteur derrière une porte, ni dans un passage étroit où il pourrait être heurté.

VOIR AUSSI Réduisez votre facture **6-7**, Commande par téléphone **130-131**

Gestion tarifaire Tempo d'un chauffage électrique

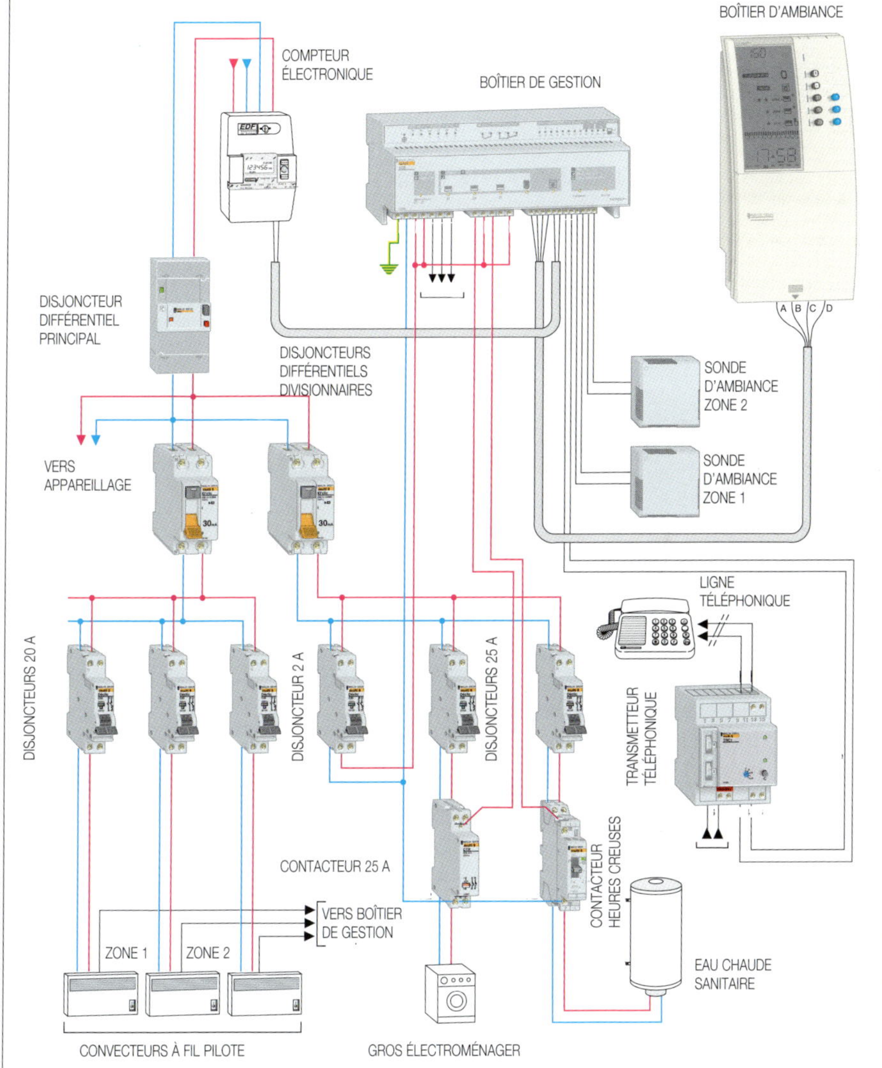

Convecteurs

Dans un convecteur, l'eau chaude passe dans une batterie de tubes munis d'ailettes. Ces appareils sont donc conçus pour diffuser la chaleur presque uniquement par convection. Certains convecteurs comportent un ventilateur qui accélère le brassage de l'air sur la batterie d'ailettes.
Cette architecture permet de réaliser des appareils ayant une forme plus facile à intégrer avec discrétion, par exemple au niveau des plinthes, ou encore à la base de l'embrasure d'une fenêtre. En outre, le mode de fonctionnement des convecteurs leur permet d'assécher l'atmosphère des pièces humides et d'y éviter la condensation.

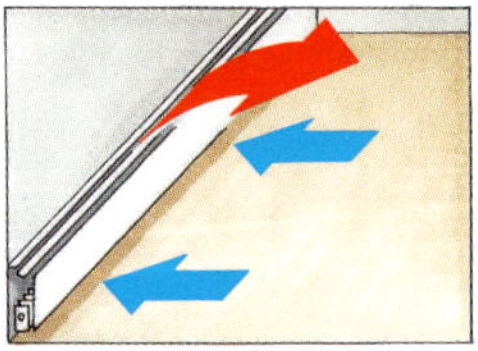

L'air chaud qui s'élève aspire l'air froid en dessous.

Positionner les radiateurs et les convecteurs

On a longtemps eu l'habitude de placer les radiateurs sous les fenêtres, ce qui revenait à combattre à la source le phénomène de « paroi froide », bien avant d'en avoir compris tout le mécanisme. Avec la généralisation des fenêtres isolées, cette implantation n'est plus de mise, et s'avère même contre-performante sous une fenêtre habillée de longs rideaux. Les radiateurs à éléments ou ailettes offrent une plus grande souplesse d'implantation. De plus, leur fonctionnement qui privilégie la convection permet d'atteindre plus rapidement une température de confort après mise en route.
Les dimensions et la disposition d'une pièce affectent à l'évidence les possibilités d'implantation des radiateurs ; ainsi, par exemple, un seul radiateur placé à une extrémité ne peut chauffer correctement une pièce en « L ». Pourtant, mieux vaut, au plan de l'efficacité énergétique (et du budget) positionner judicieusement un ou deux radiateurs qu'en disséminer plusieurs çà et là. Dans tous les cas, ne masquez jamais un radiateur, qu'il soit convecteur ou panneau radiant, derrière des rideaux ou un meuble.
En revanche, on peut placer une tablette au-dessus (à environ 50 mm) afin de réduire le brassage d'air chaud contre la surface du mur, qui se traduit par l'apparition de traînées noirâtres. On peut également enclore un radiateur dans un cadre derrière une grille sans diminuer sensiblement son efficacité, à condition de permettre le passage de l'air et la diffusion des radiations à travers la grille.

Cache-radiateurs

Si un panneau radiant s'harmonise parfaitement dans un intérieur de style contemporain, sa présence peut jurer dans un environnement d'époque. On peut alors masquer le radiateur dans un encadrement conçu sur mesure pour rester en harmonie avec le style général de la pièce.

Le meuble cache doit laisser l'air frais passer par-dessous le radiateur et l'air chaud se diffuser en partie haute, tout en interceptant le moins possible les rayonnements infrarouges à grande longueur d'onde (ceux qui chauffent le mieux les êtres à sang chaud).

On y parvient en ne fermant pas le cadre à sa partie inférieure, en laissant un espace en haut et en bas du panneau facial et en dotant celui-ci d'une grille à mailles suffisamment ouvertes. Les commerces spécialisés proposent des ensembles d'habillage prêts à assembler pour les radiateurs de dimensions les plus courantes.

Confection d'un meuble cache

L'encadrement peut être fixé au mur ou simplement reposer au sol, comme le modèle que nous décrivons ici.

Coupez la tablette **(1)** et les deux flancs **(2)** dans du contreplaqué de 18 mm ou du latté de 19 mm, avec une largeur suffisante pour englober le radiateur et son robinet. Échancrez la base des flancs au profil de la plinthe. Assemblez-collez ces éléments et reliez leur base par un tasseau de 50 x 25 mm **(3)** positionné au-dessus de la plinthe. Taillez une fausse plinthe **(4)** largement ouverte à sa partie inférieure et des moulures décoratives **(5)** masquant l'assemblage des angles.

Réalisez la grille **(6)** avec un panneau de fibres perforées, un grillage en métal déployé ou des lattes de bambou fixés dans un cadre **(7)** qui laisse à sa partie supérieure un passage pour l'air chaud. Fixez la grille sur l'encadrement au moyen de verrous magnétiques.

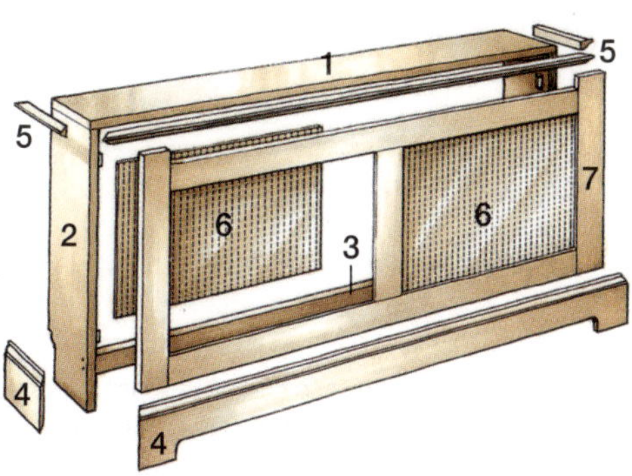

Cache-radiateur posé au sol
1 Tablette
2 Flanc
3 Entretoise
4 Fausse plinthe
5 Moulure
6 Grille
7 Cadre de grille

Radiateurs-plinthes

Ce type de convecteur permet un gain de place sensible par rapport à un radiateur classique. Il comporte un corps diffuseur de chaleur réalisé en aluminium extrudé qui intègre les deux conduits où circule l'eau, chemisés en cuivre.

Cette structure – utilisée également en chauffage électrique – permet de couper des éléments aux dimensions d'une pièce à partir de « planches » standards de 6 m de long, de les assembler bout à bout avec des joints de plomberie soudés, et de les équiper de raccords et de robinets discrètement masqués mais accessibles.

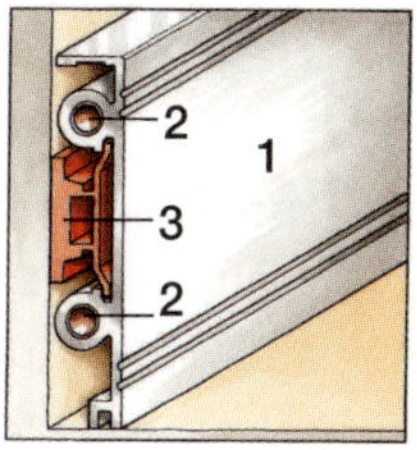

Radiateur-plinthe
1 Corps en aluminium extrudé
2 Conduits à chemise en cuivre
3 Support mural

Régulation du chauffage central

Trois types d'appareils, deux méthodes
On dispose de trois familles d'appareils pour réguler la température des pièces chauffées : les thermostats, les programmateurs et les robinets de zone. On les utilise individuellement ou en combinaison. Pour réguler la quantité de chaleur fournie à chaque pièce, on peut agir sur la température de l'eau au départ de la chaudière (régulation centrale) ou bien sur la quantité d'eau chaude circulant dans les radiateurs (régulation complémentaire), soit par tout ou rien, soit par variation continue.

Vanne motorisée pour commande d'une zone.

La technologie moderne offre des moyens performants pour réguler le fonctionnement du chauffage, avec une efficacité qui se traduit par des économies notables sur la consommation d'énergie.

Robinets de zone

Certaines pièces n'ont pas besoin d'un chauffage permanent 24 heures sur 24, comme les chambres pendant la journée ou, à l'inverse, la cuisine pendant la nuit. Il est donc judicieux de réguler la distribution de chaleur par zones.

En général, il est facile de découper un logement en zones en fonction de leur horaire d'occupation. Fréquemment, ce découpage s'effectue par niveaux, l'étage étant celui des chambres et le rez-de-chaussée celui de l'activité diurne. Cette répartition peut souffrir quelques diversions, par exemple pour maintenir chauffée pendant la journée une salle de bains située à l'étage des chambres.
Le programmateur à horloge commande l'alimentation du circuit d'eau chaude de chaque zone, soit au moyen de vannes motorisées, soit en agissant sur un thermostat installé dans chaque pièce ; cette seconde technique donne une régulation plus fine.

Thermostats

Chaque chaudière comporte une régulation de la température d'émission de l'eau qui commande le fonctionnement du brûleur. Cette commande peut s'effectuer par tout ou rien, ou sur deux allures de chauffe, ou encore par une modulation progressive.
Le réglage biallure est appliqué aux dernières générations de brûleurs à fioul, tandis que les appareils à gaz bénéficient de plus en plus souvent d'une régulation progressive.
L'équipement minimum est constitué par un thermostat d'ambiance implanté dans la pièce dont la température reste la plus stable sur 24 heures. Il commande le fonctionnement du brûleur, ou celui d'une vanne mélangeuse si la chaudière doit aussi assurer en permanence le chauffage de l'eau sanitaire ; cette dernière solution est toutefois à proscrire avec une chaudière à condensation. Ce système manque de souplesse et entraîne un certain gaspillage d'énergie en ne prenant pas en compte les apports de chaleur gratuits dans les pièces chauffées par le soleil à pleine fenêtre.

La pose de robinets thermostatiques sur les radiateurs de chaque pièce permet en revanche de tenir compte de ces apports et donne aux occupants d'une pièce la possibilité de régler le chauffage selon leurs besoins. Mais le mieux est ici l'ennemi du bien : seuls les radiateurs de la cuisine, de la salle de bains et ceux qui sont situés sous une fenêtre exposée au sud doivent être équipés de robinets thermostatiques.
De plus, aucun des radiateurs situés dans la pièce où se trouve le thermostat d'ambiance ne doit comporter ce type de régulation. Enfin, il convient de rappeler que le robinet thermostatique n'est efficace que sur les radiateurs alimentés par un circuit de chauffage bitube.
On peut également affiner la régulation de la chaudière en plaçant une sonde de température à l'extérieur (en hauteur et à l'abri du soleil).

Centrale de gestion de chaudière

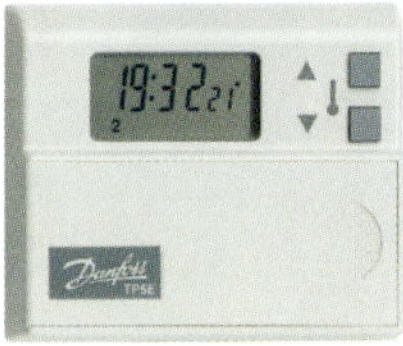
Thermostat d'ambiance

Programmateurs à horloge

Un programmateur à horloge peut réguler le chauffage selon les plages horaires, et zone par zone, voire pièce par pièce, selon leur période d'occupation habituelle. Les appareils les plus simples assurent une régulation sur deux zones, avec une fonction « hors gel » pour les périodes où le logement n'est pas occupé et un bouton de marche forcée.
Les programmateurs électroniques les plus performants anticipent les variations de température extérieure (mesurée par une sonde). Les systèmes les plus perfectionnés, destinés aux chaudières biénergie, commandent le recours à chaque source d'énergie en fonction du coût de chacune, remis à jour à chaque modification tarifaire.

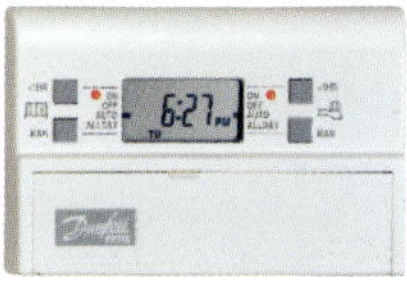
Programmateur à horloge

Robinet thermostatique de radiateur

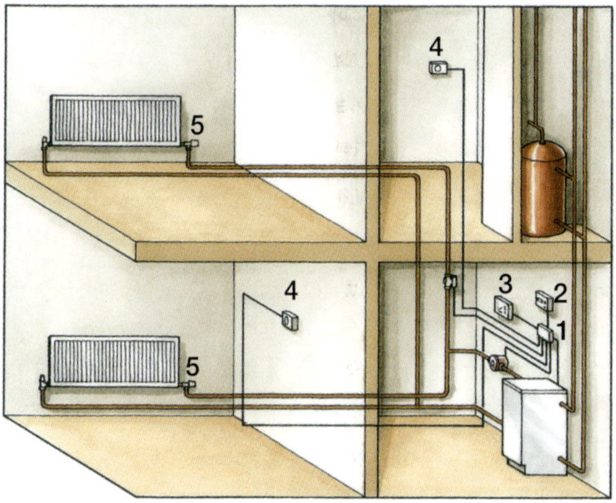

Régulation du chauffage
Diverses techniques sont mises en jeu :
1 La centrale de programmation pilote les commandes.
2 Le programmateur à horloge commande les vannes de zone ainsi que l'allure de la chaudière et éventuellement le ballon d'eau chaude.
3 Un centre de gestion de la chaudière régule sa consommation d'énergie au plus près des besoins réels.
4 Le thermostat de chaque pièce fournit les paramètres au système de régulation.
5 Un robinet thermostatique régule le débit d'eau chaude admis dans un radiateur.

Éclairer les pièces à vivre

Les pièces à vivre sont largement utilisées lorsque la nuit est tombée. L'éclairage doit répondre à un certain nombre d'impératifs, conciliant les aspects pratiques et décoratifs. Il dépend donc amplement de votre rythme de vie. Si vous n'êtes chez vous que le soir, l'éclairage prend une importance capitale et participe directement au confort de l'habitat.

Un bon éclairage a deux fonctions complémentaires : permettre que les différentes activités que l'on peut être amené à conduire dans une maison puissent l'être confortablement dans chacune des pièces (lecture, travaux manuels, couture, écriture, cuisine, travail à l'ordinateur, etc.), et garantir l'esthétique d'une atmosphère, en respectant, voire en créant des contrastes, et en mettant en valeur les objets, le mobilier et la décoration en général de l'intérieur.

Chaque activité nécessite un niveau d'éclairement spécifique mesurable, de faon à obtenir un éclairage à la fois suffisant et agréable, réparti de façon harmonieuse. On distingue pour cela le flux lumineux (dont l'unité est le lumen), la lumière reçue sur une surface donnée (dont l'unité est le lux/m^2), enfin l'efficacité lumineuse (dont l'unité est le lumen/watt).

La répartition des sources lumineuses doit tenir compte de l'éclairage général nécessaire et des activités que l'on exerce dans différentes zones de la pièce.

L'intérieur illustré par la photo ci-dessous constitue une belle démonstration d'équilibre entre les différentes fonctions d'une pièce à vivre unique. On y trouve un coin cuisine, une zone repas, une aire de travail, un espace living et même un emplacement repos. C'est une superbe synthèse de ce que l'on peut faire dans un grand studio. L'éclairage participe directement à l'identification des zones, en les rendant fonctionnelles et agréables dans le respect de la décoration.

L'utilisation des suspensions contribue à la création des différentes aires de vie de cet intérieur, tandis que le grand meuble de fond est mis en valeur par des projecteurs fixés au plafond, non visibles sur la photo.

Dans l'espace chambre, une lampe judicieusement placée dans une niche devant une glace renvoie une douce lumière d'ambiance qui sied bien au repos.

La focalisation très basse des suspensions participe à la création d'une atmosphère intime propre à la vie d'un jeune couple.

Chaleureux et fonctionnel

Conçu aussi bien pour préparer le repas, pour se mettre autour de la table avec des amis, pour travailler à l'ordinateur que pour lire au lit, l'éclairage de ce grand studio est une belle réussite alliant la chaleur d'un intérieur où le bois domine, à la fonctionnalité d'éclairages focalisés sur les différentes activités domestiques, de loisir et de travail.

Éclairer les pièces à vivre

Quoi de plus différent que d'éclairer une salle à manger intimiste et l'espace bureautique d'une chambre d'étudiant ? Dans un cas, il s'agit de créer une chaude atmosphère, propice à un repas en tête-à-tête ou entre amis. Dans l'autre, il faut être efficace, faciliter le travail en évitant la fatigue des yeux déjà très sollicités par les caractères d'imprimerie sur le papier, les images et les textes sur l'écran scintillant de l'ordinateur.

Salle à manger

L'atmosphère conviviale d'une salle à manger ne se crée pas avec un éclairage général blafard. Il s'agit au contraire de multiplier les points d'éclairage : au plafonnier traditionnel, équipé de façon à ne pas dispenser une lumière trop violente, répond une vasque en applique et des luminaires (ici trois bougeoirs électriques) sur la cheminée. On peut imaginer un fauteuil ou deux dans un coin, éclairés par une lampe de pied ou posée sur un guéridon. L'équilibre entre fonctionnel (la table de la salle à manger doit être suffisamment éclairée pour que l'on puisse voir le contenu de l'assiette) et décoratif (appliques et bougeoirs) est ici parfaitement respecté. La convivialité sera encore renforcée par la tonalité et la chaleur de la lumière, qui participe à l'atmosphère douillette de la pièce.

Atmosphère ?
L'ambiance chaleureuse de cette salle à manger résulte de la répartition judicieuse de pôles d'éclairage incandescent commandés par des variateurs.

VOIR AUSSI Répartition et constitution des circuits **36-37**, Éclairage **88-109**

Espace bureautique

L'omniprésence de l'ordinateur dans l'espace bureau d'aujourd'hui crée deux contraintes : assurer un éclairage général ne concurrençant pas la brillance de l'écran en le neutralisant, mais au contraire trouver un niveau de lumière le mettant légèrement en valeur (ce qui suppose une intensité pas trop importante), et permettre la lecture de documents « papiers » en focalisant dessus une source de lumière complémentaire. Bien qu'il ne s'agisse pas ici d'écrire à la main, cette source sera placée systématiquement à l'opposé de la main qui écrit (à gauche si la personne est droitière et à droite si elle est gauchère) car c'est de ce côté-là que se porte naturellement le regard. Il faut veiller, bien sûr, à ce que ce point lumineux ne se reflète pas dans l'écran. Une lampe sur un bras articulé pincée ou posée sur une étagère du meuble de l'ordinateur convient parfaitement, l'ampoule étant située à environ 50 cm de la zone à éclairer. Les ampoules actuelles au néon diffusent une lumière idéale dans ce cas.

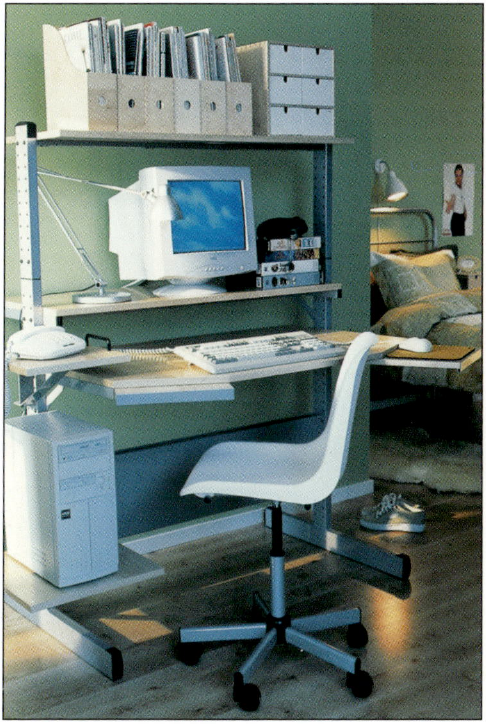

Éclairage de travail
Aujourd'hui, le coin bureau à la maison s'articule toujours autour de l'ordinateur, dont l'écran pose un problème spécifique pour l'éclairage. La lampe de bureau reste de rigueur, à condition qu'elle ne se reflète pas dans l'écran.

VOIR AUSSI Interrupteurs et variateurs **96-97**

Éclairer le salon

Dans beaucoup d'intérieurs, le salon est la pièce majeure de la maison. C'est l'espace de loisir et de détente par excellence, et la pièce où la décoration et l'ameublement sont le plus soigné. On y trouve aussi l'incontournable chaîne hi-fi et, souvent, la télévision grand format. Autant de raisons d'y soigner l'éclairage, souvent dispensé par des appareils qui participent eux-mêmes à l'ameublement et à l'ambiance de la pièce.

Le salon est une pièce polyvalente, qui doit être agréable pendant la journée, confortable le soir, et accueillante lorsque vous invitez des amis à se réunir autour d'un verre, souvent avant ou après passer à table. Pas besoin ici d'une lumière trop forte. L'idéal est plutôt de répartir des points lumineux, créant une ambiance chaude, et donnant de l'intimité à une pièce toujours un peu vaste et donc, sinon un peu froide.

D'épais doubles rideaux peuvent justifier une lumière intimiste en pleine journée, comme dans le salon ci-dessous. L'éclairage de la niche met en valeur les bibelots, la verrerie ou l'argenterie, mais aussi permet de créer une atmosphère chaleureuse.

La tonalité de la décoration, du papier peint, des tissus d'ameublement et du revêtement de sol guide la nature et l'intensité de l'éclairage.

Les luminaires « halogènes » sur pied éclairant le plafond, aujourd'hui très répandus, permettent de régler l'intensité d'éclairement, grâce à leur variateur intégré, offrant ainsi une modulation d'éclairage en fonction de l'heure et de l'utilisation de la pièce. L'efficacité lumineuse dépend de la nature du plafond, qui renvoie presque intégralement la lumière s'il est blanc, ou en absorbe une grande partie s'il est sombre (par exemple à solives). Ce genre d'éclairage est à manier avec précaution, car il met en valeur la beauté comme les défauts d'un plafond, souvent au détriment de la décoration de la pièce elle-même.

Une niche éclairée
contribue au décor d'une pièce et met en valeur les objets qu'elle contient, mais elle participe aussi à l'éclairage général, illuminant ce qui serait sinon un coin sombre, même en pleine journée.

Éclairer la chambre

La chambre est avant tout une pièce intime et personnelle. Sa décoration reflète le goût de ceux qui l'occupent. Le soir, elle doit être reposante et un brin romantique. On doit pouvoir aussi y lire au lit. Toutes ces contraintes guident l'éclairage qui doit être agréable, efficace et modulable.

La chambre est avant tout un lieu de repos, l'endroit où après une longue journée de travail, après le repas et éventuellement la détente au salon, on aime se retrouver comme dans un nid douillet où l'on espère passer une bonne nuit. C'est aussi la pièce où, le week-end, on prolongera celle-ci par une grasse matinée. Enfin c'est l'endroit où, une fois couché, on apprécie de prendre un bon livre et de pouvoir lire, sans déranger l'autre si l'on est un couple.

Toutes ces contraintes doivent conduire à réfléchir l'éclairage sous deux angles : la création d'une atmosphère agréable et chaleureuse, où la lumière ne doit pas faire mal aux yeux ; la réponse aux besoins de la lecture, laquelle demande un éclairage assez puissant, mais localisé pour ne pas dire focalisé.

La solution des appliques, situées à la tête du lit est intéressante, car elles créent un éclairage ambiant satisfaisant, pouvant être complété par un lampadaire ou une lampe posée sur une commode, commandable, elle aussi par interrupteur.

Pour lire, la solution classique (adoptée ci-contre) consiste à placer une lampe sur la table de nuit. On peut aussi poser en applique un ou deux projecteurs directionnels, ce qui est certes moins romantique mais plus efficace. On gagnera alors à placer leurs interrupteurs au niveau de la plinthe, à la tête du lit.

Charme et raffinement

Cette douillette chambre sous les toits, avec ses solives apparentes méritait un éclairage romantique. On l'obtient ici avec deux appliques en verre dépoli très Belle Époque et une lampe de chevet modern style reprenant le même genre de globe.

Éclairer la cuisine

Autrefois simple pièce technique où l'on préparait les repas, la cuisine est progressivement redevenue la pièce à vivre qu'elle était avant l'époque bourgeoise, où n'y mangeait que le personnel. La vie moderne aidant et un certain retour à la mode campagnarde en font aujourd'hui une seconde salle à manger, quand ce n'est pas « la » salle à manger de la maison. Il en résulte des orientations nouvelles en matière d'équipement, de décoration, d'ameublement et, bien sûr, d'éclairage.

Tout sous la main
La desserte mobile est l'accessoire indispensable quand on ne veut pas multiplier les pas entre la table et la cuisine.

Pendant longtemps l'éclairage d'une cuisine n'avait qu'un but : permettre de travailler dans de bonnes conditions à l'élaboration des plats. Il s'agissait donc simplement d'éclairer les surfaces de travail, qui en avaient d'autant plus besoin qu'elles se situaient le long du mur, sous les éléments de rangement et en prolongement des appareils de cuisson, avec pour handicap supplémentaire le fait de tourner le dos à la lumière du jour quand il existe. Cette réalité demeure, et l'on ne saurait se dispenser de placer des éclairages sous les éléments de cuisine, avec un bandeau pour ne pas éblouir. Ils prennent généralement la forme de tubes fluorescents.

Dans une pièce à vivre, un tel éclairage manque forcément de chaleur, d'où la nécessité d'y ajouter un éclairage d'ambiance, surtout si la cuisine possède un comptoir central, comme ici. On appréciera aussi de mettre en valeur vaisseliers et niches qui participent à la décoration.

Commode et décoratif
Tel doit être l'éclairage d'une cuisine aussi conviviale que celle-ci. À l'éclairage « technique » des plans de travail, s'ajoute une agréable lumière d'ambiance dispensée par un plafonnier, et des touches de lumière décoratives provenant du vaisselier et de l'ancienne cheminée.

Éclairer la salle de bains

L'éclairage des salles d'eau, qu'il s'agisse d'une salle de bains ou d'une simple douche, pose des difficultés techniques qu'il faut résoudre avant de passer à la décoration. En milieu humide, la sécurité doit primer, d'où l'impérieuse nécessité de respecter les normes de sécurité en vigueur déjà présentées dans ce livre.

Simplicité fonctionnelle
Peinture blanche, glace et chrome, deux vasques suspendues et WC séparé, éclairage par le plafond grâce à des spots halogènes basse tension encastrés, telles sont les recettes de cette salle de bains moderne et agréable.

La lumière du jour étant toujours la meilleure, on ne saurait trop conseiller de placer la salle de bains, chaque fois que c'est possible, dans une pièce ayant une fenêtre bien éclairée. Cette disposition présente en outre l'avantage de permettre une ventilation régulière et un renouvellement global de l'air ambiant que ne permet jamais le meilleur des systèmes de ventilation dans une pièce aveugle.

Les contraintes techniques réglementaires liées à l'utilisation de l'électricité en milieu humide limitent le choix des systèmes d'éclairage et le style des luminaires. Les systèmes basse tension résolvent aujourd'hui une bonne part des problèmes puisqu'ils échappent à bien des directives liées à la sécurité. Ils permettent la diffusion d'une lumière de qualité, qui participe autant à l'ambiance qu'au caractère fonctionnel de la salle de bains, qu'il ne faut jamais oublier. La sacro-sainte armoire de toilette à néon intégré tend, fort heureusement à disparaître. Cette disparition suppose de trouver cependant les solutions d'éclairage de substitution.

À l'ancienne

(ci-dessous)

Cette salle de bains à l'ancienne rappellece que l'on trouvait dans les grands appartements bourgeois haussmanniens au siècle dernier. Très recherchée, la décoration jouant sur les tons sombre suppose un bon éclairement naturel et des spots focalisants le soir.

Le choix des luminaires

Le choix des luminaires est loin d'être anodin. Il s'accompagne, aussi, du choix des ampoules, qui conditionne leur efficacité lumineuse, dans les limites des contraintes techniques liées à la forme des douilles mais aussi de l'appareil d'éclairage lui-même (avec ou sans déflecteur, abat-jour, etc.). Il ne faut pas focaliser sur la puissance, au détriment de la qualité du flux lumineux ; il faut aussi respecter les normes imposées par le fabricant, notamment en ce qui concerne les puissances maximum admissibles (un échauffement excessif peut causer un incendie).

Dans la chambre

La lampe de chevet est l'équipement basique de toute chambre à coucher. On pourra lui substituer une applique ou un spot selon le style de décoration et d'ameublement de la pièce. On en placera deux à la tête d'un grand lit, ou un au-dessus de lits d'une personne. Appliques ou spots doivent avoir une commande individuelle, l'interrupteur devant être accessible du lit, sans que l'on ait à se lever ou à tendre trop le bras, permettant à chacun d'éteindre ou d'allumer et donc de lire sans gêner l'autre.

Dans une chambre une table suppose un éclairage distinct, pouvant être assuré par une simple lampe ou un lampadaire. Il faut donc prévoir une prise d'alimentation, commandable depuis l'entrée (l'idéal étant de pouvoir aussi le faire depuis le lit, grâce à un va-et-vient ou un télérupteur, ou encore par télécommande, ce qui est intéressant dans une chambre). Un plafonnier n'est pas indispensable.

Dans la cuisine et la salle à manger (ou le coin repas)

Une suspension réglable, telle que l'on en avait autrefois dans les ateliers et les bibliothèques, à large abat-jour, au-dessus de la table, reste le luminaire le mieux adapté. Peut-être aurez-vous la chance de dénicher un jour dans une brocante l'un de ces charmants appareils réglables par contrepoids en faïence blanche début de siècle.

Si vous mangez dans la cuisine, il vous faut prévoir impérativement des types de luminaires différents pour le plan de travail et le coin repas. Vous pouvez créer pour celui-ci une zone intime, sans nécessité d'éclairer toute la pièce. Un bon éclairage indirect par un lampadaire halogène peut aussi constituer un bon appoint.

Salle de bains

La sécurité, on l'a déjà dit, constitue ici une priorité absolue. On ne peut donc pas placer n'importe quel luminaire n'importe où dans la salle de bains.

VOIR AUSSI Informations de base **10-11**, La sécurité dans la salle de bains **14-15**, Répartition et constitution des circuits **36-37**

VOIR AUSSI Éclairage **88-109**, Interrupteurs et variateurs **96-97**, Va-et-vient, cage d'escalier **102-103**, Éclairage TBTS **106-107**

Efficace et discret
Le spot de lecture permet de lire dans son lit sans se fatiguer les yeux.
En effet, alors qu'un éclairage ambiant de 70 lux est amplement suffisant dans une chambre, la lecture demande 150 lux pour un bon confort de vision.

Ceci ne veut pas dire qu'on est condamné au classique tube au néon au-dessus de la glace de l'évier ou fixé dans l'armoire de toilette. L'intégration de spots basse tension dans le plafond, ou sur câble (à plus de 2,25 m, alimentés par un transformateur de sécurité constitue une solution à la fois agréable et sûre). Ici, il faut savoir jouer des miroirs pour optimiser l'éclairage.

Atelier

C'est un local où l'éclairage doit être particulièrement bien étudié pour permettre de travailler correctement, mais surtout en toute sécurité. Si l'on voit mal ce que l'on fait, on risque de se blesser.
La lampe d'atelier classique est une suspension à abat-jour, réglable en hauteur en fonction de l'intensité voulue et de la zone à éclairer. Les spots sur rail, plus ou moins directionnels selon l'endroit de l'atelier, associés à un variateur peuvent constituer une bonne solution.
On ne saurait trop déconseiller les éclairages à tube fluorescent (néon), particulièrement dangereux en cas d'utilisation de machine ou d'équipement rotatifs : en effet, cette lumière séquentielle (50 périodes/s.) peut, dans certains cas, donner l'illusion qu'un appareil en rotation (par exemple le ventilateur du système de refroidissement d'une voiture) est arrêté, avec les risques d'accidents que l'on imagine facilement.

Éclairages localisés

Certains éclairages sont prévus pour être localisés : c'est le cas des spots de lecture, qui permettent de lire sans déranger l'autre ou d'éclairer une zone spécifique comme pour le coin piano (voir ci-contre). C'est aussi le cas de la classique lampe de bureau articulée.
C'est cependant dans l'éclairage des tableaux et œuvre d'art que la focalisation de l'éclairage est la plus intéressante. Il est d'usage d'éclairer les toiles du dessus, pour créer un flux lumineux de même orientation que dans la nature. Cela s'obtient soit à l'aide de mini spots halogènes pouvant être fixés à hauteur de cimaise, au ras du plafond ou, classiquement, par des déflecteurs en harmonie avec le style du tableau et celui de la décoration ambiante. Le flux de lumière doit rester discret pour éviter tout reflet sur la toile. L'ampoule est donc de faible puissance. Il faut veiller qu'elle ne chauffe pas trop car, étant très proche de la toile, elle pourrait en abîmer irrémédiablement la peinture.

Escaliers

Quel que soit le style de la maison, un escalier doit avant tout être bien éclairé, pour d'évidentes raisons de sécurité. Les appliques (réminiscence des bougeoirs et des flambeaux) sont souvent de rigueur. Il faut chasser les coins sombres et assurer une bonne répartition de la lumière écartant tout risque d'accident. L'installation doit permettre l'allumage et l'extinction à chaque palier. S'il n'y a qu'un étage un simple va-et-vient suffira ; au-delà il faut recourir au télérupteur. La minuterie est nécessaire dans les immeubles à escalier collectif.

La norme NF C 15-100

Disjoncteur divisionnaire
C'est l'application de la norme NF C15-100 qui l'impose en tête de tableau et incite à sa généralisation au niveau de tous les circuits.

La France, comme tous les pays d'Europe, possède sa propre norme d'installation, qui définit les grands principes et un certain nombre de directives en matière équipement électrique. L'unité européenne, en la matière, est loin d'être réalisée ni même engagée. La norme NF C 15-100 a été révisée en décembre 2002. Sa nouvelle édition est applicable à toutes les installations des bâtiments construits à partir du 1er juin 2003. Elle s'applique dans toutes les constructions neuves dont le permis de construire est postérieur à cette date. Elle ne s'impose pas de façon stricte dans l'habitat antérieur à 1991, mais les pouvoirs publics encouragent à la remise aux normes des installations domestiques.

La protection différentielle

Le principe de la protection différentielle est au cœur de la norme NF C 15-100. Alors que pendant longtemps, le disjoncteur principal de l'installation ne « déclenchait » que sous l'effet de l'échauffement des conducteurs lié à une surcharge ou à un incident sur l'installation (court-circuit), la norme de 2002 impose un (ou plusieurs) disjoncteur réagissant à la différence de potentiel entre les deux fils du circuit que l'appareil est chargé de protéger ; ceci se produit dans tous les cas d'incidents qui viennent d'être cités, mais aussi, et surtout, en cas de « fuite » de courant par retour à la terre. Le système repose de façon complémentaire et logique sur l'installation d'une terre fiable, mais aussi sur la généralisation du conducteur de protection dans tous les circuits (fil vert/jaune), même lorsque les appareils n'ont pas besoin d'y être raccordés (circuits éclairage).

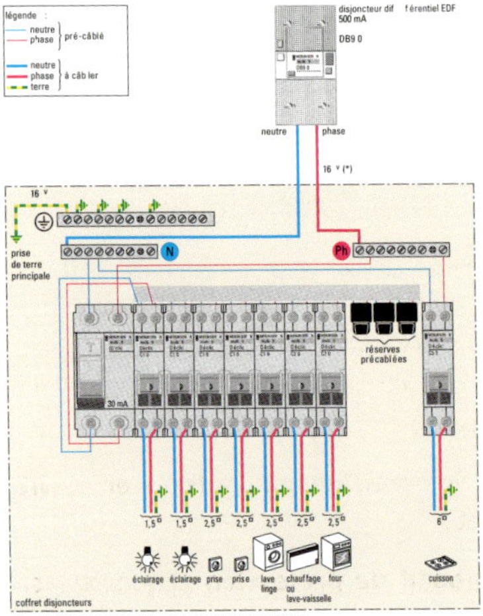

(*) pour une distance maximale de 27 m entre le disjoncteur EDF et le coffret.

On s'est longtemps limité à installer un disjoncteur principal de ce type, et à confier la protection individuelle des circuits à des dispositifs coupe-circuits plus ou moins fiables. Ce n'est plus le cas aujourd'hui, avec la généralisation des systèmes de coupure différentiels.

Principales dispositions

Protection des circuits

La norme tend à généraliser la protection des différents circuits par des dispositifs différentiels (interrupteurs ou disjoncteurs divisionnaires). Elle impose :

- **un disjoncteur de branchement** 500 mA de type S, protégeant contre les surcharges et les court-circuits, et assurant une sélectivité avec les dispositifs différentiels à haute sensibilité placés en aval, évitant ainsi les déclenchements intempestifs ;
- **un dispositif parafoudre** (recommandé) placé immédiatement après le disjoncteur de branchement ;
- **des dispositifs de protection différentiels** à haute sensibilité (30 mA) pour :
  - les circuits prises ;
  - les circuits de la salle de bains (ou de douche) ;
  - les sorties de fils en applique dans la cuisine ;
- **les autres circuits** peuvent être protégés de façon classique par des fusibles. Dans les faits, la tendance est à la généralisation des disjoncteurs ou des interrupteurs différentiels pour tous les circuits, disposition bien plus sûre et surtout bien plus commode puisqu'il suffit de réenclencher l'appareil après résorption des défauts.

Autres obligations

La norme impose également :

- **des prises de courant 10/16 A** avec obturateurs d'alvéoles, prévenant ainsi tout risque d'intrusion de corps autres que les broches d'une fiche électrique (essentiel pour la protection des jeunes enfants) ;
- **un conducteur de protection (masse)** dans tous les circuits (fil vert/jaune), y compris dans ceux pour lesquels le raccordement à la terre n'est pas obligatoire (éclairage, par exemple). Ce conducteur, même s'il n'est pas relié aux carcasses des appareils, doit être relié à la borne principale de terre au niveau du tableau de répartition ;
- **le respect des sections imposées pour les conducteurs en cuivre** en fonction de la nature du circuit ;
- **le respect du calibre du dispositif de protection** (disjoncteur ou interrupteur différentiel, fusible) selon la nature du circuit.

La norme NF C15-100

Confort et sécurité

Toute norme est un minimum imposé pour garantir la sécurité. Les conseils suivants allient en plus confort et sécurité. Optez pour :
1. disjoncteur de branchement de type S.
2. un disjoncteur différentiel 30 mA par circuit spécialisé
– machine à laver le linge ou la vaisselle, sèche-linge ;
– réfrigérateur, congélateur ;
– informatique.
3. séparer les circuits prises de courant et tous les autres circuits.
4. protéger tous les circuits de la salle d'eau avec un interrupteur différentiel 30 mA.

Le tableau électrique normalisé d'une installation actuelle passe par le respect du calibre des dispositifs de protection et du diamètre des conducteurs en fonction de la nature et de l'utilisation du circuit. Le tableau ci-dessous est un exemple de normalisation d'une installation, garantissant la protection des biens, des personnes et des circuits. Celle-ci passe aussi par un respect scrupuleux du code de couleur des conducteurs, trop souvent négligé dans les installations (et pas seulement par les amateurs).

Calibre des dispositifs de protection et section des fils

Le calibre des dispositifs de protection (de préférence des disjoncteurs), c'est-à-dire l'ampérage au-dessus duquel ils déclenchent est en liaison directe avec l'utilisation que l'on fait du circuit, laquelle impose un diamètre minimal des fils actifs composant le circuit. Il y a donc une interdépendance de ces éléments, indispensable à respecter pour garantir votre sécurité.

Nature du circuit	**Section des conducteurs en cuivre des conducteurs (en mm²)**	**Disjoncteur (calibre maximal)**
Éclairage	1,5	16 A
Prises de courant 10/16	2,5	20 A
Chauffe-eau électrique non-instantané	2,5	20 A
Machine à laver et sèche-linge	2,5	20 A
Appareils de cuisson		
en monophasé	6	32 A
en triphasé	2,5	20 A
Chauffage électrique	en fonction de la puissance	

TABLEAU ÉLECTRIQUE CONFORME À LA NORME NF C 15-100

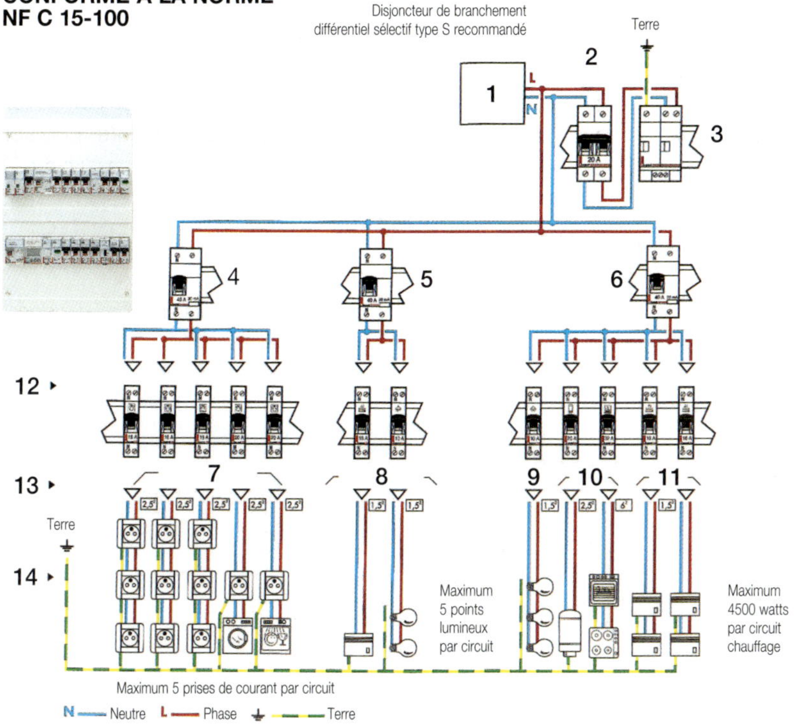

1 Disjoncteur d'abonné différentiel 500 mA.
2 Protection du parafoudre par disjoncteur 20 A.
3 Parafoudre recommandé pour la protection des biens.
4 Interrupteur différentiel 30 mA. Circuits prises.
5 Interrupteur différentiel 30 mA. Circuits chauffage et éclairage de la salle de bains.
6 Interrupteur différentiel 30 mA. Autres circuits dont éclairage général.
7 Circuits prises de courant y compris prises salle de bains.
8 Circuit éclairage et chauffage salle de bains.
9 Circuit éclairage et chauffage salle de bains.
10 Circuits spécifiques.
11 Circuits chauffage.
12 Disjoncteurs : les calibres mentionnés sont ceux habituellement utilisés et conformes à la norme NF C 15-100.
13 Section des câbles : respecter les sections des câbles mentionnées (mm²), adaptées aux différents types de circuits.
14 Terre : tous les circuits sans exception doivent être équipés d'un conducteur de terre, y compris les circuits lumière.

La labellisation

Documentations
PROMOTELEC édite régulièrement des brochures et des fiches dont beaucoup peuvent être obtenues gratuitement auprès des neuf directions régionales de l'organisme ou sur leur site internet www.promotelec.fr

En matière de normalisation, la France a depuis longtemps opté pour la méthode « douce », c'est-à-dire pour la prescription impérative dans l'habitat neuf, et pour l'incitation dans l'habitat existant. Un organisme, PROMOTELEC, a pour mission d'encourager l'application de la norme et d'optimiser les installations neuves en encourageant à la sécurité et à la qualité. De son côté, EDF, détenteur du monopole de distribution, poursuit également une politique d'information et d'incitation en faveur de la rénovation des installations anciennes et de leur mise en conformité avec la norme.

Label PROMOTELEC confort électrique

Il s'agit d'un label décerné gratuitement aux logements neufs, appartements ou maisons individuelles, dont les équipements sont conformes aux spécifications édictées par l'organisme.
Ce label s'appuie sur cinq axes majeurs que sont la qualité de l'installation électrique, les équipements, le pilotage (gestion de l'énergie) et une exigence de très haute isolation thermique de la construction.

- **L'installation électrique** doit, bien sûr, être conforme à la norme NF C15-100 et aux spécifications suivantes :
  – protection des personnes par une protection des circuits à l'aide de dispositifs différentiels à haute sensibilité (DDHS) 30 mA en nombre suffisant selon la surface de l'habitation (1 DDHS jusqu'à 35 m², 2 DDHS entre 35 et 100 m² et 3 DDHS au-delà de 100 m²) ;
  – protection des biens par un disjoncteur divisionnaire par circuit de l'installation électrique ;
  – utilisation de matériel et d'appareillages portant la marque de qualité NF ;
  – évolutivité de l'installation en limitant à 5 points d'utilisation chaque circuit prises de courant ou éclairage ; en prévoyant un tableau avec une réserve d'extension ; en prenant les dispositions nécessaires pour l'optimisation de l'installation en cas de chauffage électrique et production d'eau chaude par l'électricité ;
  – équipement « éclairage et prise » répondant aux besoins de confort légitime des utilisateurs :

La norme NF

L'engagement des fabricants à respecter la normalisation en vigueur est matérialisé par le label NF, désormais bien connu des Français. Différents labels NF garantissent la conformité des appareils. Cette garantie vaut, bien sûr, au moment de la production des équipements. Attention donc, car ils ont pu être conformes à une date donnée, et ne plus l'être aujourd'hui ! Il faut donc s'assurer que le stock proposé par l'électricien ou le magasin n'est pas trop ancien.

- **Équipement : le nombre minimal de points d'utilisation recommandé par la norme**

Salle de bains	1 point d'éclairage 5 prises	Salle d'eau	2 points d'éclairage 1 prise
Chambres	1 point d'éclairage 3 prises	Entrée, couloir	1 point d'éclairage
Cuisine	2 points d'éclairage 5 prises 1 prise 16 A 1 prise ou boîte 32 A	Dégagement	1 prise
Coin cuisine	1 point d'éclairage 3 prises 1 prise ou boîte 32 A ou 2 prises ou boîtes 20 A	W.C.	1 point d'éclairage
		Cave, sous-sol	1 point d'éclairage 1 prise
		Garage	1 point d'éclairage 1 prise

- **La gestion de la puissance** doit permettre d'éviter les déclenchements du disjoncteur de branchement sur appel momentané de puissance exceptionnelle par un dispositif de délestage agissant sur l'installation de chauffage électrique ;

- **Le chauffage électrique** doit être assuré par :
  – convecteurs ou panneaux rayonnants équipés d'un thermostat électronique pouvant assurer, par télécommande et dispositif de programmation quatre modes de fonctionnement (confort – réduit – hors gel – arrêt ou veille), ou différents systèmes de chauffage par l'électricité (planchers ou plafonds rayonnants, par exemple).

Les avantages de la labellisation

La labellisation PROMOTELEC induit un certain nombre d'avantages non négligeables :
- le remboursement total ou partiel du bilan « rénovation électrique » ;
- l'installation gratuite d'un compteur électronique ;
- la prise en charge de l'installation d'un indicateur de consommation de chauffage ;
- l'aide financière à la qualité et aux économies d'énergie.

Le financement de vos travaux

La labellisation ouvre droit à un certain nombre d'aides et d'offres de financements très avantageuses :
- prime directe d'EDF ;
- accès au prêt Projelec dont le taux peut descendre à 0 %, sans caution personnelle, sur 1 à 7 ans ;
- accès aux avantages fiscaux en vigueur pour ce genre de rénovation au moment des travaux.

- **La production d'eau chaude** doit être assurée :
  - par chauffe-eau à accumulation de type vertical d'une capacité adaptée au nombre de pièces du logement ;
  - par chauffe-eau à double puissance ou horizontal (logement exigu) ;
  - le chauffe-eau devant être implanté dans des conditions conformes au label ;
  - le chauffe-eau étant raccordé à un dispositif de mise sous-tension automatique asservi à trois positions (asservissement aux périodes tarifaires, marche forcée, arrêt).

- **Le bâti** doit, par sa conception, être conforme aux prescriptions règlementaires thermiques, d'isolation et d'aération du label.

L'attribution du label passe par un accord préalable à obtenir avant l'ouverture du chantier, par des contrôles par sondages pendant l'installation et par des contrôles en fin de chantier.
Le label ouvre droit à un service de conseils pour une utilisation optimale (confort et consommation) de l'installation et des équipements par l'utilisateur.

Label PROMOTELEC habitat existant

Le label « habitat existant » répond aux mêmes principes que le label « confort électrique » mais concerne les appartements ou habitations individuelles achevés depuis 5 ans au moins. Il reprend les différents points développés précédemment.

- **L'installation électrique** doit posséder la totalité des circuits exigés et leur protection par des dispositifs différentiels DDHS 30 mA dans les mêmes conditions que dans l'habitat neuf. Dans la plupart des cas, un remplacement du tableau de répartition s'imposera, bien qu'il soit possible de conserver l'ancien tableau avec :
  - un disjoncteur divisionnaire pase + neutre pour chaque circuit nouveau ;
  - la présence de coupe-circuits à cartouche sur les circuits existants s'ils sont labellisés NF-USE.

- **L'installation de chauffage** peut être de différents types :
  - direct, par appareils rayonnants, à inertie ou convecteurs ;
  - intégré aux parois par plancher ou plafond rayonnants ;
  - accumulation, par radiateurs ou plancher chauffant mixte à accumulation ;
  - par production et émission de chaleur distincte (par chaudière électrique avec radiateurs ou plancher chauffant, ou par thermodynamique par radiateur, split ou ventilo-convecteurs).

- **Les dispositions concernant l'eau chaude sanitaire** sont de même type que celles appliquées dans le bâti neuf.

- **La qualité des éléments de construction et des équipements** fait l'objet d'un état des lieux très précis permettant de définir le projet d'amélioration de l'habitat existant. Il permet en particulier :
  - de situer le niveau d'isolation thermique et de l'état du système d'aération s'il existe ;
  - d'étudier les caractéristiques des matériaux d'isolation à mettre en œuvre ;
  - d'examiner la nécessité de remplacer les ouvrants (portes, fenêtres) ;
  - de définir les équipements à installer (chauffage, eau chaude sanitaire, etc.) ;
  - d'examiner les besoins de modernisation de l'installation électrique ;
  - d'examiner les gains de performance procurés par le projet de rénovation.

Les conseils d'EDF

Pour compléter l'action de PROMOTELEC, EDF encourage également à la rénovation électrique sous la forme (en 2001) d'actions de conseil et d'accompagnement aboutissant à l'obtention des labels PROMOTELEC, susceptibles de vous permettre d'obtenir des aides, des financements et des allégements d'impôts si vous mettez votre installation en conformité.

Le processus est le suivant :

- premier contact avec EDF et présentation de l'offre « rénovation électrique » ;
- bilan rénovation de l'installation permettant, notamment de faire le point sur la performance thermique de l'habitation ;
- mise au point du projet ;
- devis et coût du projet et montage financier ;
- réalisation des travaux de rénovation ;
- conseil « confort électrique » pour tirer le meilleur parti de l'installation ;
- labellisation et bilan 1 an plus tard.

Index

d

e

f

g

h

i

j

l

m

n

o

p

Ben Jennings *a pris les photographies de ce livre exceptées les illustrations suivantes :*

ALPI pages 28 mhg, db, 29 d. **The Amtico Company Ltd.** page 84 hd, b. **Arnould** pages 34 bd, 58 hd, 67 b, 68 bd. **Artax-Blue Hawk Ltd.** page 87 bg. **Axophone** page 66 gb. **Castorama** page 21 gb, gm, hm, bm. **Daitem** page 66 d. **Danfoss Randall Ltd.** page 81hd, cd, bd. **EDF/GDF** pages 4 hg, 76 cg. **Fired Earth** pages 83, 85 hd, bg. **Robin Harris** pages 15 d, 20 bg, 25. **Ideal-Standard Ltd.** page 85 c, bd. **IKEA Ltd.** pages 86 b, 87 bd, 88 bg. **Legrand** pages 4 bg, 15 m, 16 md, 19 gb, 20 mc, 23 g, d, 25 bm, 26 gh, 31 dm, 32 g, dh, 33 h, d, 35 hd, 36 hc, 37 d, 39, 42 sauf bd et hd, 44 hg, bd, 45 hg, bg, 56 d, 57, 66 gc, 67 hg, d, 68 sauf bd, 69, 70 gh, 71 g, d, 72 g, c, 73 g, d, 75 b, h, 90 h, 91. **Leroy-Merlin** pages 28 g, dc, 29 g, 54 b. **Christian Pessey/LCes Cours** pages 4 bd, 7 cd, 8 c, 12 hd, cd, bd, 13 mh, mc, mb, d, 14 h, b, 17 mg, mc, md, 18 gb, m, 19 d, 20 h, mg, gb, 23 m, 25 g, hm, d, 26 d, b, 27 gb, gm, 28 mhd, mb, 30 b, 34 hd, hm, hg, 36 hd, 38 c, cd, 42 hd, bd, 48 g, 55 gh, 62 h, g, 63 h, 66 b, 67 hd, 70 bg, bm, cm, 71 hd, 72 bd, 74, 75 d, 76 bg, bd, 77, 78, 89, 92, 93. **Magimix** page 34 bg. **Merlin Gerin** pages 37 g, 38 bg, 64 b. **Moulinex** page 34 bm, 35 bm. **Noirot** page 33 gb, mb. **Philips Lighting Ltd.** pages 88 cg, c, cd, bc, bd. **Promotelec** pages 15 bg, 18 md, bd, 22 gm, 32 dm, db, 62 c, 65 b. **Rosières** page 35 c, bd. **Sauter** page 35 g. **Schneider** pages 15 bd, 16 bg, 17 bd, 31 h, 36 b, 63 b, 65 h, 73 h, 90 b. **Siminor** pages 70 d, 71 bd, 79 g. **Sogal** page 38 bd. **Stoddard Carpeta** page 82 bd. **Trane Company** page 76 hd. **Zehader Ltd.** page 80 hg.

Ont participé à l'édition originale de ce livre :

Jackson Day Jennings (Conception et maquette), **Simon Jennings** (Direction artistique) et **Albert Jackson** et **David Day** (Auteurs).